国家重点研发计划课题“城镇可持续发展监测－评估－决策一体化平台研发与示范”
（2022YFC3802905）支持

中国可持续发展研究会人居环境专业委员会
中国可持续发展研究会创新与绿色发展专业委员会 联合策划

中国落实2030年可持续发展议程目标11评估报告

中国城市人居蓝皮书（2024）

张晓彤　邵超峰　高秀秀　主编

中国城市出版社

图书在版编目（CIP）数据

中国落实2030年可持续发展议程目标11评估报告 / 张晓彤，邵超峰，高秀秀主编. -- 北京：中国城市出版社，2024. 10. --（中国城市人居蓝皮书）. -- ISBN 978-7-5074-3768-3

Ⅰ. F299.2

中国国家版本馆CIP数据核字第2024FP6161号

责任编辑：宋　凯　毕凤鸣
责任校对：赵　力

中国落实2030年可持续发展议程目标11评估报告
中国城市人居蓝皮书（2024）
张晓彤　邵超峰　高秀秀　主编
*
中国城市出版社出版、发行（北京海淀三里河路9号）
各地新华书店、建筑书店经销
华之逸品书装设计制版
建工社（河北）印刷有限公司印刷
*
开本：880毫米×1230毫米　1/16　印张：17¾　字数：403千字
2024年11月第一版　2024年11月第一次印刷
定价：**158.00**元
ISBN 978-7-5074-3768-3
（904791）

编制机构及撰稿人

策划机构：中国可持续发展研究会人居环境专业委员会
中国可持续发展研究会创新与绿色发展专业委员会

发布机构：国家住宅与居住环境工程技术研究中心
南开大学环境科学与工程学院
新华社《经济参考报》社

主　　编：张晓彤　邵超峰　高秀秀

撰 稿 人：崔楚源　曹瑞民　陈思含　邓林如　董锐煜　丁为桐　冯人和　高俊丽
高秀秀　高　杨　郝　洁　胡文硕　姜　娜　李　婕　李建业　李　阳
李育芬　李易珏　梁　岩　蔺　昆　邵超峰　沈文娇　吴泓蕾　吴燕川
王磐岩　温玉央　辛姝琪　杨德虎　杨德强　杨瀚宇　尹文超　于天舒
张　超　张汇泽　张　丽　张仕驹　张晓彤　张　宇　张　颖　张亚群
钟迪明　左　江　赵　润　赵　希　赵宇飞

支持机构：中国可持续发展研究会
中国建筑设计研究院有限公司
中国城市建设研究院有限公司
中国建筑学会健康人居专业委员会
临沧市科学技术局
临沧市可持续发展创新中心
枣庄市科学技术局
枣庄市可持续发展议程创新示范区服务中心
枣庄市科技信息研究所
联合国人居署中国办公室
宁波光年太阳能科技开发有限公司

序言一

2015年，习近平主席在纽约联合国总部同全球百余位国家领导人共同签署了《改变我们的世界：2030年可持续发展议程》，并庄严承诺中国将为实现2015年后发展议程做出努力。此后，中国政府发布了《中国落实2030年可持续发展议程国别方案》，并定期发布《中国落实2030年可持续发展议程进展报告》，向国际社会全面介绍中国落实2030年可持续发展议程所取得的进展。

2020年，中国成功地使全体农村贫困人口脱贫，提前十年完成了联合国可持续发展议程目标，受到了联合国和国际社会的广泛赞誉。

可持续发展目标11“建设包容、安全、有抵御灾害能力和可持续的城市和人类住区”，对与人类活动最休戚相关的生产和生活场所提出了发展方向和具体要求。令人欣喜的是，中国可持续发展研究会人居环境专业委员会和创新绿色发展专业委员会联合策划了《中国落实2030年可持续发展议程目标11评估报告：中国城市人居蓝皮书》，从专业角度对我国各个城市落实目标11的成效进行评估，帮助找出短板，并确定未来城市可持续发展的重点和方向。报告充分展示了我国民间组织落实可持续发展的积极态度、严谨作风和强大的专业能力。

全球76亿人中的55%住在城市，到2050年将达68%。城市虽仅占地球面积3%，却创造了全球80%的财富，消耗60%的能源、80%的粮食，并排放了70%的二氧化碳。因此，城市是人类实现可持续发展的主战场。

根据国际经验，一个现代国家的城市化率要达到80%以上。2020年，我国城镇化率首次超过60%，因此城镇化仍是今后我国最主要的发展趋势。但是，快速城镇化也导致空气污染、交通拥挤、基础设施缺乏等诸多问题和挑战。如何及时诊断出问题并找到有效解决方案，是我国城市实现可持续发展所迫切需要的。因此，《中国落实2030年可持续发展议程目标11评估报告：中国城市人居蓝皮书》的发布意义重大。蓝皮书客观地反映了我国城市存在的问题，并有针对性地提出指导意见或解决方案。我希望蓝皮书对我国城市决策者、设计者、建设者以至城市居民会有所启发。

可持续的城市是人类的未来；可持续的城市需要科学技术支撑；可持续的城市更需要每一个人的努力。

前联合国副秘书长
中国欧洲事务特别代表
清华大学全球可持续发展研究院联席院长

序言二

获悉中国可持续发展研究会人居环境专业委员会和创新与绿色发展专业委员会联合策划《中国落实2030年可持续发展议程目标11进展报告：中国城市人居蓝皮书》的消息，令我十分振奋。在担任联合国人居署中国办公室项目主任的这些年中，能够深刻地体会到“可持续发展”从一个抽象的理念到摸索出有效方法和路径进而去推进和实现的艰难，这当中除了中国政府制定的可持续发展战略的引导，更离不开致力于中国可持续发展事业的机构。

中国可持续发展研究会是联合国人居署紧密的合作伙伴，持续关注和参与世界可持续发展领域的重大活动，对标《21世纪议程》《千年发展议程》和《2030年可持续发展议程》，展示和宣传中国人居环境可持续发展领域的优秀案例，为推动中国人居环境可持续发展方面做了大量工作，这次《中国落实2030年可持续发展议程目标11评估报告：中国城市人居蓝皮书》的发布，更进一步推动人居环境可持续发展工作。可持续发展目标11“建设包容、安全、有抵御灾害能力和可持续的城市和人类住区”中的10个分项目标在蓝皮书的三个篇章中均有涉及，从政策、评估和案例不同的方面体现中国在落实可持续发展目标11的举措、进展和成绩。

期待评估报告的发布，也希望中国可持续发展研究会能持续地把中国好的经验和实践进行汇编，为全球可持续发展提供宝贵的经验。

联合国人居署 中国项目主任 张振山

序言三

中国可持续发展研究会（Chinese Society for Sustainable Development, CSSD）是全国性学术类社会团体，自1991年经民政部批准成立以来，始终以普及和宣传可持续发展理念、促进可持续发展实践为基本出发点，积极探索和推广多样化的可持续发展模式。在国内，努力促进可持续发展战略的理论创新、知识普及、技术经验模式的推广和各类人才培养，为相关部门提供决策依据，为行业发展与企业成长提供技术支持；在国际上，通过联合国经社理事会咨商地位、联合国新闻部联系单位等渠道，努力为中国社会响应联合国《21世纪议程》《2030年可持续发展议程》等积极发声。

CSSD人居环境专业委员会一直积极参与国家和地方人居环境问题诊断与可持续发展等咨询工作，从派员参加里约全球环境发展大会、里约+10、里约+20，到承办1996年“人居二”最佳范例展、2016年“人居三”专题展、2020年第十届世界城市论坛“共筑未来，中国有我”专题展等国际活动，充分展现了专业团队的专业水平以及对可持续发展相关问题的敏锐洞察力。

为向社会各界展示我国人居环境可持续发展的进程和成果，CSSD人居环境专业委员会、创新与绿色发展专业委员会于2019年联合策划了《中国落实2030年可持续发展议程目标11评估报告：中国城市人居蓝皮书》。蓝皮书对我国在人居环境领域所做的工作进行了系统的梳理，分别从政策篇、评估篇和案例篇三部分进行了分述，为讲好中国人居可持续发展故事提供了很好的素材。我衷心希望团队继续努力，为可持续发展目标的实现、讲好中国故事作出更多贡献。

中国可持续发展研究会 秘书长

序言四

改革开放以来，中国人的居住水平有了显著提升，这不仅仅体现在城镇居民人均住房建筑面积的大幅提高，也体现在室内外居住环境更加健康宜居，基础设施和公共服务设施更加完善等各个方面。作为长期从事住房和居住环境建设领域研究和实践的工作者，我和我的团队亲历并参与了中国人居环境持续改善的过程。在这个过程中，经历了诸多挑战，而目前我们正面临着新的目标和要求——人居环境的可持续发展。

近年来，党中央提出生态文明，创新、协调、绿色、开放、共享的新发展理念，绿色循环低碳发展，以及“两山理论”等，使可持续发展理念渐入人心并不断深化，也使我们对人居环境可持续发展，落实可持续发展目标11“建设包容、安全、有抵御灾害能力和可持续的城市和人类住区”有了更加清晰的努力方向。

在参与国家和地方人居环境问题诊断和咨询的过程中，可以看到越来越多的地区对可持续发展的理解和实际行动，以及取得的成果和实践经验。亟待针对落实可持续发展目标11的进展进行总结和提炼。中国可持续发展研究会有责任和义务做这样的事情。由中国可持续发展研究会的人居环境专业委员会和创新与绿色发展专业委员会联合策划的《中国落实2030年可持续发展议程目标11进展报告：中国城市人居蓝皮书》，对中国在落实可持续发展目标11的不同方面进行了梳理。对人居环境相关领域的文件和政策整理和解读，体现了我国在落实2030可持续发展议程中从国家到地方各级政府的导向和执行力度，城市评估和优秀案例则展示了不同地区落实可持续发展目标11的进展和因地制宜进行的可持续发展实践，可以非常直观地总结经验、找出差距、明确方向。

人居环境与每个人密切相关，它承载着人类所有的重要活动，也反映着人类不断变迁的过程，这个过程需要记录、梳理、提炼、总结，并进行不断的反思，希望本报告能够起到这样的作用。

中国可持续发展研究会 常务理事/人居环境专业委员会 主任委员

国家住宅与居住环境工程技术研究中心 总建筑师

前 言

自2015年在联合国大会上，习近平主席同全球百余位国家元首共同签署了2015年后发展议程《改变我们的世界：2030年可持续发展议程》(以下简称《2030年可持续发展议程》)以来，习近平主席历次出席重要国际活动中，必提及“可持续发展”。作为一项国家议题，“可持续发展”理念进一步伴随着联合国《2030年可持续发展议程》在全球的不断推进进入了寻常大众的视野。

中国是将可持续发展理念融入城镇建设领域最早的国家之一，不断探索城镇可持续发展路径，同时，作为全球人口最多、城市化进程最为迅速的国家，中国的城乡建设和发展深刻影响着全球可持续发展进程。中国建成了世界上最大的住房保障体系，累计帮助2亿多困难居民解决了住房难题；城市轨道交通运营里程和在建规模均居世界前列；建设了长三角等世界级城市群；大力推广绿色建筑，绿色建筑面积和认证项目规模居世界前列；此外，面对国内外发展趋势，中国城镇在推进城市更新、改善城乡人居环境、提升灾害抵抗能力、加强数字化信息化建设、推动绿色低碳转型等方面积极探索经验，很多工作机制和地方实践已经形成了各国学习的先进范式。

《2030年可持续发展议程》的执行期限已过半，但全球在实现可持续发展目标(Sustainable Development Goals，以下简称“SDGs”)方面严重偏离了轨道，处在加速转型的关键阶段。城市和人类住区的可持续发展与人的未来密切相关，对于应对全球发展所面临的社会和环境挑战更是具有重要作用。在这个关键阶段，系统梳理和分析可持续发展目标11(以下简称SDG11)在中国城市尺度落实的情况，对于中国城市及时调整应对措施和路径、着手考虑《2030年可持续发展议程》后可持续发展议题中的城市和人类住区发展预期都具有现实意义。

为了助力联合国《2030年可持续发展议程》和《新城市议程》在中国的落实，评估地方城乡建设过程中对于SDG11“建设包容、安全、有抵御灾害能力和可持续的城市和人类住区”工作的实践效果，更好地梳理地方经验，凝练中国故事，为联合国最佳实践案例提供素材，由中国可持续发展研究会人居环境专业委员会、创新与绿色发展专业委员会策划，国家住宅与居住环境工程技术研究中心、南开大学环境科学与工程学院、新华社《经济参考报》社联合编著了《中国落实2030年可持续发展议程目标11评估报告：中国城市人居蓝皮书(2024)》(以下简称《蓝皮书》)，以中英文双语版面向全球出版发行。本年度报告将送往2024年联合国人居署在埃及开罗举办的第十二届世界城市论坛(WUF12)进行发布，也将成为编制组持续开展城市可持续发展监测评估工作的特别纪念。

本年度报告分为三个篇章：首先，通过对国家、地方两个层面针对SDG11制定的相关政策进行梳理，为地方落实SDG11提供快速政策索引；其次，对副省级城市、省会城市和具备国家级可持续发展实验示范建设基础的地级城市，在2023年度住房保障、公共交通、规划管理、遗产保护、防灾减灾、环境改善、公共空间等领域的成效进行综合评估，并进行发展趋势分析；最后，选择地方在落实SDG11过程中政策制定、技术应用、工程实践和能力建设等方面的先进经验和案例进行梳理总结，为讲好中国城市人居故事提供关键素材。本年度案例关注中国城市探索建立健康住宅建设技术体系、打造低碳社区、推动海绵城市建设、利用园林博览会带动城市更新、开展可持续发展地方自愿陈述、提升农村人居环境等实践对持续发展起到的支撑作用，展示了不同类型城市将可持续发展理念融入经济和社会发展，因地制宜解决实际发展问题、推动科技创新和理念普及的经验。

在本报告编著过程中，我们特别感谢中国可持续发展研究会、中国建筑设计研究院有限公司、中国城市建设研究院有限公司、中国建筑学会健康人居专业委员会、临沧市科学技术局、临沧市可持续发展创新中心、枣庄市科学技术局、枣庄市可持续发展议程创新示范区服务中心、枣庄市科技信息研究所、联合国人居署中国办公室、宁波光年太阳能科技开发有限公司等机构提供的大力支持。本报告由国家重点研发计划课题“城镇可持续发展监测—评估—决策一体化平台研发与示范”（2022YFC3802905）提供支持。

《蓝皮书》英文版以电子文档的形式进行发布，您可以扫描以下二维码，获取全文。您还可以关注中国可持续发展研究会人居环境专业委员会微信公众号，了解国内外城乡建设领域可持续发展最新进展和我们的相关工作实践。

衷心感谢您的关注和支持，让我们一起推动2030年可持续发展目标的实现，携手创造我们共同的世界。

《中国落实2030年可持续发展议程目标11评估报告：中国城市人居蓝皮书（2024）》英文版

中国可持续发展研究会人居环境专业委员会微信公众号

中国可持续发展研究会 理事/人居环境专业委员会 秘书长
国家住宅与居住环境工程技术研究中心 博士/研究员
张晓彤

2024年10月

执行摘要

本报告回顾了2023年度我国在可持续发展目标11（SDG11，可持续城市和社区）方面取得的进展，对各级政府针对SDG11制定和发布的相关政策进行了导向分析；基于国家落实2030年可持续发展议程相关工作及地方具体举措，对参评城市在住房保障、公共交通、规划管理、遗产保护、防灾减灾、环境改善、公共空间等领域的工作成效进行了综合评估；对地方在落实SDG11过程中政策制定、技术应用、工程实践和能力建设等方面进行了案例解析。报告发现，2023年中国城市落实SDG11的情况持续向好发展，由于城市间发展不均衡，在城市层面整体实现SDG11仍面临一系列挑战。80%的参评城市在落实SDG11过程中步入正轨，有希望在2030年实现可持续发展；12%的参评城市处于停滞，甚至倒退发展的趋势；另有8%的城市适度改善。分区域看，南方城市总体表现优于北方城市，表现较好的地区主要集中在中国中部地区及东南地区城市；东部地区城市得分比较均衡，差距较小，西部地区城市得分跨度较大，东、西部城市差距逐渐减小。分专题看，中国城市在环境改善、防灾减灾方面呈现相对明显的改善趋势，表现良好；在住房保障、公共交通、公共空间方面面临一定挑战，发展趋势较为波动，表现相对薄弱；遗产保护方面有所倒退且评估得分最低，仍是制约中国城市实现SDG11的关键因素。

住房保障方面，我国持续优化住房资源配置和土地供应结构，鼓励利用存量土地和房屋建设筹集保障性住房，完善住房制度和供应体系；制订保障性住房相关财税优惠政策，降低保障性住房建设运营及居民改善住房条件成本；继续实施农村危房改造和农房抗震改造，深入推进农房质量安全提升。根据评估结果，人口规模越大、经济发展水平越高的城市在住房保障方面面临的压力越大，得分普遍越低。反映出快速城镇化带来了大量的住房需求，解决大城市住房突出问题仍是我国现阶段住房保障工作的重点之一。

公共交通方面，我国深入实施城市公共交通优先发展战略，持续开展国家公交都市建设示范，引导和激励更多城市加强公共交通体系建设；进一步规范城市交通基础设施规划建设，全面推进城市综合交通体系建设；开展智能网联汽车技术攻关和试点示范，智慧交通提供支撑；推进新能源汽车和相关基础设施建设，着力促进公共交通体系绿色、低碳发展；持续推进适老化无障碍交通出行服务体系建设。根据评估结果，经济发展水平与公共交通发展呈现明显的相关性，经济发展水平越高的城市在公共交通专题得分越高。反映出城市经济的良好运行对城市交通基础设施建设提供了有力的支撑。

规划管理方面，我国持续推进国土空间规划编制实施，加强国土空间详细规划，深化规划用地“多审合一、多证合一”改革；全面开展城市体检，精细化、统筹开展各项城市更新工作；开展完整社区建设试点，进一步健全和完善城市社区服务功能，提升社区宜居环境，完善社区自治管理机制；恢复和扩大社区便利消费，推进城市一刻钟便民生活圈建设；充分发挥农民主体作用，完善农民参与乡村建设机制，鼓励农民参与村庄规划、项目建设和设施管护。根据评估结果，城市人口规模和经济发展水平与城市规划管理水平均呈现一定的相关性，人口规模大、经济发展水平高的城市在城市规划和管理方面能够提供更多支持，表现普遍较好。

遗产保护方面，我国持续推进中国世界遗产、自然和文化遗产、非物质文化遗产申报和保护工作；鼓励非物质文化遗产与旅游融合发展，促进非物质文化遗产的活化利用和保护；加强文物资源管理和保护，为传承和弘扬中华优秀传统文化奠定基础；聚焦文物保护技术研究与应用，建立多学科、多领域、多部门协同合作的科技创新机制。根据评估结果，参评城市在遗产保护方面普遍存在短板，遗产保护仍是制约中国城市落实SDG11的关键因素，其中人口规模较小的城市在遗产保护方面表现明显好于其他规模城市。

防灾减灾方面，我国加强各类城市安全隐患排查，完善城市安全风险综合监测预警平台建设，积极防范控制城市安全风险；优化国家水网工程布局、完善防洪工程体系、增强自然灾害应急水平，全面提升各地防洪减灾能力；增发国债支持灾后恢复重建和防灾减灾救灾能力提升；积极应对各类自然灾害的措施，着力构建基层应急预案体系，提升基层单位应对突发事件的能力。根据评估结果，不同人口规模城市在防灾减灾方面的表现呈现明显差距，小城市抵抗灾害风险的能力较弱，面临严峻挑战；经济发展水平越高的城市在防灾减灾基础设施等建设方面能够提供更多支持，表现相对较好。

环境改善方面，我国着力提升环境基础设施建设水平，改善城乡环境卫生，营造干净、整洁、舒适的宜居环境；积极推动绿色低碳产业发展，降低污染物排放，改善空气质量；深入实施国家节水行动，加强污水资源化利用，协同推进污水处理降碳、减污；完善生活垃圾收运、处理体系，推进固体废物和土壤污染防治的先进技术应用。根据评估结果，各类型参评城市在环境改善方面没有明显的差距，整体表现优异，且保持良好的发展趋势。反映出我国推动绿色发展和生态文明建设取得了积极的成效。

公共空间方面，我国首批国家公园总体规划发布，为国家公园保护、建设和管理提供指导；各地加强无障碍环境建设，积极改善老幼、残疾人等弱势群体在公共空间的活动体验；鼓励利用公共空间建设健身设施，开展体育相关活动，满足全民健身多元化需求；开展城市公园绿地开放共享试点，满足居民亲近自然、休闲游憩、运动健身等需求。根据评估结果，除小城市在公共空间方面表现较好外，其他规模城市在公共空间发展方面没有明显差距；经济发展水平与公共空间发展呈现一定的相关性，经济发展水平越高的城市在公共空间专题得分越高。

城乡融合方面，我国加快推进城乡一体化发展，推动城乡要素自由流动和平等交换，促进公共资源在城乡间均衡配置；着力提升县域进城务工人员市民化质量，持续开展高素质农民培训，提升农民的综合素质和生产技术技能，增强县域进城务工人员享有基本公共服务的可及性和便利性；支持脱贫地区开展防止返贫监测和帮扶，增强脱贫地区和脱贫群众内生发展动力。

低碳韧性方面，我国深化气候适应型城市建设试点，进一步探索气候适应型城市的建设路径和模式，提升城市适应气候变化能力；推动城市层面碳达峰碳中和标准体系建设，进一步加强节能标准应用实施与监督检查，推动节能和减排相衔接；加强建材质量监管，推动绿色建材产业发展；深入推进城市节水工作，将城市节水工作贯穿到城市规划、建设、治理全过程。

对外援助方面，我国大力推动和支持“一带一路”框架下的基础设施建设，支持发展中国家建设和维护高质量、可靠、可持续和有韧性的基础设施，深化互联互通；应对全球重大灾害挑战，切实加强自然灾害防治和应急管理国际合作，推动构建防灾减灾救灾人类命运共同体；以负责任的态度应对全球气候变化，加强国际合作，推动可再生能源技术普及、应用、推广；开展文化交流活动，推进遗产保护国际合作，为促进文明交流互鉴作出积极贡献。

目录

第二篇　城市评估

第三篇　实践案例

第一篇　政策指引

- 住房保障方向政策
- 公共交通方向政策
- 规划管理方向政策
- 遗产保护方向政策
- 防灾减灾方向政策
- 环境改善方向政策
- 公共空间方向政策
- 城乡融合方向政策
- 低碳韧性方向政策
- 对外援助方向政策

1.1 住房保障方向政策

SDG11.1：到2030年，确保人人获得适当、安全和负担得起的住房和基本服务，并改造贫民窟。

《中国落实2030年可持续发展议程国别方案》承诺：推动公共租赁住房发展。到2030年，基本完成现有城镇棚户区、城中村和危房改造任务。加大农村危房改造力度，对贫困农户维修、加固、翻建危险住房给予补助。

提升保障性住房体系效能，优化住房资源配置，满足不同群体住房需求。为推进保障性住房建设，促进房地产市场平稳健康发展和民生改善，推动建立房地产业转型发展新模式，2023年8月，国务院常务会议审议通过《关于规划建设保障性住房的指导意见》，明确要通过支持刚性需求和改善性需求来解决住房问题，“让工薪收入群体逐步实现居者有其屋，消除买不起商品住房的焦虑，放开手脚为美好生活奋斗”；此外，文件还特别强调了为面临较大住房压力的新市民和青年提供住房保障的重要性。为此，多地政府积极响应中央政府的号召，通过规划和建设配售型保障性住房来完善住房制度和供应体系，使得政府可以通过租赁和销售等多种方式提供住房，以满足不同层次的需求。同时，各地还持续加大对公租房、保租房等配租型保障房以及配售型保障房的建设力度，特别是在一线和部分二线城市，这将有助于增加中低收入家庭的住房供应、确保住房的公平性和可负担性，从而助力解决市场供需矛盾、提高居民的居住水平和福利水平。

优化住房和土地供应结构，增加居住用地特别是租赁住房用地的供应比例，利用存量土地和房屋建设筹集保障性住房，缓解住房市场供需矛盾。近年政府工作报告多次强调将增加居住用地供应，特别是租赁住房用地，以解决住房市场的供需矛盾并减少房地产市场的投机性购买行为。多地政府通过筹集配售型保障性住房，政府直接介入住房市场，重构市场与保障的关系，成为完善住房制度和供应体系的一项重大改革。为了支持保障性住房的建设和筹集，配套的土地政策支持政策已陆续出台，包括利用依法收回的未建土地、司法处置的住房和土地等资源，用于建设和筹集配售型保障性住房，以此避免土地资源的闲置浪费。2023年6月，住房城乡建设部召开视频会议，明确将推动县级以上城市有力有序有效开展收购已建成存量商品房用作保障性住房工作。我国在优化住房和土地供应结构、扩大保障性住房的土地供应等方面持续发力，有助于缓解住房市场的供需矛盾，减少房地产市场的投机性购买行为，提高居民的居住水平和福利水平。

制定保障性住房相关财税优惠政策，支持保障性住房建设和运营，降低居民改善住房条件成本。为持续支持保障性住房建设和运营，财政部等多部门发布了《关于延续实施支持居民换购住房有关个人所得税政策的公告》《关于继续实施公共租赁住房税收优惠政策的公告》《关于保障性住房有关税费政策的公告》等一系列政策，进一步支持公租房的建设和运营，确保低收入家庭能够获得适宜的居住环境。对个人购买保障性住房，减按1%的税率征收契税的同时，保障性住房项目免收各项行政事业性收费和政府性基金，包括防空地下室易地建设费、城市基础设施配套费、教育费附加和地方教育附加等，从而降低保障性住房的购买和运营成本，有利于其推广和普及。尽管2023年财政收支矛盾依然突出，但财政部明确表示不会在民生支出上退步，将继续加大民生投入力度，体现了对保障性住房等民生问题的重视和财政支持。

继续在农村住房保障方面加大力度，推出一系列财政政策和措施，改善农村居民的居住条件，促进农村经济和社会的全面发展。各地深入实施《农房质量安全提升工程专项推进方案》，持续推进农村危房改造和农房抗震改造，推进农村房屋安全隐患排查整治，确保农村住房的安全性、适用性和耐久性，为农村居民提供更加舒适、安全的居住环境。我国继续加大资金投入，通过提供补贴和技术支持，帮助农民修缮或重建不安全的住房。设立了用于支持地方开展农村危房改造的转移支付资金，即农村危房改造补助资金，用于解决农村低收入群体等重点对象的基本住房安全问题。2023年6月，财政部、住房城乡建设部对原资金管理办法进行了修订并形成了《中央财政农村危房改造补助资金管理办法》，明确了中央财政预算内资金为主要来源，支持农村危房改造成安全住房，包括但不限于改造费用补助、新建住房补助，以及必要的基础设施和公共服务设施改善。我国还优先推进群众需求迫切、城市安全和社会治理隐患多的区域进行城中村改造和城镇老旧小区改造，注重更新改造老化和有隐患的设施，提升小区环境，并加强适老化及适儿化改造，以满足不同居民的需求（表1.1）。

2023年中央政府发布住房保障方向政策一览 **表1.1**

发布时间	发布政策	发布机构
2023年3月	《住房和城乡建设部等15部门关于加强经营性自建房安全管理的通知》	住房和城乡建设部、应急部、国家发展改革委等15部门
2023年4月	《农村产权流转交易规范化试点工作方案》	农业农村部、中央农村工作领导小组办公室、国家发展改革委等11部门
2023年6月	《中央财政农村危房改造补助资金管理办法》	财政部、住房城乡建设部
2023年7月	《住房城乡建设部办公厅关于整合住房公积金个人证明事项推动“亮码可办”工作的通知》	住房城乡建设部办公厅
2023年7月	《国家基本公共服务标准（2023年版）》	国家发展改革委、教育部、民政部等10部门
2023年7月	《乡村振兴标准化行动方案》	农业农村部、国家标准化管理委员会、住房和城乡建设部
2023年8月	《关于规划建设保障性住房的指导意见》	国务院

续表

发布时间	发布政策	发布机构
2023年8月	《住房城乡建设部 中国人民银行 金融监管总局关于优化个人住房贷款中住房套数认定标准的通知》	住房城乡建设部、中国人民银行、金融监管总局
2023年8月	《关于延续实施支持居民换购住房有关个人所得税政策的公告》	财政部、税务总局、住房城乡建设部
2023年8月	《关于继续实施公共租赁住房税收优惠政策的公告》	财政部、税务总局
2023年9月	《关于保障性住房有关税费政策的公告》	财政部、税务总局、住房城乡建设部

1.2 公共交通方向政策

SDG11.2：到2030年，向所有人提供安全、负担得起、易于利用、可持续的交通运输系统，改善道路安全，特别是扩大公共交通，要特别关注处境脆弱者、妇女、儿童、残疾人和老年人的需要。

《中国落实2030年可持续发展议程国别方案》承诺：实施公共交通优先发展战略，完善公共交通工具无障碍功能，推动可持续城市交通体系建设。2020年初步建成适应小康社会需求的现代化城市公共交通体系。

制订当前和未来一段时间内我国城市交通发展的实现路径，为我国城市交通的发展提供全面的指导和明确的实现方向。为进一步规范加强城市交通基础设施规划建设，打造宜居、韧性、智慧城市，交通运输部、住房城乡建设部等部门相继发布《关于推进城市公共交通健康可持续发展的若干意见》《关于全面推进城市综合交通体系建设的指导意见》两个重要文件，共同构成当前和未来一段时间内我国城市交通发展的政策框架和行动指南。《关于推进城市公共交通健康可持续发展的若干意见》强调了公共交通在城市交通系统中的基础地位，提出了通过增加公共交通的投资、提升公共交通服务质量、推广绿色低碳的公交车辆等措施来降低城市交通拥堵，改善空气质量，提高市民出行效率，从而推动城市交通向更加环保、高效的方向发展。《关于全面推进城市综合交通体系建设的指导意见》则从更广泛的角度出发，提出了构建综合、多层次、高效的城市交通体系的目标，提倡加强不同交通模式之间的衔接，如通过建设公交优先走廊、提高停车管理和引导系统的智能化水平，以及推动信息技术在交通管理中的应用，以提升整体交通系统的效率和可靠性。值得注意的是，两个文件中都特别强调了技术创新和智能化的重要性，如利用智能交通系统（ITS）实时收集交通流量和车辆运行数据，通过分析这些数据优化交通信号控制和路线安排，减少交通延误和拥堵现象。

以"公交都市建设示范工程创建城市"为抓手，在试点城市实施示范项目推动公共交通优先发展战略，引导和激励更多城市加强公共交通体系建设，推动实现城市交通可持续发展。2023年1月，交通运输部公布"十四五"期国家公交都市建设示范工程创建城市名单；2023年8月，交通运输部命名张家口市等28个城市为国家公交都市建设示范城市。示范城市需通过优化线网布局、提升运营效率、推广新能源公交、完善公交枢纽等提升公共交通服务水平、满足居民出行需求；通过应用车联网技术、优化调度管理、提高线网动态优化能力等完善信息化管理手段，提高公交系统智能化水平；营造有利的公交出行环境，如公交优先通行设施、完善换乘体系、优化非机动车及步行环境等；加强创建工作的宣传交流，发掘工作亮点，推广可复制、可推广的典型经验。国家公交都市建设示范将对城市的交通模式产生积极影响，推动更多城市参与到公交都市的建设中。

构建新型智能网联汽车标准体系，开展技术攻关和试点示范，推动智能网联汽车落地和发展，为智慧交通提供支撑。智能网联汽车是智慧交通系统中的重要组成部分，在实现交通现代化、提升交通系统整体性能方面发挥关键作用。我国出台系列政策和标准，开展技术研究和城市试点，积极推进智能网联汽车产业的发展，探索和形成适应中国国情的智能网联汽车发展模式。2023年3月，自然资源部发布《智能汽车基础地图标准体系建设指南（2023版）》，加强智能汽车基础地图标准规范的顶层设计，推动地理信息在自动驾驶产业的安全应用。2023年7月，为规范我国智能网联汽车发展，工业和信息化部、国家标准化管理委员会组织全国汽车标准化技术委员会及相关各方修订形成了《国家车联网产业标准体系建设指南（智能网联汽车）（2023版）》。为促进智能网联汽车推广应用，提升智能网联汽车产品性能和安全运行水平，2023年11月，工业和信息化部、公安部、住房和城乡建设部等4部门印发《关于开展智能网联汽车准入和上路通行试点工作的通知》，遴选具备量产条件的搭载自动驾驶功能的智能网联汽车产品，开展准入试点；对取得准入的智能网联汽车产品，在限定区域内开展上路通行试点。我国智能网联汽车产业发展取得积极成效，截至2023年底，全国共建设17个国家级测试示范区、7个车联网先导区、16个智慧城市与智能网联汽车协同发展试点城市，开放测试示范道路22000多公里，发放测试示范牌照超过5200张，累计道路测试总里程8800万公里，自动驾驶出租车、干线物流、无人配送等多场景示范应用有序开展。

通过新能源汽车的推广和相关基础设施建设，着力改造和优化绿色、低碳的公共交通体系。新能源汽车在减少交通领域碳排放具有重要推动作用，为提升公共领域车辆电动化水平，加快建设绿色低碳交通运输体系，2023年1月，工业和信息化部、交通运输部、发展改革委等8部门发布了《关于组织开展公共领域车辆全面电动化先行区试点工作的通知》，旨在公共领域推广电动车辆，包括公交车、出租车等，通过政府采购、财政补贴和税收优惠等措施，加速新能源公共交通车辆的普及。同时，为了支持新能源汽车在乡村地区的广泛应用，《关于加快推进充电基础设施建设 更好支持新能源汽车下乡和乡村振兴的实施意见》《关于开展2023年新能源汽车下乡活动的通知》中提出了政府通过提供资金支持和政策引导，加快充电设施的建设，进一步扩大了新能源汽车的市场范围的要求。为了优化新能源汽车与电网的互动，国家发展改革委、国家能源局、工业和信息化部等4部门于2023年12月印发的《关于加强新能源汽车与电网融合互动的实施意见》提出推广智能充电网络，优化电力资源的配置，使用车载储能技术等措施要求，为新能源汽车的大规模应用提供了强有力的支持。通过这些政策的实施，不仅减少了交通领域的污染和能源消耗，还通过促进技术进步和产业升级，带动了经济的绿色转型。

从设施建设、服务保障、信息化建设等多个层面，持续推进适老化无障碍交通出行服务体系建设，满足广大老年人安全、便捷、舒适、温馨的无障碍出行服务需求。交通运输部于2023年

4月出台了《2023年持续提升适老化无障碍交通出行服务工作方案》，要求加强无障碍环境建设，各省级交通运输主管部门要将提升适老化无障碍交通出行服务纳入年度重点工作，制定本省实施方案，明确目标任务和时间节点，加快推进无障碍交通设施建设；完善无障碍装备设备，在公共交通工具配备老年人专座、防滑扶手等，为老年人提供更加安全、舒适的乘车环境，加强无障碍出行服务保障，提供更多针对老年人的出行咨询、引导等服务；健全老年人交通运输服务体系，要分类细化并落实老年人出行优惠政策，缓解老年人出行成本压力，建立老年人出行服务长效机制，为老年人提供全程无缝衔接的出行服务；利用大数据、物联网等技术，完善老年人交通出行信息发布和导航服务，提高老年人获取信息的便利性（表1.2）。

2023年中央政府发布公共交通方向政策一览 **表1.2**

发布时间	发布政策	发布机构
2023年1月	《工业和信息化部等八部门关于组织开展公共领域车辆全面电动化先行区试点工作的通知》	工业和信息化部、交通运输部、发展改革委等8部门
2023年1月	《推进铁水联运高质量发展行动方案（2023—2025年）》	交通运输部、自然资源部、海关总署等5部门
2023年1月	《文化和旅游部办公厅 公安部办公厅 交通运输部办公厅关于进一步规范旅游客运安全带使用保障游客出行安全有关工作的通知》	文化和旅游部办公厅、公安部办公厅、交通运输部办公厅
2023年1月	《交通运输部关于公布“十四五”期国家公交都市建设示范工程创建城市名单的通知》	交通运输部
2023年2月	《国务院安委会办公室 住房和城乡建设部 交通运输部 水利部 国务院国有资产监督管理委员会 国家铁路局 中国民用航空局 中国国家铁路集团有限公司关于进一步加强隧道工程安全管理的指导意见》	国务院安委会办公室、住房和城乡建设部、交通运输部等8部门
2023年3月	《交通运输部办公厅 文化和旅游部办公厅关于加快推进城乡道路客运与旅游融合发展有关工作的通知》	交通运输部办公厅、文化和旅游部办公厅
2023年3月	《智能汽车基础地图标准体系建设指南（2023版）》	自然资源部
2023年4月	《交通运输部办公厅关于进一步明确公路公共基础设施养护支出管理有关事项的通知》	交通运输部办公厅
2023年4月	《交通运输部办公厅 工业和信息化部办公厅 公安部办公厅 国家市场监督管理总局办公厅 国家互联网信息办公室秘书局关于切实做好网约车聚合平台规范管理有关工作的通知》	工业和信息化部办公厅、交通运输部办公厅、国家市场监督管理总局办公厅等5部门
2023年4月	《交通运输部办公厅关于印发2023年持续提升适老化无障碍交通出行服务等5件更贴近民生实事工作方案的通知》	交通运输部办公厅
2023年5月	《国家发展改革委 国家能源局关于加快推进充电基础设施建设更好支持新能源汽车下乡和乡村振兴的实施意见》	国家发展改革委、国家能源局
2023年6月	《工业和信息化部办公厅 发展改革委办公厅 农业农村部办公厅 商务部办公厅 国家能源局综合司关于开展2023年新能源汽车下乡活动的通知》	工业和信息化部办公厅、国家发展和改革委员会办公厅、农业农村部办公厅等5部门
2023年7月	《国家车联网产业标准体系建设指南（智能网联汽车）（2023版）》	工业和信息化部、国家标准化管理委员会

续表

发布时间	发布政策	发布机构
2023年7月	《关于促进汽车消费的若干措施》	国家发展改革委、工业和信息化部、公安部等13部门
2023年7月	《交通运输部办公厅 教育部办公厅 自然资源部办公厅 商务部办公厅 文化和旅游部办公厅 国家卫生健康委办公厅 中华全国总工会办公厅 国家铁路局综合司 中国民用航空局综合司 国家邮政局办公室 中国国家铁路集团有限公司办公厅关于加快推进汽车客运站转型发展的通知》	交通运输部办公厅、教育部办公厅、自然资源部办公厅等11部门
2023年8月	《城市轨道交通运营安全评估管理办法》	交通运输部
2023年9月	《交通运输部关于加快建立健全现代公路工程标准体系的意见》	交通运输部
2023年9月	《城市轨道交通初期运营前安全评估规范》	交通运输部办公厅
2023年9月	《城市轨道交通正式运营前安全评估规范》	交通运输部办公厅
2023年9月	《城市轨道交通运营期间安全评估规范》	交通运输部办公厅
2023年10月	《交通运输部 国家发展和改革委员会 公安部 财政部 人力资源和社会保障部 自然资源部 国家金融监督管理总局 中国证券监督管理委员会 中华全国总工会关于推进城市公共交通健康可持续发展的若干意见》	交通运输部、国家发展改革委、公安部等9部门
2023年10月	《公路运营领域重大事故隐患判定标准》	交通运输部办公厅
2023年11月	《关于全面推进城市综合交通体系建设的指导意见》	住房城乡建设部
2023年11月	《工业和信息化部 公安部 住房和城乡建设部 交通运输部关于开展智能网联汽车准入和上路通行试点工作的通知》	工业和信息化部、公安部、住房和城乡建设部等4部门
2023年12月	《国家发展改革委等部门关于加强新能源汽车与电网融合互动的实施意见》	国家发展改革委、国家能源局、工业和信息化部等4部门
2023年12月	《关于加快推进农村客货邮融合发展的指导意见》	交通运输部、工业和信息化部、公安部等9部门

1.3 规划管理方向政策

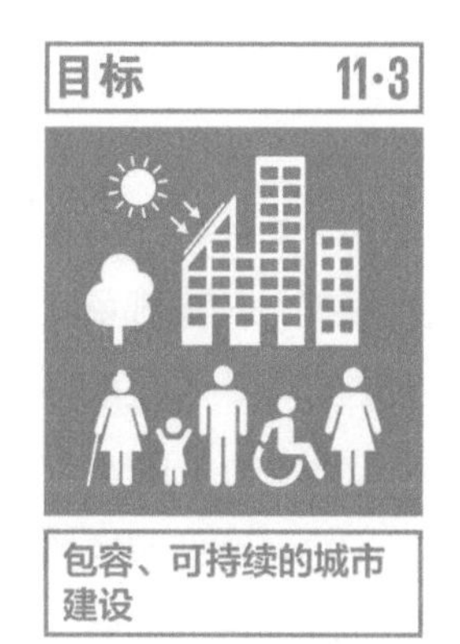

SDG11.3：到2030年，在所有国家加强包容和可持续的城市建设，加强参与性、综合性、可持续的人类住区规划和管理能力。

《中国落实2030年可持续发展议程国别方案》承诺：推进以人为核心的新型城镇化，提高城市规划、建设、管理水平。到2020年，通过城市群、中小城市和小城镇建设优化城市布局，努力打造和谐宜居、富有活力、各具特色的城市。完善社会治理体系，实现政府治理和社会调节、居民自治良性互动。

持续推进国土空间规划编制实施，加强国土空间详细规划，深化规划用地"多审合一、多证合一"改革。通过深入实施区域协调发展战略、区域重大战略等，促进形成主体功能明显、优势互补、高质量发展的国土空间开发保护新格局。2023年3月，自然资源部印发《关于加强国土空间详细规划工作的通知》，要求各地贯彻落实深化"多规合一"改革和《全国国土空间规划纲要（2021—2035年）》的要求，加快推进地方各级国土空间总体规划编制审批，以确保下级规划服从上级规划，实现总体规划的统筹和综合平衡；提出各地自然资源主管部门根据总体规划，结合实际加快推进城镇国土空间详细规划和村庄规划的编制（修编）和审批，为开发建设、城市更新行动、乡村建设行动等提供了法定依据，确保规划的科学性和实施性；明确报批城镇用地农用地转用和土地征收应符合国土空间总体规划、详细规划和土地使用标准等要求，规范土地用途和建设项目用地类型，保障城市规划的顺利实施。各地自然资源主管部门将按照自然资源部于2023年5月发布的《关于深化规划用地"多审合一、多证合一"改革的通知》，进一步整合审批流程，提高审批效率，减轻企业和群众的办事负担。

精细化开展城市更新工作，推动城市可持续发展，提高城市综合竞争力，实现产城融合、职住平衡、生态宜居的目标。2023年7月，住房和城乡建设部印发《关于扎实有序推进城市更新工作的通知》(以下简称《通知》)，强调城市体检在城市更新中的重要性，要求建立由政府主导、多部门参与的体检机制，细致排查并解决居民关注的问题和影响城市发展的短板。《通知》要求基于体检结果，编制专项规划和年度计划，明确更新单元和项目实施。同时，统筹推动包括既有建筑更新改造、城镇老旧小区改造、完整社区建设、活力街区打造、城市生态修复、城市功能完善、基础设施更新改造等在内的各项城市更新工作。为进一步推动支持城市更新的相关规划工作规范开展，2023年11月，自然资源部办公厅印发《支持城市更新的规划与土地政策指引

（2023版）》，在总结各地实践经验的基础上，根据相关法律法规和标准规范组织编制。文件内容包括总体目标、基本原则、将城市更新要求融入国土空间规划体系、针对城市更新特点改进国土空间规划方法、完善城市更新支撑保障的政策工具和加强城市更新的规划服务和监管六个方面。2023年11月，在总结全国样本城市和试点城市一体化推进城市体检和城市更新工作经验的基础上，住房城乡建设部印发《关于全面开展城市体检工作的指导意见》，要求在地级及以上城市全面开展城市体检工作，扎实、有序地推进实施城市更新行动。

提升城市功能品质，恢复和扩大消费，践行商务为民、解决群众“急难愁盼”的民生工程。城市一刻钟便民生活圈是以社区居民为服务对象，服务半径为步行15分钟左右的范围，以满足居民日常生活基本消费和品质消费为目标，以多业态集聚形成的社区商圈。为全面推进城市一刻钟便民生活圈建设，2023年7月，商务部办公厅、国家发展改革委办公厅、民政部办公厅等13部门印发《全面推进城市一刻钟便民生活圈建设三年行动计划（2023—2025）》，要求加强顶层设计，摸清商业网点底数，结合社区人口结构、收入水平、消费习惯、食品安全需求等，制定专项规划和实施方案，推动土地复合开发利用、用途合理转换；发挥政府引导和市场主导作用，完善政策体系，加大公共资源投入，鼓励各类社会主体参与投资建设运营，丰富便民生活圈商业服务功能；积极发展自助售卖机、蔬菜直通车、箱式移动餐饮售卖车等可移动商业零售设施，作为便民生活圈的有益补充，弥补空间不足的短板。此外，文件提出要“促进融合协同发展”，推动一刻钟便民生活圈与养老托育圈、文化休闲圈、健康健身圈、金融服务圈、快递服务圈等“圈圈相融”，营造多元化、多层次的消费场景，促进不同生活圈融合协同、统筹规划、政府引导市场参与、发展可移动商业设施构建便捷高效、功能丰富、环境优美的城市生活圈，切实增强人民群众的获得感和幸福感。

聚焦完善社区公共服务设施、提升社区宜居环境、推动智能化社区服务以及健全社区自治管理机制等方面，促进城市的高质量发展。为完善社区功能，补齐社区服务设施短板，住房城乡建设部办公厅、国家发展改革委办公厅、民政部办公厅等7部门于2023年7月印发《关于印发完整社区建设试点名单的通知》，在各地推荐的基础上，选择在106个社区开展为期2年的完整社区建设试点，围绕四个方面开展探索。一是完善社区服务设施：通过补建、购置、置换、租赁、改造等方式，聚焦“一老一小”服务设施短板，推进相邻社区及周边地区统筹建设、联动改造，并加强设施共建共享；二是打造宜居生活环境：因地制宜建设社区设施，以及推进老旧商业区、步行街、老旧厂区等更新改造，把腾退出的空间资源优先用于建设公共服务设施；三是推进智能化服务：利用新技术手段，为居民提供更加便捷高效的智能化服务，如物业服务企业发展线上线下生活服务，为居民提供定制化产品和个性化服务等；四是健全社区治理机制，建立城市管理进社区工作机制，促进城市管理服务下沉，以及指导各地探索建立差异化的社区治理模式，提升完整社区覆盖率，并通过总结可复制、可推广的经验做法，发挥好试点先行、示范带动作用。在社区服务设施完善方面，2023年11月，国务院办公厅转发国家发展改革委《城市社区嵌入式服务设施建设工程实施方案》，提出选择50个左右城市开展试点，每个试点城市选择100个左右社区作为社区嵌入式服务设施建设先行试点项目。

通过完善农民参与机制、加强组织和人才保障、保障投入和强化监督等措施，充分调动广大农民群众参与乡村建设和治理的积极性、主动性和创造性。国家乡村振兴局、中央组织部、国家发展改革委等7部门于2023年1月发布的《农民参与乡村建设指南（试行）》明确将组织农民参与村庄规划编制、乡村基础设施和公共服务设施建设与管护等工作作为重点任务，通过会议协商、入户协商等方式，引导农民共议村庄建设定位、建设目标、建设任务、建设举措，逐步达成共识。同时，深入实施设计下乡、“百校联百县兴千村”“万企兴万村”等行动，建立乡村建设辅导制度，组织专业人员下乡进村开展陪伴式规划、设计和建设。创新政府投入机制，对以工代赈项目可按照有关要求不进行招标，对农民投资投劳项目采取直接补助、以奖代补等方式推进建设。定期调查评估农民参与乡村建设情况，将项目实施前农民对乡村建设政策和参与方式的知晓率，项目实施中农民参与度等情况纳入监督范畴（表1.3）。

2023年中央政府发布规划管理方向政策一览 **表1.3**

发布时间	发布政策	发布机构
2023年1月	《农民参与乡村建设指南（试行）》	国家乡村振兴局、中央组织部、国家发展改革委等7部门
2023年1月	《关于做好国土空间总体规划环境影响评价工作的通知》	生态环境部办公厅、自然资源部办公厅
2023年3月	《自然资源部关于加强国土空间详细规划工作的通知》	自然资源部
2023年5月	《自然资源部关于深化规划用地“多审合一、多证合一”改革的通知》	自然资源部
2023年7月	《住房城乡建设部办公厅等关于印发完整社区建设试点名单的通知》	住房城乡建设部办公厅、国家发展改革委办公厅、民政部办公厅等7部门办公厅（司）
2023年7月	《住房城乡建设部关于扎实有序推进城市更新工作的通知》	住房城乡建设部
2023年7月	《乡村振兴标准化行动方案》	农业农村部、国家标准化管理委员会、住房和城乡建设部
2023年7月	《全面推进城市一刻钟便民生活圈建设三年行动计划(2023—2025)》	商务部办公厅、国家发展改革委办公厅等13部门办公厅（室）
2023年9月	《城市标准化行动方案》	国家标准化管理委员会、工业和信息化部、民政部等6部门
2023年9月	《自然资源部关于开展低效用地再开发试点工作的通知》	自然资源部
2023年10月	《住房城乡建设部办公厅关于开展工程建设项目全生命周期数字化管理改革试点工作的通知》	住房城乡建设部办公厅
2023年10月	《家庭托育点管理办法（试行）》	国家卫生健康委、住房和城乡建设部、应急管理部等5部门
2023年10月	《土地征收成片开发标准》	自然资源部
2023年10月	《自然资源部关于做好城镇开发边界管理的通知（试行）》	自然资源部
2023年11月	《住房城乡建设部关于全面开展城市体检工作的指导意见》	住房城乡建设部
2023年11月	《自然资源部关于加强和规范规划实施监督管理工作的通知》	自然资源部
2023年11月	《支持城市更新的规划与土地政策指引（2023版）》	自然资源部办公厅

续表

发布时间	发布政策	发布机构
2023年11月	国务院办公厅关于转发国家发展改革委《城市社区嵌入式服务设施建设工程实施方案》的通知	国务院办公厅
2023年12月	《完整社区建设案例集（第一批）》	住房和城乡建设部办公厅
2023年12月	《自然资源部办公厅关于部署开展国土空间规划实施监测网络建设试点的通知》	自然资源部办公厅
2023年12月	《住房城乡建设部 人力资源社会保障部关于加强乡村建设工匠培训和管理的指导意见》	住房城乡建设部、人力资源社会保障部

1.4 遗产保护方向政策

SDG11.4：进一步努力保护和捍卫世界文化和自然遗产。

《中国落实2030年可持续发展议程国别方案》承诺：执行《中华人民共和国文物保护法》《中华人民共和国非物质文化遗产法》《风景名胜区条例》和《博物馆条例》，到2030年，保障公众的基本文化服务，满足多样化的文化生活需求。提高非物质文化遗产保护水平，到2020年，参加研修、研习和培训的非遗传承人群争取达到10万人次。

持续推进中国世界遗产、自然和文化遗产、非物质文化遗产的申报和保护工作，对重要历史时期、地理文化区域、类型、主题等方面的遗产进行申报。2023年9月，“普洱景迈山古茶林文化景观”成功申遗，成为全球首个茶主题世界文化遗产，同时，我国正在积极推进“海上丝绸之路”等跨国联合申遗项目。截至2023年底，我国共有57处列入联合国教科文组织名录的“世界遗产”，位居全球第二，其中文化遗产39项，自然遗产14项，文化和自然双遗产4项。为优化申遗项目储备，提高申报工作质量，推动世界文化遗产事业高质量发展，2023年3月，国家文物局启动了《中国世界文化遗产预备名单》更新工作。在遗产的保护立法与管理机制方面，我国不断强化相关法规和管理体系的建设，确保所有申报遗产的保护管理规划和执行到位，针对系列遗产建立了保护管理协调机制，以确保各个构成要素均能得到系统性保护和管理。

明确非遗与旅游的融合发展策略，提出建立非遗体验基地和特色旅游景区等措施，促进非物质文化遗产的活化利用和保护。文化和旅游部于2023年2月印发了《关于推动非物质文化遗产与旅游深度融合发展的通知》(以下简称《通知》)，强调非物质文化应积极适应当代旅游需求和旅游所带来的生产生活方式的变化，要求各地文化和旅游行政部门对本地区各级非物质文化遗产代表性项目进行梳理，遴选出具有代表性的项目，并建立非物质文化遗产与旅游融合发展推荐目录。《通知》强调找准非物质文化遗产与旅游融合发展的契合点，鼓励开展面向游客的传统表演艺术类非物质文化遗产展演，开发传统工艺产品，丰富旅游商品内涵。同时，《通知》鼓励将传统体育、游艺、医药以及饮食类非物质文化遗产纳入旅游体验，发展康养旅游，让游客深入体验和理解当地文化；还鼓励新闻媒体和各类新媒体平台广泛宣传中华优秀传统文化的独特魅力，引导游客认识并尊重非物质文化遗产，通过这种方式提升全国非遗与旅游融合发展的整体水平。

在强化文物资源管理和安全方面做出努力，为传承和弘扬中华优秀传统文化奠定坚实基础。

2023年10月，国务院印发《关于开展第四次全国文物普查的通知》，通过开展全国文物普查，全面掌握我国境内地上、地下、水下的不可移动文物资源状况。通过对已认定、登记的不可移动文物进行复查，同时调查、认定、登记新发现的不可移动文物，来更加准确地了解我国文物的数量、类型、分布和价值。这不仅有助于我们深化对文物内涵和价值的认识，扩展文物保护对象，完善历史文化遗产保护体系，还能促进文物事业的跨越式发展。

从不同角度和层面加强文物的保护和利用，确保文化遗产得到有效的传承和发扬。在重点文物保护单位内，对古树名木进行特别保护，确保得到妥善的维护和保存；在红色草原地区，通过建立协同机制，同时推进革命文物的保护和草原生态环境的维护，实现文化与自然遗产的双重保护；通过组织申报第八批中国历史文化名镇名村，鼓励和引导地方挖掘和保护具有重要历史文化价值的镇村，促进地方文化遗产的传承和发展；通过制定《央属文物保护利用项目资金管理办法》，规范文物保护项目的财务管理，确保资金的合理使用和文物保护工作的顺利进行。

聚焦文物保护技术研究与应用，建立多学科、多领域、多部门协同合作的科技创新机制。我国通过充分发挥高校和科研院所的基础研究和创新优势，为从事文物保护和考古相关研究的科技人才和科研团队提供了有力支持，布局建设了文物科研基础设施和科技基础条件平台，以及综合性科学研究实验平台和专题实验平台，推动文物保护技术的创新和发展。通过实施“中华文明起源与早期发展综合研究”等重大项目，围绕重大考古和历史研究课题组织多学科协同攻关，以揭示中华文明历史文化价值和核心特质，同步实施“互联网+中华文明”专题项目，做好考古研究成果国内外传播，提升我国文物保护的国际影响力和话语权。为充分发挥科学技术对文物事业发展的支撑引领作用，2023年10月，中央宣传部、文化和旅游部、国家文物局等13部门印发《关于加强文物科技创新的意见》要求结合文物领域科技发展现状和趋势，明确“突出重点、筑牢基础、以人为本、改革创新”的基本原则，加强文物科技创新；提出到2025年，重点建设一批国家级和地区性文物科研机构，形成科研方向稳定、结构合理的科研人才梯队，在重点领域突破一批文物保护和考古关键技术，形成若干系统解决方案；到2035年，建立跨学科跨行业、有效分工合作的文物科技创新网络，建成文物科技基础条件平台体系和共享服务机制，形成具有中国特色的文物科技创新系统性理论、方法与技术（表1.4）。

2023年中央政府发布遗产保护方向政策一览 **表1.4**

发布时间	发布政策	发布机构
2023年2月	《文化和旅游部关于推动非物质文化遗产与旅游深度融合发展的通知》	文化和旅游部
2023年3月	《关于组织申报2023年传统村落集中连片保护利用示范的通知》	财政部办公厅、住房城乡建设部办公厅
2023年3月	国家文物局关于启动《中国世界文化遗产预备名单》更新工作的通知	国家文物局
2023年4月	《住房和城乡建设部办公厅 财政部办公厅关于做好传统村落集中连片保护利用示范工作的通知》	住房和城乡建设部办公厅、财政部办公厅

续表

发布时间	发布政策	发布机构
2023年4月	《三峡文物保护利用专项规划》	国家文物局、文化和旅游部、国家发展改革委等7部门
2023年5月	《国家文物局 文化和旅游部 国家发展改革委关于开展中国文物主题游径建设工作的通知》	国家文物局、文化和旅游部、国家发展改革委
2023年6月	《住房和城乡建设部办公厅关于印发传统村落保护利用可复制经验清单（第一批）的通知》	住房和城乡建设部办公厅
2023年7月	《文化和旅游部办公厅 国家文物局办公室关于开展文化文物单位文化创意产品开发试点成效评估的通知》	文化和旅游部办公厅、国家文物局办公室
2023年7月	《农业农村部 文化和旅游部 国家文物局关于加强渔文化保护、传承和弘扬工作的意见》	农业农村部、文化和旅游部、国家文物局
2023年7月	《住房城乡建设部 国家文物局关于组织申报第八批中国历史文化名镇名村的通知》	住房城乡建设部、国家文物局
2023年9月	《关于在检察公益诉讼中加强协作配合依法做好城乡历史文化保护传承工作的意见》	最高人民检察院、住房城乡建设部
2023年10月	《国务院关于开展第四次全国文物普查的通知》	国务院
2023年10月	《国家级自然公园管理办法（试行）》	国家林业和草原局
2023年10月	《央属文物保护利用项目资金管理办法》	财政部、国家文物局
2023年10月	《关于加强文物科技创新的意见》	中央宣传部、文化和旅游部、国家文物局等13部门
2023年10月	《文化和旅游部办公厅 教育部办公厅 自然资源部办公厅 农业农村部办公厅关于公布首批文化产业赋能乡村振兴试点名单的通知》	文化和旅游部办公厅、教育部办公厅、自然资源部办公厅等4部门办公厅（室）
2023年11月	《国家文物局 国家林业和草原局 住房城乡建设部关于加强全国重点文物保护单位内古树名木保护的通知》	国家文物局、国家林业和草原局、住房城乡建设部
2023年12月	《国家文物局办公室 国家林业和草原局办公室关于建好红色草原协同推进革命文物与草原生态保护的通知》	国家文物局办公室、国家林业和草原局办公室

1.5 防灾减灾方向政策

减少自然灾害造成的不利影响

SDG11.5：到2030年，大幅减少包括水灾在内的各种灾害造成的死亡人数和受灾人数，大幅减少上述灾害造成的与全球国内生产总值（GDP）有关的直接经济损失，重点保护穷人和处境脆弱群体。

《中国落实2030年可持续发展议程国别方案》承诺：依照《中华人民共和国突发事件应对法》《中华人民共和国气象法》《森林防火条例》《中华人民共和国道路交通安全法》等法律法规科学减灾，重点保护受灾弱势群体。按照全面规划、统筹兼顾、预防为主、综合治理、局部利益服从全局利益的原则做好防洪工作，大幅减少洪灾造成的死亡人数、受灾人数和经济损失。

我国在防范控制城市安全风险方面采取了一系列具体而有力的举措，确保城市基础设施的安全运行，有效预防和应对各类安全风险，保障人民群众的生命财产安全。在住房建设安全方面，住房和城乡建设部等15部门联合发布了《关于加强经营性自建房安全管理的通知》明确经营性自建房的安全标准和管理要求，加强了对自建房的监管和检查力度，确保自建房的安全使用；住房和城乡建设部办公厅发布了《关于做好房屋市政工程安全生产治理行动巩固提升工作的通知》，要求各地加强房屋市政工程的安全生产管理，确保施工过程中的安全，防止因施工质量问题而引发的安全事故。在燃气安全方面，住房和城乡建设部等部门先后印发《关于加快排查整改燃气橡胶软管安全隐患的通知》《全国城镇燃气安全专项整治燃气管理部门专项方案》《关于扎实推进城市燃气管道等老化更新改造工作的通知》加快排查整改燃气橡胶软管安全隐患的实施，消除燃气橡胶软管存在的安全隐患，防止因软管老化、破损等原因而引发的燃气泄漏事故；住房城乡建设部还制定了城镇燃气经营安全重大隐患判定标准，明确了燃气经营过程中可能存在的重大安全隐患，为燃气经营单位提供了明确的指导和依据，有助于及时发现和整改安全隐患。在隧道工程安全管理方面，国务院安委会办公室等8部门印发《关于进一步加强隧道工程安全管理的指导意见》要求确保隧道建设和运营过程中的安全，防止隧道坍塌、火灾等安全事故的发生。针对高危险性体育赛事活动，国家体育总局等7部门公布了相关目录，并要求加强安全风险评估和审批许可程序，防止因组织不当或安全措施不到位而引发的安全事故。此外，在城市安全风险预警方面，国务院安委会办公室发布了《城市安全风险综合监测预警平台建设指南（2023版）》，着力推动城市安全风险综合监测预警平台的建设和完善。

通过优化国家水网工程布局、完善防洪工程体系、完善城市排水防涝体系等措施，全面提

升各地防洪减灾能力。2023年5月，中共中央、国务院印发《国家水网建设规划纲要》，着重完善水资源配置和供水保障体系、流域防洪减灾体系以及河湖生态系统保护治理体系三大体系建设，以流域为单元优化水库、河道堤防、蓄滞洪区布局，做好洪涝水出路安排，全面提升防洪安全保障能力。支持大江大河大湖干流防洪治理、南水北调防洪影响处理、大中型水库建设以及蓄滞洪区围堤建设，加强以海河、松花江流域等北方地区为重点的骨干防洪治理工程。在城市防洪方面，统筹流域防洪与城市防洪排涝，加快实施城市防洪提升工程，建设和完善排水防涝体系，有效应对城市内涝防治标准内的降雨。同时，加强易涝积水点整治，落实海绵城市建设理念，提高城市供水保证率，有效应对干旱缺水、水污染等供水风险。

增发国债用于修复灾区基本生产生活条件和经济发展，以及提升预警指挥、救援能力、巨灾防范等自然灾害应急能力。2023年，我国决定增发1万亿元国债，旨在特别支持灾后恢复重建和提升防灾减灾救灾能力。为了确保国债资金的有效使用，中国政府对资金的使用方向进行了明确规划：其中一部分资金将专项用于支持灾后恢复重建和提升防灾减灾能力，包括修复受损的基础设施、重建灾毁的住房和农田、提升防汛防洪能力等；另一部分资金则将用于支持重点自然灾害综合防治体系建设工程，如气象基础设施项目建设等，以全面提升国家的防灾减灾救灾能力。资金将分两年安排使用，2023年安排使用5000亿元，结转2024年使用5000亿元。同时，为了减轻地方财政配套压力，中国政府还决定一次性适当提高相关领域中央财政补助标准或补助比例。增发的国债资金将优先支持受灾地区，如东北地区和京津冀等地的高标准农田建设，以及灾后恢复重建工作，旨在使这些地区尽快恢复到灾前水平。

构建涵盖预防预警、组织指挥、资源保障、信息公开、现场处置以及后期恢复等多个方面的基层应急预案体系，为基层单位有效应对突发事件提供了有力保障。应急管理部发布《乡镇（街道）突发事件应急预案编制参考》《村（社区）突发事件应急预案编制参考》对基层应急预案编制提出了具体要求：强调通过建立健全的预警机制，提高对突发事件的敏感性和反应速度，在事件发生前或初期采取有效的应对措施，减少损失。在突发事件发生时，能够迅速成立应急指挥机构，明确各部门、各单位的职责和任务，形成统一指挥、分工明确、协调有序的工作机制，确保应急响应的高效进行。应急预案还强调了应急资源的保障和调配，包括应急队伍的建设、应急物资的储备和调配、应急资金的保障等方面。通过提前规划和准备，确保在突发事件发生时能够迅速调动和整合各种资源，为应急处置提供有力保障。同时，应急预案还要求及时、准确、全面地报告突发事件的信息，包括事件的性质、规模、影响范围等方面，并通过适当的方式向社会公开，增强公众的知情权和参与度，提高应急响应的透明度和公信力。

积极应对各类自然灾害，采取全方位、多层次、强有力的应对策略和措施。针对洪涝灾害，中国加强了防汛救灾工作的力度。2023年6月，住房和城乡建设部办公厅、应急管理部办公厅印发《关于加强城市排水防涝应急管理工作的通知》，要求各地进一步完善排水防涝应急机制，做好城市排水防涝应急管理，加强应急处置协同联动，切实保障城市安全度汛。国家防总先后多次启动调整防汛防台风应急响应，并派出多个工作组和专家组加强指导。水利部门则调度运用大中型水库，拦蓄洪水并发布各类气象灾害预警信息。此外，还紧盯重点区域和重点时段，包括县城、学校、医院等人员密集地区以及长历时降雨、短时局地强降雨等关键时段，进行严密监控和防治。

对于防火工作，2023年4月，中共中央办公厅、国务院办公厅印发《关于全面加强新形势下森林草原防灭火工作的意见》，要求明确工作职责，压实火灾防控责任；优化体制机制，建强组织指挥体系；深化源头治理，防范化解火灾风险；加强力量建设，稳步提升实战能力；注重夯实根基，加强基础设施建设；突出科技赋能，加大创新技术应用力度；树牢底线思维，提高应急处置能力。

我国还注重提升自然灾害应急能力，通过实施预警指挥工程、救援能力工程、巨灾防范工程和基层防灾工程等措施，全面提高应对自然灾害的能力。2023年4月，住房和城乡建设部办公厅印发《关于同意在长春市开展第一次全国自然灾害综合风险普查房屋建筑和市政设施调查数据成果应用更新工作试点的函》同意长春市作为试点，开展全国自然灾害综合风险普查房屋建筑和市政设施调查数据成果的应用更新工作，在此过程中总结经验，每半年向住房城乡建设部报送试点工作进展情况（表1.5）。

2023年中央政府发布防灾减灾方向政策一览 **表1.5**

发布时间	发布政策	发布机构
2023年1月	《关于公布高危险性体育赛事活动目录（第一批）的公告》	体育总局、工业和信息化部、公安部等7部门
2023年2月	《国务院安委办公室 住房和城乡建设部 交通运输部 水利部 国务院国有资产监督管理委员会 国家铁路局 中国民用航空局 中国国家铁路集团有限公司关于进一步加强隧道工程安全管理的指导意见》	国务院安委会办公室、住房和城乡建设部、交通运输部等8部门
2023年3月	《住房和城乡建设部办公厅关于做好房屋市政工程安全生产治理行动巩固提升工作的通知》	住房和城乡建设部办公厅
2023年3月	《住房和城乡建设部等15部门关于加强经营性自建房安全管理的通知》	住房和城乡建设部、应急部、国家发展改革委等15部门
2023年4月	《住房和城乡建设部办公厅 国家发展改革委办公厅关于做好2023年城市排水防涝工作的通知》	住房和城乡建设部办公厅、国家发展改革委办公厅
2023年4月	《关于全面加强新形势下森林草原防灭火工作的意见》	中共中央办公厅、国务院办公厅
2023年4月	《住房和城乡建设部办公厅关于同意在长春市开展第一次全国自然灾害综合风险普查房屋建筑和市政设施调查数据成果应用更新工作试点的函》	住房和城乡建设部办公厅
2023年5月	《住房和城乡建设部办公厅关于加快排查整改燃气橡胶软管安全隐患的通知》	住房和城乡建设部办公厅
2023年5月	《国家水网建设规划纲要》	中共中央、国务院
2023年6月	《住房和城乡建设部办公厅 应急管理部办公厅关于加强城市排水防涝应急管理工作的通知》	住房和城乡建设部办公厅、应急管理部办公厅
2023年8月	《住房城乡建设部关于印发全国城镇燃气安全专项整治燃气管理部门专项方案的通知》	住房城乡建设部

续表

发布时间	发布政策	发布机构
2023年8月	《住房城乡建设部办公厅 国家发展改革委办公厅关于扎实推进城市燃气管道等老化更新改造工作的通知》	住房城乡建设部办公厅、国家发展改革委办公厅
2023年8月	《乡镇（街道）突发事件应急预案编制参考》	应急管理部办公厅
2023年8月	《村（社区）突发事件应急预案编制参考》	应急管理部办公厅
2023年9月	《住房城乡建设部关于印发城镇燃气经营安全重大隐患判定标准的通知》	住房城乡建设部
2023年11月	《城市安全风险综合监测预警平台建设指南（2023版）》	国务院安委会办公室
2023年11月	《化工园区安全风险排查治理导则》	应急管理部

1.6 环境改善方向政策

SDG11.6：到2030年，减少城市的人均负面环境影响，包括特别关注空气质量，以及城市废物管理等。

《中国落实2030年可持续发展议程国别方案》承诺：积极推动城乡绿化建设，人均公园绿地面积持续增加。全面提升城市生活垃圾管理水平，全面推进农村生活垃圾治理，不断提高治理质量。制定城市空气质量达标计划，到2020年，地级及以上城市重污染天数减少25%。

着力提升环境基础设施建设水平，改善城乡环境卫生，满足人民群众对美好生活的需求。为补齐公共卫生环境和城乡环境卫生设施短板，提升社会健康综合治理能力，营造干净、整洁、舒适的宜居环境，2023年6月，国家发展改革委办公厅、生态环境部办公厅、住房城乡建设部办公厅等6部门印发《关于补齐公共卫生环境设施短板开展城乡环境卫生清理整治的通知》，要求从城市环境卫生清理整治、农村人居环境整治提升、医疗卫生机构环境整治、医疗卫生服务体系完善、城乡垃圾污水治理提升等方面开展工作。2023年7月，国家发展改革委、生态环境部、住房城乡建设部联合印发了《环境基础设施建设水平提升行动（2023—2025年）》。行动计划明确了未来几年的建设目标和任务，包括加快完善生活污水收集处理设施、提升生活垃圾分类和处理能力、加快医疗废物和危险废物处置能力建设等。重点要求科学确定污水处理厂的工艺、布局、规模及服务范围，推进城市、县城处理设施提标改造，提升建制镇处理设施建设和运营水平，推动处理能力向乡村延伸；加快城镇老旧城区、城中村、城乡接合部等区域的生活污水收集管网建设；加强分类投放、分类收集、分类运输、分类处理体系建设，提高垃圾分类居民小区覆盖率；稳步推进城中村改造，优先对群众需求迫切、城市安全和社会治理隐患多的城中村进行改造；更新改造老化和有隐患的管线管道，整治楼栋内环境等。

积极推动绿色低碳产业发展，降低污染物排放，改善空气质量。2023年11月，国务院印发《空气质量持续改善行动计划》（以下简称《行动计划》），从多个方面推动空气质量改善，提升人民群众的蓝天获得感。《行动计划》明确提出，到2025年，全国地级及以上城市$PM_{2.5}$浓度比2020年下降10%，重度及以上污染天数比率控制在1%以内，氮氧化物和挥发性有机物排放总量分别下降10%以上。《行动计划》提出，在促进产业产品绿色升级方面，坚持减污降碳协同增效，积极推动绿色低碳产业发展；通过优化产业结构，遏制“高耗能、高排放、低水平”项目的盲目发展，努力从源头上减少污染排放。同时，大力发展新能源和清洁能源，推动能源低碳转型，以减少化石能源的使用和相关的污染物排放。发展绿色运输体系，优先采用铁路和水路进行煤炭、矿石等大宗货物的中长距离运输，以减少公路运输带来的尾气排放。在加速能源清洁低碳高效发展方面，加快推进北方地区清洁取暖和重点行业超低排放改造，以降低燃煤污染。同时，实施挥发性有机物综合治理，减少这类化合物对空气质量的影响。交通运输部门还积极推动“公转铁”“公转水”等重大工程，通过调整运输结构来减少排放。我国还加大了监督帮扶力度，针对重点地区和空气质量改善压力较大的城市，组织专业队伍进行空气质量改善监督帮扶，深挖细查排放大户和重点领域存在的问题，并推动整改落实。

深入实施国家节水行动，加强污水资源化利用，协同推进污水处理降碳、减污，为加快美丽中国建设奠定坚实基础。2023年12月，国家发展改革委、住房城乡建设部、生态环境部联合发布《关于推进污水处理减污降碳协同增效的实施意见》，强调源头节水增效，通过深入实施国家节水行动，减少生产生活新水取用量和污水排放量，同时推动工业废水的循环利用，实现串联用水、分质用水、一水多用和梯级利用。同时，我国在污水资源化利用方面也取得了积极进展，推进污水处理减污降碳协同增效行动，建设污水处理绿色低碳标杆厂，鼓励污泥处理达标后资源化利用。这些举措不仅提高了污水处理综合效能，还有助于实现碳达峰碳中和目标。为保障政策落地见效，生态环境部与相关部门加强沟通协调，及时推动解决工作推进过程中的困难和问题，并修订完善相关工作指南，开展专题培训和技术帮扶，提升地方黑臭水体整治监管能力。2023年12月，中共中央、国务院印发《关于全面推进美丽中国建设的意见》（以下简称《意见》），旨在加快推进人与自然和谐共生的现代化。《意见》分为10章共33条，聚焦美丽中国建设的总体要求、战略路径、重点任务提出细化举措，主要部署了以下重点任务：加快发展方式绿色转型、持续深入推进污染防治攻坚、提升生态系统多样性稳定性持续性、守牢美丽中国建设安全底线、打造美丽中国建设示范样板、开展美丽中国建设全民行动、健全美丽中国建设保障体系等。

完善生活垃圾收运、处理体系，推进固体废物和土壤污染防治的先进技术应用。在生活垃圾管理方面，住房和城乡建设部发布《生活垃圾渗沥液处理技术标准》《生活垃圾焚烧烟气净化用粉状活性炭》《生活垃圾转运站运行维护技术标准》等行业标准，不断优化生活垃圾收集运输体系，推动生活垃圾密闭收集，确保运输过程中的环境卫生和公众健康。在生活垃圾处理处置方面，鼓励城乡生活垃圾处理设施的共建共享，推动跨区域合作，提升处理设施的规模化和集约化水平。同时，大力发展生活垃圾焚烧等无害化处理技术，减少填埋量，最大限度地回收利用可再生资源。在固体废物和土壤污染防治方面，中国积极发挥先进技术的作用。生态环境部编制了《国家先进污染防治技术目录（固体废物和土壤污染防治领域）》，广泛征集具有创新性和实用性的先进技术，包括城乡生活垃圾资源化利用、有机固体废物无害化处理、危险废物资源化利用等，为各地提供技术支撑（表1.6）。

2023年中央政府发布环境改善方向政策一览 **表1.6**

发布时间	发布政策	发布机构
2023年1月	《“十四五”噪声污染防治行动计划》	生态环境部、中央文明办、发展改革委等16部门
2023年1月	《农民参与乡村建设指南（试行）》	国家乡村振兴局、中央组织部、国家发展改革委等7部门
2023年5月	《关于印发城市黑臭水体治理及生活污水处理提质增效长效机制建设工作经验的通知》	住房和城乡建设部办公厅
2023年6月	《国家发展改革委办公厅等关于补齐公共卫生环境设施短板 开展城乡环境卫生清理整治的通知》	国家发展改革委办公厅、生态环境部办公厅、住房城乡建设部办公厅等6部门办公厅（司）
2023年7月	《环境基础设施建设水平提升行动（2023—2025年）》	国家发展改革委、生态环境部、住房城乡建设部
2023年8月	《地下水污染防治重点区划定技术指南（试行）》	生态环境部办公厅、水利部办公厅、自然资源部办公厅
2023年9月	《生活垃圾渗沥液处理技术标准》	住房和城乡建设部
2023年9月	《生活垃圾焚烧烟气净化用粉状活性炭》	住房和城乡建设部
2023年9月	《生活垃圾转运站运行维护技术标准》	住房和城乡建设部
2023年11月	《空气质量持续改善行动计划》	国务院
2023年12月	《国家发展改革委 住房城乡建设部 生态环境部关于推进污水处理减污降碳协同增效的实施意见》	国家发展改革委、住房城乡建设部、生态环境部
2023年12月	《生态环境导向的开发（EOD）项目实施导则（试行）》	生态环境部办公厅、国家发展改革委办公厅、中国人民银行办公厅等4部门办公厅（室）
2023年12月	《关于全面推进美丽中国建设的意见》	中共中央、国务院

1.7 公共空间方向政策

SDG11.7：到2030年，向所有人，特别是妇女、儿童、老年人和残疾人，普遍提供安全、包容、无障碍、绿色的公共空间。

《中国落实2030年可持续发展议程国别方案》承诺：严格控制城市开发强度，保护城乡绿色生态空间。结合水体湿地修复治理、道路交通系统建设、风景名胜资源保护等工作，推进环城绿带、生态廊道建设。到2020年，城市建成区绿地率达到38.9%，人均公园绿地面积达14.6%。

国家公园建设在政策、立法、保护和管理等方面迎来了重要政策和举措的全面推进。我国明确将高标准、高起点建设第一批国家公园，做好旗舰物种和典型生态系统的保护工作。在政策层面，《国家公园空间布局方案》批复实施，为中国国家公园体系建设提供了明确的时间表和路线图。方案确定了国家公园建设的发展目标、空间布局、创建设立等主要任务，为推进国家公园高质量发展提供了有力保障。同时，国家林草局强调国家公园立法工作的重要性，将进一步修改完善《中华人民共和国国家公园法（草案）》，并指导相关省区出台国家公园地方条例。这一举措将为国家公园的保护、建设和管理等工作提供坚实的法律支撑。在保护方面，我国采取了一系列措施，包括强化保护地人类活动监管、严查生态环境违法行为以及健全生态环境监管体系等，旨在减少人类活动对保护地生态环境的影响，确保国家公园生态环境的安全和稳定。我国还注重国家公园空间布局与国土空间规划的衔接，明确了国家公园、自然保护地、生态保护红线的空间对应关系，助力实现所有国土空间的统一规划和统一用途管制，推动国家公园建设与国家发展战略的深度融合。

加强无障碍环境建设，积极改善老幼、残疾人等弱势群体在公共空间的活动体验，提供更好的公共服务。针对老年群体，2023年5月，中共中央办公厅、国务院办公厅印发了《关于推进基本养老服务体系建设的意见》，计划创建1000个全国示范性老年友好型社区，提升适老化无障碍交通出行服务，包括扩大出租汽车电召和网约车“一键叫车”服务覆盖面，打造敬老爱老城市公共汽电车线路等，以改善老年人在公共空间的活动体验，并首次在中央层面发布了《国家基本养老服务清单》。针对儿童群体，住房城乡建设部办公厅、国家发展改革委办公厅和国务院妇儿工委办公室于2023年8月联合发布《城市儿童友好空间建设导则（试行）实施手册》，为各级政府和相关部门提供了明确的指导，通过建设安全、可达、有趣且富有教育性的公共空间，致力于为儿童打造一个适宜成长、游戏和学习的环境。针对残障人士公共空间利用方面，2023年6月，第十四届全国人民代表大会常务委员会第三次会议通过的《中华人民共和国无障碍环境建设法》要求严格落实无障碍设施工程建设标准、加强无障碍环境建设，以保障残疾人安全通行；并积极鼓励高等学校、中等职业学校等开设无障碍环境建设相关专业和课程，以提升无障碍环境建设领域的专业水平。

利用公共空间开展体育相关活动的政策和举措呈现出全面深化、多元化发展的态势。2023年5月，体育总局办公厅、发展改革委办公厅、财政部办公厅等5部门办公厅《全民健身场地设施提升行动工作方案（2023—2025年）》，通过实施“新时代全民健身场地设施提升工程”，着力破解“健身去哪儿”的难题，引导支持地方增加全民健身中心、体育公园等公共健身设施。同时，加强适老适儿化健身设施的设置，补齐乡镇、街道全民健身场地器材的短板，以满足不同年龄段人群的健身需求。2023年5月，国家体育总局、中央精神文明建设办公室、中央宣传部等12部门印发《关于推进体育助力乡村振兴工作的指导意见》，提出开展乡村公共健身设施提升专项行动，结合宜居宜业和美乡村建设完善农村健身设施。国家体育总局还推动公共体育场馆提升开放服务水平，鼓励各地区因地制宜配建智能室外健身器材，利用城市“金角银边”配建嵌入式健身设施，打造群众身边的多层次多样化健身圈。2023年6月，住房和城乡建设部办公厅、体育总局办公厅印发《关于开展“国球进社区”“国球进公园”活动进一步推动群众身边健身设施建设的通知》，推动在城市社区、公园中配建以乒乓球台等小型设施为重点的健身设施，为周边居民就近健身提供便利。在推动全民健身活动广泛开展方面，我国以举办全民健身大会、社区运动会和主题示范活动为引领，深入推动全民健身活动的广泛开展。通过丰富多样的活动形式，激发群众的健身热情，提高全民健身的参与度和满意度。同时，我国还积极推动公共体育场馆进行数字化升级改造，支持具备条件的地区开展“运动银行”和个人运动码试点，提升全民健身的智能化水平。

通过公园绿地开放共享试点工作，让公众更好地享受绿色空间。为拓展公园绿地开放共享新空间，满足居民亲近自然、休闲游憩、运动健身等需求，2023年1月，住房和城乡建设部办公厅发布《关于开展城市公园绿地开放共享试点工作的通知》，鼓励各地积极开展为期1年的试点工作，要求各试点城市确定公园绿地中可开放共享的区域、开放时间、可开展的活动类型等；要求在开放共享的过程中，注重保护植被，避免过度踩踏，推广地块轮换养护管理等制度，并加强安全管理，遇极端天气采取临时关闭等动态管理措施，并通过通告等形式提前通知，确保公众的安全；在试点工作的总结阶段，各试点城市将围绕开放共享区域的划定要求、配套服务设施建设运行、植物养护管理制度等方面进行认真总结，不断完善相关管理制度，提出进一步开放共享公园绿地的思路和对策，将为未来的公共空间绿化工作提供有益的借鉴和参考（表1.7）。

2023年中央政府发布公共空间方向政策一览 **表1.7**

发布时间	发布政策	发布机构
2023年1月	《住房和城乡建设部办公厅关于开展城市公园绿地开放共享试点工作的通知》	住房和城乡建设部办公厅
2023年5月	《全民健身场地设施提升行动工作方案（2023—2025年）》	体育总局办公厅、发展改革委办公厅、财政部办公厅等5部门办公厅（室）
2023年5月	《体育总局 中央文明办 发展改革委 教育部 国家民委 财政部 住房城乡建设部 农业农村部 文化和旅游部 卫生健康委 共青团中央 全国妇联关于推进体育助力乡村振兴工作的指导意见》	体育总局、中央精神文明建设办公室（中央宣传部代章）等12部门
2023年5月	《关于推进基本养老服务体系建设的意见》	中共中央办公厅、国务院办公厅
2023年6月	《中华人民共和国无障碍环境建设法》	十四届全国人民代表大会常务委员会第三次会议
2023年6月	《住房和城乡建设部办公厅 体育总局办公厅关于开展“国球进社区”“国球进公园”活动进一步推动群众身边健身设施建设的通知》	住房和城乡建设部办公厅、体育总局办公厅
2023年8月	《〈城市儿童友好空间建设导则（试行）〉实施手册》	住房城乡建设部办公厅、国家发展改革委办公厅、国务院妇女儿童工委办公室
2023年10月	《促进户外运动设施建设与服务提升行动方案（2023—2025年）》	国家发展改革委、体育总局、自然资源部等5部门
2023年10月	《国家级自然公园管理办法（试行）》	国家林草局

1.8 城乡融合方向政策

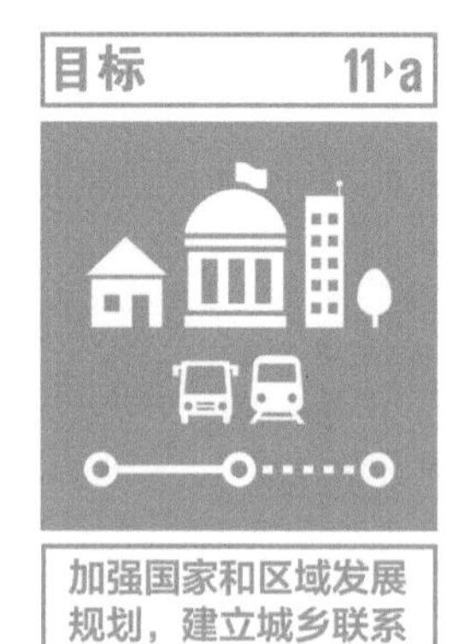

SDG11.a：通过加强国家和区域发展规划，支持在城市、近郊和农村地区之间建立积极的经济、社会和环境联系。

《中国落实2030年可持续发展议程国别方案》承诺：推动新型城镇化和新型农村建设协调发展，促进公共资源在城乡间均衡配置。统筹规划城乡基础设施网络，推动城镇公共服务向农村延伸，逐步实现城乡基本公共服务制度并轨、标准统一。“十三五”期间推进有能力在城镇稳定就业和生活的农村转移人口举家进城落户，并与城镇居民享有同等权利和义务。

通过政策和制度体系持续建设，推动城乡要素自由流动和平等交换，促进公共资源在城乡间均衡配置，从而实现城乡一体化发展。优化城乡土地资源配置，建立健全城乡统一的建设用地市场，并规范开展城乡建设用地增减挂钩，以推动农村集体经营性建设用地入市。健全完善城乡公共服务体系，特别是加强农村地区的防疫、教育和医疗等公共服务，以确保城乡居民均能享受到高质量的基本公共服务。推进县域城乡融合发展，通过畅通城乡要素流动、统筹县域城乡规划建设、加强中心镇市政和服务设施建设等方式，促进县域内城乡的协调发展。深化户籍制度改革，建立健全以经常居住地提供基本公共服务的制度，以促进农业转移人口全面融入城市，并提高市民化质量。依法保障进城落户农民的农村土地承包权、宅基地使用权和集体收益分配权，同时建立农村产权流转市场体系，为农户提供更灵活的土地权益退出机制和配套政策。

加快推进城乡一体化发展，促进公共资源的均衡配置，增进人民群众的获得感和幸福感，为实现全体人民共同富裕奠定坚实基础。在教育方面，全面推进义务教育的均衡发展，加大对农村和欠发达地区教育的投入力度，持续缩小城乡教育差距；同时，大力推进高等教育的改革与发展，提高教育质量和培养效果，为社会输送更多优秀人才。在医疗卫生方面，持续深化医疗体制改革，加快推进基层医疗卫生服务体系建设，促进医疗资源向基层延伸，提高农村和城市社区的医疗服务能力。在养老方面，推进基本养老服务体系建设，发布《国家基本养老服务清单》，明确基本养老服务对象、服务内容等，创建全国示范性老年友好型社区，提升适老化无障碍交通出行服务，以满足不同老年人的养老需求。在社会保障方面，持续完善覆盖城乡居民的基本养老、医疗、失业、工伤、生育等社会保险制度，提高保障水平，切实维护人民群众的基本生活。在公共文化服务方面，加大对城乡文化设施建设的投入，推动公共文化资源向基层延伸，提高基层群众的文化服务水平；同时，大力发展乡村文化事业，丰富农民的精神文化生活，增强文化认同感和自豪感。在基础设施建设方面，加强农村公路、电网、通信等基础设施建设，缩小城乡发展差距，提高农村地区的基础设施服务水平；同时，加快推进城乡一体化发展，促进公共资源均衡配置，让城乡居民共享发展成果。

着力提升县域进城务工人员市民化质量，持续开展高素质农民培训，提升农民的综合素质和生产技术技能，增强县域进城务工人员享有基本公共服务的可及性和便利性。推进县域进城务工人员市民化对于推进乡村振兴和城乡融合发展具有重要作用。2023年1月，人力资源社会保障部等9部门联合开展了《县域农民工市民化质量提升行动》，聚焦县域进城务工人员群体，结合县域工作现状及县域进城务工人员的结构特征、突出诉求和重点问题，提出了一系列工作目标和举措。行动的主要目标是提升县域进城务工人员的就业质量和技能水平，维护其劳动保障权益，扩大县域基本公共服务供给，强化基层服务能力，着力推动县城稳定就业进城务工人员及其随迁家属平等享有基本公共服务和在城镇无障碍落户，增强县域进城务工人员享有基本公共服务的可及性和便利性。2023年5月，农业农村部办公厅发布了《关于做好2023年高素质农民培育工作的通知》，旨在全面提升农民的综合素质和生产技术技能。培训内容包括涉农法律法规、农业农村政策、农业绿色发展等领域的基础知识。同时，要求注重培养青年高素质农民和高素质女农民，探索实施高素质农民培育与职业教育贯通衔接。

支持脱贫地区开展防止返贫监测和帮扶，增强脱贫地区和脱贫群众内生发展动力。我国持续健全并运行好防止返贫动态监测和帮扶机制，将存在返贫致贫风险的农户及时识别为监测对象，并逐户逐人落实针对性帮扶措施；通过增加脱贫群众收入和促进脱贫县加快发展，用发展的办法让脱贫成果更加稳固、更可持续，旨在激发脱贫地区和群众的内生发展动力，实现长期稳定的脱贫。2023年4月，农业农村部办公厅发布了《支持脱贫地区打造区域公用品牌实施方案（2023—2025年）》的通知，旨在通过打造区域公用品牌，提升脱贫地区农产品的知名度和竞争力，促进产业发展，带动农民增收。通过加大金融支持力度，力争脱贫地区各项贷款余额、农业保险保额持续增长，为脱贫地区提供稳定的金融保障，从而满足脱贫地区多样化的金融需求，促进经济持续健康发展。聚焦大型易地扶贫搬迁安置区巩固脱贫成果、融入新型城镇化发展，2023年1月，国家发展改革委联合财政部、中国人民银行等18个部门印发《关于推动大型易地扶贫搬迁安置区融入新型城镇化实现高质量发展的指导意见》，明确了主要任务和支持政策。2023年4月，国家发展改革委牵头出台《巩固易地搬迁脱贫成果专项行动方案》，明确了深入开展搬迁群众就业帮扶、加大安置区后续产业发展力度、不断提升安置社区治理水平、推动搬迁群众更好享有公共服务四项专项行动重点任务（表1.8）。

2023年中央政府发布城乡融合方向政策一览 **表1.8**

发布时间	发布政策	发布机构
2023年1月	《人力资源社会保障部等9部门关于开展县域农民工市民化质量提升行动的通知》	人力资源社会保障部、国家发展改革委、教育部等9部门
2023年1月	《关于推动大型易地扶贫搬迁安置区融入新型城镇化实现高质量发展的指导意见》	国家发展改革委、财政部、中国人民银行等18部门
2023年1月	《文化和旅游部办公厅 教育部办公厅 自然资源部办公厅 农业农村部办公厅 国家乡村振兴局综合司关于开展文化产业赋能乡村振兴试点的通知》	文化和旅游部办公厅、教育部办公厅、自然资源部办公厅等5部门办公厅（司）
2023年2月	《商务部等17部门关于服务构建新发展格局推动边（跨）境经济合作区高质量发展若干措施的通知》	商务部、中央编办、外交部等17部门
2023年3月	《国家发展改革委等部门"十四五"时期社会服务设施建设支持工程实施方案》	国家发展改革委、民政部、退役军人事务部等4部门
2023年4月	《巩固易地搬迁脱贫成果专项行动方案》	国家发展改革委、国家乡村振兴局
2023年4月	《支持脱贫地区打造区域公用品牌实施方案（2023—2025年）》	农业农村部办公厅
2023年4月	《关于进一步健全机制推动城市医疗资源向县级医院和城乡基层下沉的通知》	国家卫生健康委、国家中医药局、国家疾控局
2023年5月	《农业农村部办公厅关于做好2023年高素质农民培育工作的通知》	农业农村部办公厅
2023年5月	《关于印发紧密型城市医疗集团试点城市名单的通知》	国家卫生健康委办公厅、国家发展改革委办公厅、财政部办公厅等6部门办公厅（室）
2023年6月	《农业农村部 中央宣传部 司法部关于开展第三批乡村治理示范村镇创建工作的通知》	农业农村部、中央宣传部、司法部
2023年6月	《中国人民银行 国家金融监督管理总局 证监会 财政部 农业农村部关于金融支持全面推进乡村振兴加快建设农业强国的指导意见》	中国人民银行、国家金融监督管理总局、证监会等5部门
2023年6月	《承接产业转移示范区管理办法》	国家发展改革委
2023年7月	《县域商业三年行动计划（2023—2025年）》	商务部办公厅、国家发展改革委办公厅、工业和信息化部办公厅等9部门办公厅（室）
2023年7月	《全面推进城市一刻钟便民生活圈建设三年行动计划（2023—2025）》	商务部办公厅、国家发展改革委办公厅、民政部办公厅等13部门办公厅（室）
2023年9月	《农业农村部办公厅关于公布2023年中国美丽休闲乡村名单的通知》	农业农村部办公厅

1.9 低碳韧性方向政策

建立并实施资源集约化、综合防灾减灾的政策

SDG11.b：到2020年，大幅增加采取和实施综合政策和计划以构建包容、资源使用效率高、减缓和适应气候变化、具有抵御灾害能力的城市和人类住区数量，并根据《2015—2030年仙台减少灾害风险框架》在各级建立和实施全面的灾害风险管理。

《中国落实2030年可持续发展议程国别方案》承诺：完善住房保障制度，大力推进棚户区和危房改造。提高建筑节能标准，推广超低能耗、零能耗建筑。开展既有建筑节能改造，推广绿色建材，大力发展装配式建筑。加强自然灾害监测预警体系、工程防御能力建设，完善防灾减灾社会动员机制，建立畅通的防灾减灾社会参与渠道。全面推广海绵城市建设，在省市、城镇、园区、社区等区域开展全方位低碳试点，开展气候适应型城市建设试点。

在深化气候适应型城市建设方面积极行动，通过多项举措和要求提高城市的适应能力。为进一步探索气候适应型城市建设路径和模式，有效提升城市适应气候变化能力，2023年8月，生态环境部办公厅、财政部办公厅、自然资源部办公厅等8部门办公厅（室）在总结城市试点经验的基础上，联合发布了《关于深化气候适应型城市建设试点的通知》，要求加强气候适应型城市建设的协调指导，建立由生态环境部门牵头、相关部门积极参与的气候适应型城市建设试点工作领导协调机制；制定气候适应型城市建设试点实施方案，将气候适应型城市建设纳入城市各级各类相关规划和美丽城市建设重点任务；建立城市适应气候变化信息共享机制和平台，提升信息化、智能化管理水平；完善适应气候变化相关财政、金融、科技等支撑保障机制和配套政策；加强组织实施，确保试点各项任务有序推进，鼓励试点城市先行先试、积极探索各类政策创新；加强宣传推广，提高公众认知度、扩大社会影响面，为试点工作顺利推进营造良好舆论氛围。

在城乡建设领域推进碳达峰碳中和，加快实现城乡绿色低碳发展，推动城市层面碳达峰碳中和标准体系的建设。2023年4月，国家标准委、国家发展改革委、工业和信息化部等11部门联合印发《碳达峰碳中和标准体系建设指南》，构建碳达峰碳中和标准体系，为城市层面的碳减排和碳中和提供标准化、系统化的指导和规范。推动产业结构调整，优化能源结构，发展低碳产业，限制高耗能、高排放行业的发展，促进城市经济向绿色低碳转型。在城市建设中推广绿色建筑标准，提高建筑能效，减少建筑领域的能源消耗和碳排放。发展公共交通，鼓励使用新能源汽车，优化交通管理系统，减少交通领域的碳排放。通过绿色信贷、绿色债券等金融工具，支持城市低碳项目和企业，促进绿色投资。加强低碳技术的研发和应用，支持碳捕集、利用和封存（Carbon Capture，Utilization and Storage，CCUS）等前沿技术的发展。大力推广绿色低碳生活理念，普及“双碳”基础知识，提高公众对碳达峰、碳中和的认识，鼓励绿色生活方式和消费模式，形成全社会共同参与的氛围。通过政策引导和激励措施，如碳交易市场、税收优惠、补贴政策等，激发城市和企业减碳的积极性。建立健全城市碳排放监测、报告和核查体系，确保碳达峰、碳中和目标的实现可测量、可报告、可核查。

围绕城市和建筑尺度制定修订节能标准、加强节能标准应用实施与监督检查、衔接节能标准和碳排放相关标准指标，确保合理用能、高效用能。2023年3月，国家发展改革委、市场监管总局印发《关于进一步加强节能标准更新升级和应用实施的通知》，持续推进节能标准更新升级和应用实施，支撑重点领域和行业节能降碳改造，加快节能降碳先进技术研发和推广应用，坚决遏制高耗能、高排放、低水平项目盲目发展；推进节能标准的实施与监督检查，要求落实相关企事业单位作为用能单位对于节能标准要求的责任主体；切实需要加强监管，确保各项节能标准得到贯彻执行。推动用能单位建立规范化、常态化节能运行机制，鼓励用能单位积极应用推荐性节能标准，开展能效对标活动，确保合理用能、高效用能。基于强制性能效标准，进一步扩大能效标识和节能低碳等绿色产品认证实施范围。衔接节能标准和碳排放相关标准指标，统筹开展节能标准和碳排放相关标准研究制定，从全生命周期角度衔接节能标准和碳排放相关标准指标，探索将碳排放相关指标纳入节能标准，推动节能减排和应对气候变化工作。

通过加强建材质量监管、推动绿色建材产业发展、强化绿色低碳发展、完善绿色制造和服务体系等举措，有效引导低碳韧性发展，实现建筑与环境的和谐共生。为推进政府采购支持绿色建材促进建筑品质提升政策实施相关工作，2023年3月，财政部办公厅、住房城乡建设部办公厅、工业和信息化部办公厅结合国家现行绿色建筑与建筑节能、绿色建材的相关法律、法规和技术标准，印发了《政府采购支持绿色建材促进建筑品质提升政策项目实施指南》。为进一步加快绿色建材产业高质量发展，2023年12月，工业和信息化部、国家发展改革委、生态环境部等10部门印发《绿色建材产业高质量发展实施方案》，要求提高建筑材料质量水平，推动绿色建材的研发与应用，完善绿色建材产品标准和认证评价体系，倡导选用绿色建材；鼓励企业建立装配式建筑部品部件生产、施工、安装全生命周期质量控制体系，推行装配式建筑部品部件驻厂监造，确保建材的质量和安全性能，提高建筑的整体性能和韧性；加强建材质量监管，加大对外墙保温材料等重点建材产品质量监督抽查力度，实施缺陷建材响应处理和质量追溯；推动绿色建材产业链发展；完善绿色制造和服务体系。

推进节水型城市建设、厉行城镇节水、实施节水改造、坚持以水定城定人、完善经济政策、加强组织协调与宣传教育。我国城市深化落实城市节水工作，以2023年全国城市节约用水宣传周为契机，系统、深入推进城市节水工作，将城市节水工作贯穿到城市规划、建设、治理全过程，实现系统节水、精准节水、机制节水；推进节水型城市建设，鼓励各地结合城镇老旧小区改造，更新改造老旧受损失修供水管网，减少漏损，提高供水安全保障水平。2023年9月，国家发展改革委、水利部、住房城乡建设部等7部门印发《关于进一步加强水资源节约集约利用的意见》，严控高耗水服务业用水，严格用水定额管理，特种行业全面推广低耗水、循环用水等节水技术工艺，在机关、学校、医院等重点领域实施水效领跑者引领行动。开展工业企业水平衡测试、用水绩效评价和水效对标行动，引导企业实施节水改造。全面深化水价改革，稳步推进水资源税改革，落实节水税收优惠政策，并引导和规范社会资本参与节水项目建设运营，鼓励地方、企业通过"以奖代补"方式实现节水绩效。加强组织协调与宣传教育，将节水纳入经济社会发展综合评价体系和政绩考核。2023年5月，住房和城乡建设部、国家发展改革委印发《关于命名第十一批（2022年度）国家节水型城市的公告》决定命名浙江省温州市等16个城市为第十一批（2022年度）国家节水型城市。加强国情水情教育，做好节水科普，强化节水宣传，开展节水培训（表1.9）。

2023年中央政府发布低碳韧性方向政策一览 **表1.9**

发布时间	发布政策	发布机构
2023年2月	《国家发展改革委等部门关于统筹节能降碳和回收利用 加快重点领域产品设备更新改造的指导意见》	国家发展改革委、工业和信息化部、财政部等9部门
2023年3月	《政府采购支持绿色建材促进建筑品质提升政策项目实施指南》	财政部办公厅、住房城乡建设部办公厅、工业和信息化部办公厅
2023年3月	《工业和信息化部办公厅 住房和城乡建设部办公厅 农业农村部办公厅 商务部办公厅 国家市场监督管理总局办公厅 国家乡村振兴局综合司关于开展2023年绿色建材下乡活动的通知》	工业和信息化部办公厅、住房和城乡建设部办公厅、农业农村部办公厅等6部门办公厅（室）
2023年3月	《国家发展改革委 市场监管总局关于进一步加强节能标准更新升级和应用实施的通知》	国家发展改革委、市场监管总局
2023年4月	《碳达峰碳中和标准体系建设指南》	国家标准委、国家发展改革委、工业和信息化部等11部门
2023年4月	《住房和城乡建设部办公厅关于做好2023年全国城市节约用水宣传周工作的通知》	住房和城乡建设部办公厅
2023年5月	《住房和城乡建设部 国家发展改革委关于命名第十一批（2022年度）国家节水型城市的公告》	住房和城乡建设部、国家发展改革委
2023年6月	《城市地下综合管廊建设规划技术导则》	住房和城乡建设部办公厅
2023年7月	《关于推广合同节水管理的若干措施》	水利部、国家发展改革委、财政部等9部门
2023年8月	《建材行业稳增长工作方案》	工业和信息化部、国家发展改革委、财政部等8部门
2023年8月	《关于深化气候适应型城市建设试点的通知》	生态环境部办公厅、财政部办公厅、自然资源部办公厅等8部门办公厅（室）
2023年8月	《绿色低碳先进技术示范工程实施方案》	国家发展改革委、科技部、工业和信息化部等10部门
2023年9月	《国家发展改革委等部门关于进一步加强水资源节约集约利用的意见》	国家发展改革委、水利部、住房城乡建设部等7部门
2023年10月	《住房城乡建设部办公厅关于征集装配式建筑可复制可推广技术体系和产品的通知》	住房城乡建设部办公厅
2023年10月	《加快"以竹代塑"发展三年行动计划》	国家发展改革委、工业和信息化部、财政部等4部门

续表

发布时间	发布政策	发布机构
2023年12月	《国家发展改革委 住房城乡建设部 生态环境部关于推进污水处理减污降碳协同增效的实施意见》	国家发展改革委、住房城乡建设部、生态环境部
2023年12月	《工业和信息化部等十部门关于印发绿色建材产业高质量发展实施方案的通知》	工业和信息化部、国家发展改革委、生态环境部等10部门

1.10 对外援助方向政策

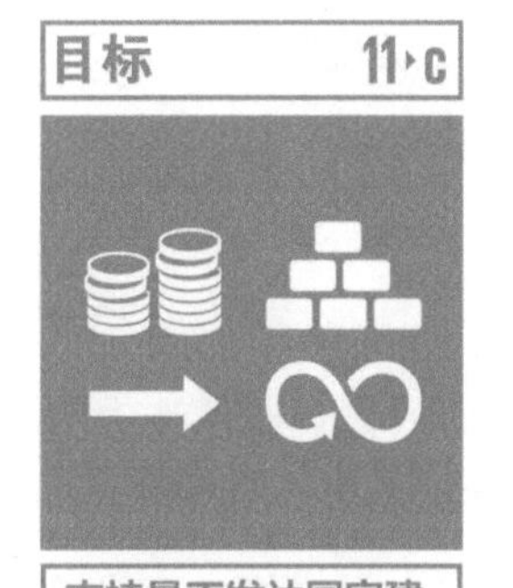

支持最不发达国家建造可持续的、有抵御灾害能力的建筑

SDG11.c：通过财政和技术援助等方式，支持最不发达国家就地取材，建造可持续的，有抵御灾害能力的建筑。

《中国落实2030年可持续发展议程国别方案》承诺：支持最不发达国家建造可持续的基础设施，在节能建筑领域推动与相关国家技术合作，帮助最不发达国家培养本地技术工人。

大力推动"一带一路"框架下的基础设施建设，支持发展中国家建设和维护高质量、可靠、可持续和有韧性的基础设施，深化互联互通，携手实现共同发展繁荣。2023年是共建"一带一路"倡议提出10周年，在各方的共同努力下，共建"一带一路"从中国倡议走向国际实践，取得了丰硕成果，成为深受欢迎的国际公共产品和国际合作平台。一批风险小、效益高、惠民生的"小而美"境外项目得到了东道国的高度赞誉以及当地百姓的热烈欢迎。我国援建的塞内加尔乡村打井工程极大改善了塞内加尔农村人口的饮用水质量、卫生条件和生活水平，为当地两百余万民众带来方便、干净的饮用水；阿曼益贝利光伏项目可满足当地约5万户家庭年用电需求，每年减少碳排放达34万吨，带动当地约3000人就业；肯尼亚首都的内罗毕快速路项目将市区到机场的通行时间由2小时缩短至20分钟，大幅缓解内罗毕交通堵塞、降低物流成本、推动经济发展。2023年10月发布的《第三届"一带一路"国际合作高峰论坛主席声明》中明确指出，中国将继续开展务实合作，统筹推进标志性工程和"小而美"民生项目。

应对全球重大灾害挑战，切实加强自然灾害防治和应急管理国际合作，推动构建防灾减灾救灾人类命运共同体。探索区域自然灾害防治和管理合作机制。2023年9月2日，第二届国际气象经济高峰论坛期间，国家气候中心发布《"一带一路"气候报告：2023》(以下简称《报告》)，报告指出，随着全球气候变暖加剧，"一带一路"沿线极端气候事件发生的频率可能增加，强度可能增强，将给沿线地区的环境保护和可持续发展等带来新的压力。在这种背景下，依托于《"一带一路"自然灾害防治和应急管理国际合作北京宣言》，中国与各方共同推进"一带一路"自然灾害防治和应急管理国际合作机制建设，着力在防灾减灾救灾、安全生产、应急救援等领域深化合作，助力提升"一带一路"合作伙伴应急管理能力。2023年11月16日，在2023"一带一路”自然灾害防治和应急管理国际合作部长论坛上，“一带一路”自然灾害防治和应急管理国际合作机制正式建立，31个应急管理部门和国际组织加入，以期共同提升自然灾害防治和应急管理能力。充分践行人道主义精神。2023年，在土耳其、缅甸、阿富汗、尼泊尔等国家发生重大自然灾害后，中国积极对灾区进行灾后人道主义援助，提供现汇、物资、人员、技术等帮助，对灾区人民恢复生产生活发挥了积极作用。

以负责任的态度应对全球气候变化，加强国际合作，推动可再生能源技术普及、应用、推广。中国积极推动在气候变化领域的双边和多边合作。《中俄总理第二十八次定期会晤联合公报》强调，中国和俄罗斯将进一步加强应对气候变化的政策沟通与协调。中美《关于加强合作应对气候危机的阳光之乡声明》指出，两国将致力于合作，与《巴黎协定》其他缔约方一道直面气候危机，并将加速具体行动。中国、柬埔寨、老挝、缅甸、泰国、越南制定的《澜沧江—湄公河合作五年行动计划（2023—2027）》中提出，要加强应对气候变化跨部门、跨行业交流合作，加强可再生能源、电动汽车和光伏产业合作。《中华人民共和国和斯里兰卡民主社会主义共和国联合声明》指出，双方愿在气候变化适应和可持续发展领域开展更紧密的合作，强调共同实施绿色措施是减缓气候变化影响的有效途径。

支持发展中国家绿色低碳发展。中国国际发展知识中心发表的《全球发展倡议落实进展报告2023》提到，中国21世纪议程管理中心同联合国开发计划署合作成立的技术转移南南合作中心面向加纳、赞比亚、斯里兰卡、埃塞俄比亚等国家开展了可再生能源技术转移国际合作项目，极大促进了发展中国家可再生能源技术普及、应用与推广，为南南合作技术转移和国际气候治理树立了重要典范。在“绿色电力未来使命（Green Powered Future Mission，GPFM）”多边合作倡议下，15个国家（组织）、3个国际组织以及11家大型企业在全球绿色电力发展方面展开合作，积极推进全球碳中和，实现绿色发展。

开展文化交流活动，推进遗产保护国际合作，保护人类共同财富，为促进文明交流互鉴、世界和平与可持续发展作出积极贡献。2023年4月25日，首届亚洲文化遗产保护联盟大会在中国西安举行，来自亚洲21个国家和3个国际组织的150位代表出席会议，正式成立亚洲文化遗产保护联盟。会议形成《亚洲文化遗产保护联盟西安宣言》，在建设合作平台、推进城乡遗产保护、考古研究、文物展览、文物保护和学术交流方面达成共识。联盟的成立将有利于加强亚洲文化遗产保护、深化文明交流，也将有助于推动构建亚太命运共同体。

推动中华文明与世界不同文明加强对话、增进共识，促进民心相通，对共同创造更加和谐的世界，促进全球共同发展具有深远的意义。2023年12月3日，首届“良渚论坛”在浙江省杭州市举办。在该论坛上，中国与阿拉伯国家联盟签署《中华人民共和国文化和旅游部与阿拉伯国家联盟秘书处关于践行全球文明倡议的联合声明》。与会代表围绕推进“一带一路”民心相通，不同文明交流互鉴进行了交流。十年以来，“一带一路”文化遗产交流合作从1国1处（柬埔寨吴哥古迹周萨神庙）拓展到6国11处（柬埔寨、乌兹别克斯坦、吉尔吉斯斯坦、尼泊尔、缅甸、蒙古国）。与“一带一路”沿线17个国家开展33个联合考古项目，得到相关政府与人民的高度评价（表1.10）。

2023年中央政府发布对外援助方向政策一览 **表1.10**

发布时间	发布政策	发布机构
2023年4月	《亚洲文化遗产保护联盟西安宣言》	亚洲文化遗产保护联盟
2023年6月	《全球发展倡议落实进展报告2023》	中国国际发展知识中心
2023年9月	《“一带一路”气候报告：2023》	国家气候中心
2023年10月	《第三届“一带一路”国际合作高峰论坛主席声明》	第三届“一带一路”国际合作高峰论坛
2023年10月	《中华人民共和国和斯里兰卡民主社会主义共和国联合声明》	中华人民共和国、斯里兰卡民主社会主义共和国（第三届“一带一路”国际合作高峰论坛）
2023年11月	《关于加强合作应对气候危机的阳光之乡声明》	生态环境部
2023年12月	《澜沧江—湄公河合作五年行动计划（2023—2027）》	澜沧江—湄公河合作第四次领导人会议
2023年12月	中俄总理第二十八次定期会晤联合公报	中俄总理第二十八次定期会晤
2023年12月	《中华人民共和国文化和旅游部与阿拉伯国家联盟秘书处关于践行全球文明倡议的联合声明》	文化和旅游部、阿拉伯国家联盟秘书处

第二篇 城市评估

- 城市层面落实SDG11评估技术方法
- 参评城市整体情况
- 副省级及省会城市评估
- 地级市评估

2.1 城市层面落实SDG11评估技术方法

《中国落实2030年可持续发展目标11评估报告：中国城市人居蓝皮书》使用公开、来源可靠的最新数据，概述了中国城市在落实联合国SDG11方面的进展情况和发展趋势。报告评估体系基于IAEG-SDGs提出的全球指标框架和德国、日本、意大利城市以及美国纽约市、中国德清县等典型城市的SDGs评估的本地化实践，结合联合国《新城市议程》和《中华人民共和国国民经济和社会发展第十四个五年规划和2035年远景目标纲要》《国家新型城镇化规划（2021—2035年）》等国家中长期专项规划和城市明确提出的城市人居环境相关的考核指标，以及《中国落实2030年可持续发展议程进展报告》系列报告中对外发布国家行动中明确的指标，形成了一套符合SDGs语境、针对SDG11目标要求的中国城市人居领域的本地化指标体系。指标体系包含城市住房保障、公共交通、规划管理、遗产保护、防灾减灾、环境改善、公共空间七个专题，全面反映“SDG11：可持续城市和社区”中对可持续城市和社区提出的目标和要求。

2.1.1 全球SDGs评估实践

2.1.1.1 区域及国际组织实践

（1）联合国可持续发展目标指标机构间专家组

为了测度联合国目标和具体目标的落实情况，动态监测可持续发展进程，在《2030年可持续发展议程》指导下，联合国统计委员会组织了一个可持续发展目标指标机构间专家组（Inter-agency Expert Group on SDG Indicators，以下简称IAEG-SDGs），就目标和具体目标的后续行动以及审查工作，制定了一套全球指标框架，旨在客观评估可持续发展目标的年度进展情况，寻找差距，以保证可持续发展的行动措施始终在《2030年可持续发展议程》目标的指导之下进行。

基于可持续发展目标和指标之间的关系研究，出于评价有限目标的考虑，2015年IAEG-SDGs初步形成了229个指标，其中149个指标带有未决问题，但专家组对评价应用普遍意见一致，还有80个指标仍需深入探讨。2016年，IAEG-SDGs提出要对全球可持续发展进展情况在2020年和2025年进行全面审查，针对使用中仍有问题的指标，专家组成立了3个工作组，一是解决统计数据和元数据结构的问题，包括指标在全球和国家尺度上的使用差异，不同的国际机构提供的指标数据交换等；二是采用地理空间信息系统作为评价的补充手段；三是对有关联的、多用途的指标目标之间进行协调评价。2016年3月，联合国在现有17个目标、169个具体目标的基础上，提出了包含232个指标的全球指标框架，并于2017年7月6日由联合国大会通过（A/RES/71/313），以评估全球层面的进展情况。根据此次决议，指标框架将每年进行完善，2019年IAEG-SDGs以替换、修订、增加和删除的形式对框架提出了36项重大修改，并于2020年3月获得联合国统计委员会第五十一届会议的批准，指标也由最初的229个修改为231个，并将指标属性由原来的三级调整为二级，保留Tier Ⅰ（广泛认可的评价方法和标准，也有相应的统计基础）和Tier Ⅱ（有广泛认可的评价方法和标准，但数据不完善或不定期发布）、取消了Tier Ⅲ（没有国际广泛认可的评价方法或标准），如图2.1所示。可持续发展目标指标对应的现有的全球、地区和国家数据以及元数据的数据库由联合国统计司负责维护。纳入全球可持续发展目标数据库的指标数量从2016年的115个增加到2023年的225个。在地理覆盖面、及时性和分类水平方面仍然存在巨大的数据缺口，因而使我们难以完全了解实现《2030年可持续发展议程》的进展速度、各地区之间的差异以及落后的国家等问题。

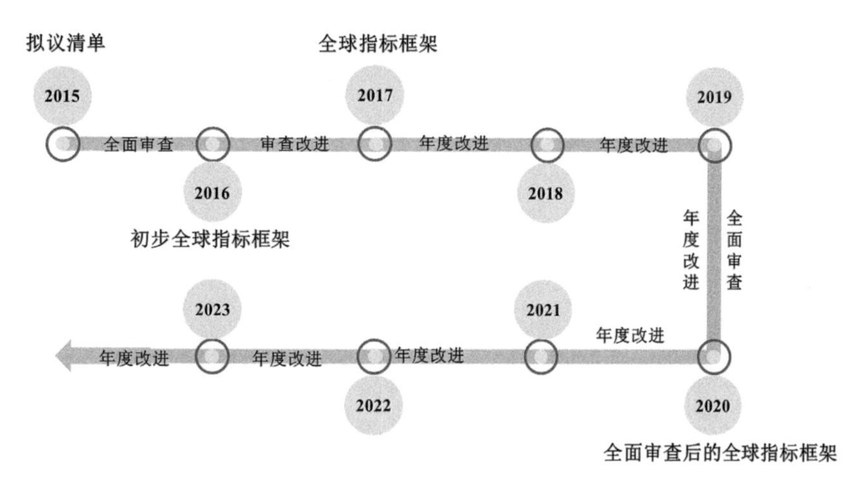

图2.1　全球指标框架修订历程

由于统计体系和数据可得性的差异，联合国“全球SDG指标框架”并不能适用于具体国家层面的SDGs监测评估，各国需要构建本地化的SDGs指标体系，以全面、科学地评估SDGs的进展，制定相关规划和政策，从而推动实现2030年可持续发展目标。IAEG-SDGs确定的全球可持续发展监测统计指标体系，提供了一套全球统一的衡量体系，但这不可避免与各国诉求存在一定差异，对于指导具体国家的政策制定的作用较为有限，因此联合国鼓励各国因地制宜制定本地化的SDGs指标体系。联合国开发计划署、人居署和地方和区域政府全球工作队提出本地化是在实现《2030年可持续发展议程》时考虑国家及国家以下各级情况的过程，包括两个主要的进程：规划和执行可持续发展目标以及监测可持续发展的进展情况。

（2）联合国经济及社会理事会

联合国经济及社会理事会（United Nations Economic and Social Council），是根据《联合国宪章》处理人口、世界贸易、经济、社会福利、文化、自然资源、工业化、人权、教育科技、妇女地位、卫生及其他有关事项的联合国机构，与致力于可持续发展的各类联合国实体保持联系，为其提供全面指导和协调。

以IAEG-SDGs形成的SDGs框架及指标体系结果为基础，联合国经济和社会事务部每年动态发布《可持续发展目标报告》（自2016年以来，先后发布8次）和《秘书长报告：实现可持续发展目标进展情况》，同时提供可持续发展目标及选定指标的最新数据、分析结果和全球现状，从全球层面展示SDGs实施的主要进展，并对每个目标及选定指标进行深入分析，明确存在困难的目标与指标和需要进一步改革努力的事项。《可持续发展目标报告》的数据来源涉及经济和社会事务部、海洋事务和海洋法司、联合国粮食及农业组织、国际民航组织、国际能源署、国际劳工组织、国际货币基金组织、国际可再生能源机构、国际电信联盟、国际贸易中心、国际自然保护联盟、各国议会联盟、联合国艾滋病毒/艾滋病联合规划署、和平行动部法治和安全机构厅、联合国难民事务高级专员办事处、经济合作与发展组织、21世纪促进发展统计伙伴关系、政治和建设和平事务部建设和平支助办公室、生物多样性公约秘书处、联合国气候变化框架公约秘书处、人人享有可持续能源倡议、联合国资本发展基金、联合国儿童基金会、联合国贸易和发展会议、联合国开发计划署、联合国教育、科学及文化组织、联合国促进性别平等和增强妇女权能署、联合国环境规划署、联合国人类住区规划署、联合国工业发展组织、联合国地雷行动处、联合国减少灾害风险办公室、联合国毒品和犯罪问题办公室、联合国人口基金、联合国能源机制、联合国海洋网络、联合国水资源组织、世界银行集团、世界卫生组织、世界气象组织、世界旅游组织、世界贸易组织等多个机构。

《2023年可持续发展目标报告》描述了实现17个目标的进展情况。报告是基于200多个国家和地区提供的数百万个数据点，由联合国经济和社会事务部与50多个国家和地区机构合作编写的。报告揭示病毒大流行以及气候变化、生物多样性丧失和污染三重危机，正在产生持久的灾难性影响。可持续发展目标半数以上的具体目标进展势头微弱、进展幅度不足，三成的具体目标止步不前，甚至倒退，其中包括有关贫困、饥饿和气候的关键性具体目标。

（3）联合国人类住区规划署

自2015年以来，联合国已将联合国人类住区规划署（United Nations Human Settlements Programme，以下简称人居署）纳入《2030年可持续发展议程》战略，尤其是可持续发展目标11，即旨在“建设包容、安全、有抵御灾害能力和可持续的城市和人类住区”。联合国大会赋予人居署的任务是推动建设社会和环境可持续发展的城市和社区。

《新城市议程》在联合国住房和城市可持续发展大会（人居三）通过，随后于2016年12月23日得到联合国大会的批准。议程旨在动员会员国和其他主要利益攸关方在地方层面推动可持续城市发展，代表了对更美好、更可持续未来的共同愿景，如果规划管理得当，城市化能助力实现发展中国家和发达国家的可持续发展。《新城市议程》的实施将有助于全面促进《2030年可持续发展议程》的地方化，并助力实现可持续发展目标。

人居署致力于帮助各国获取有关城市状况和趋势的可靠数据和信息，率先垂范，有效监测并报告《2030年可持续发展议程》和《新城市议程》等全球议程。人居署的相关努力包括开发工具和方法，例如，全球城市观察站、城市繁荣倡议和国家城市样本方法，建设国家和地方政府能力，建立地方、区域和全球城市监测机制，支持城市数据收集、分析和传播。2018年5月，人居署向联合国大会提交了关于《新城市议程》执行进展情况的五次四年期报告中的第一次报告，首次对《新城市议程》执行进展进行定性和定量分析。随后，人居署进行持续改进，推动地方采用支持SDG11和《新城市议程》报告工作的新数据来源，帮助展示了新兴数据编制方法，包括需要使用地理空间技术的方法的价值。作为其全球监测职能的一部分，人居署将最初的全球200个城市样本扩大到1000多个城市，以支持衡量世界城市化趋势以及在执行《新城市议程》和《2030年可持续发展议程》方面取得的进展。

同时，人居署也协调开展了机构间讨论，探讨如何制定一个与可持续发展目标相关具体目标的指标相一致的《新城市议程》指标框架，以及《新城市议程》执行情况报告准则，并制定了一个全球城市监测框架。如图2.2所示，该框架涵盖城市发展的5个重点领域（社会、经济、环境、文化和治理与执行）和4个地方城市目标（安全与和平、包容性、韧性、可持续性），使得各级能够以综合全面的方式报告城市可持续发展情况。《新城市议程》的监测过程借鉴了由秘书处经济和社会事务部统计司协调的《2030年可持续发展议程》监测框架中的指标和数据体系，而《新城市议程》的做法也对《2030年可持续发展议程》的执行和本地化起到了补充作用。

（4）联合国可持续发展解决方案网络

联合国可持续发展解决方案网络（Sustainable Development Solutions Network，SDSN）是2012年在联合国秘书长潘基文推动下成立的全球网络性组织，自2016年起，每年与贝塔斯曼基金会联合发布全球报告，在IAEG-SDGs提出的全球指标框架基础上构建评估体系，提出了SDG指数（SDG Index）和SDG指示板（SDG Dashboards），为国别层面SDGs进展测量提供了方法的同时，对各国实际落实情况进行比较分析。

1）指标选择

为筛选出适用于SDG指数和指示板中的指标，SDSN与贝塔斯曼基金会就每项目标提出了基于技术的定量指标，并确保指标筛选符合以下5项标准：①相关性和普适性：所选指标与监测SDGs进展相关联，且适用于所有国家。它们可以直接对国家表现进行评估，并能在国家间进行比较。它们能定义表明SDGs进展的数量阈值。②统计的准确性：采用有效、可信的方

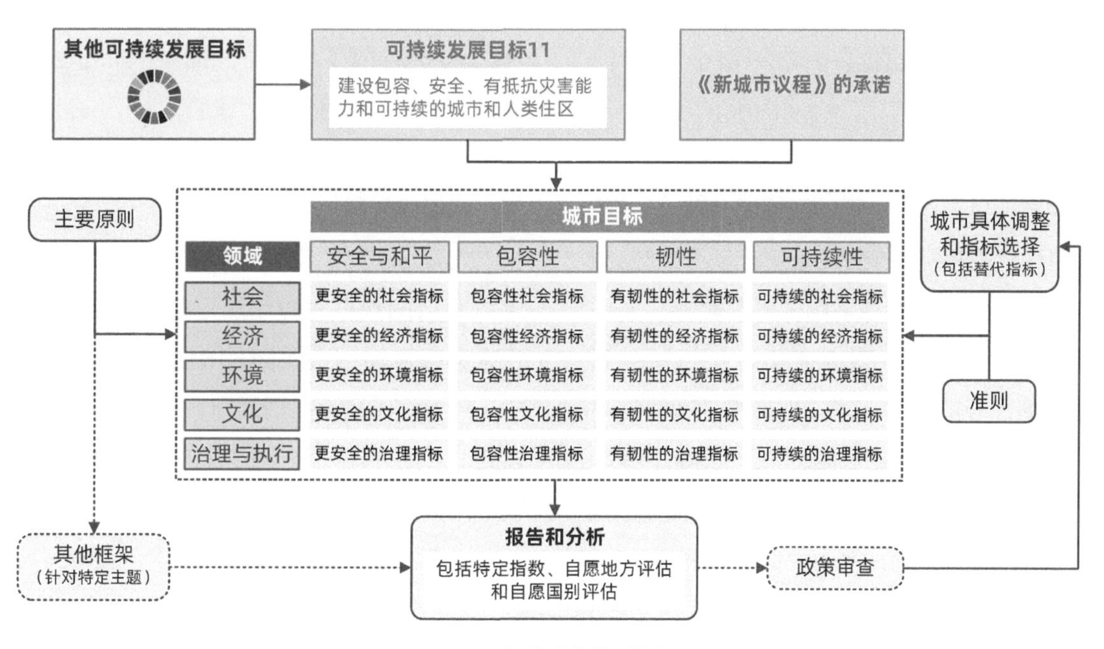

图2.2　全球城市监测框架

法选择指标。③时效性：数据序列必须具有时效性，近些年的数据有效且能够获取。④数据质量：必须采用针对某一问题最有效的测量方法获取数据。数据须是国家或国际官方数据，以及其他国际知名来源的数据。比如，国家统计局、国际组织数据以及同行评议的出版物。⑤覆盖面：数据至少覆盖80%联合国成员国，覆盖国家的人口规模均超过百万。2016—2023年报告评估采用的指标如表2.1所示（由于篇幅限制，在此仅列出SDG11评估指标）。

2016—2023年报告中SDG11指标选择情况（全球国家适用） **表2.1**

年份	指标			
2016	$PM_{2.5}$年均浓度（ug/m^3）	城市管网供水覆盖率（%）	—	—
2017	$PM_{2.5}$年均浓度（ug/m^3）	城市管网供水覆盖率（%）	—	—
2018				
2019	$PM_{2.5}$年均浓度（ug/m^3）	城市管网供水覆盖率（%）	对公共交通的满意程度	—
2020				
2021	$PM_{2.5}$年均浓度（ug/m^3）	城市管网供水覆盖率（%）	对公共交通的满意程度	居住在贫民窟的城市人口比例（%）
2022	$PM_{2.5}$年均浓度（ug/m^3）	城市管网供水覆盖率（%）	对公共交通的满意程度	—
2023	$PM_{2.5}$年均浓度（ug/m^3）	城市管网供水覆盖率（%）	对公共交通的满意程度	居住在贫民窟的城市人口比例（%）

2）评估方法及评估标准

为确保与联合国官方框架的一致性，基于联合国发布可持续发展目标体系和全球指标框架，并根据IAEG-SDGs对指标的动态调整结果，SDSN和贝塔斯曼基金会动态调整SDG指数和指示板的评估技术体系。

构建SDG指数的方法：SDG指数由17项可持续发展目标构成，每项目标至少有一项用于表现其现状的指标，个别情况下一项目标对应多项指标。通过两次求取平均值可以得出SDG指数得分，即第一次是将对应的指标分别求平均值得出每项目标的得分，第二次是将17项目标的得分加总求平均值得出该国的SDG指数。

针对每一个具体评估指标，首选确定最优值和最差值的方式，然后采用插值法确定每一个国家的指标评分值。其中，最差值的确定是在评估年份对当前的每一项指标从低到高进行排名，剔除“最差”中2.5%的观测值以消除异常值对评分的干扰后即得到。最优值的选择基于“不落下任何人”原则，按照自然状态下最佳、技术上可行的原则确定，在具体实施过程中主要分为两类：对于有明确量化目标的指标，如既定目标或理论最优值，则直接采用该值；对于没有明确量化目标的指标，将评估年度表现最好的五个国家的平均值作为最优值。

构建SDG指示板的方法：SDG指示板是利用可获取的数据，通过红、橙、黄、绿四种颜色编码来体现17项SDGs的整体实施情况。其中，绿色表示接近实现目标；黄色表示存在一定差距；橙色表示存在明显差距；红色表示距实现2030年的目标面临严峻挑战。

从评估方法和评估标准设计上看，这套SDG指数和指示板难免出现数据缺失、分类错误、时效性滞后等问题，例如，从一些国家的发展现状来看若干年前的数据往往并不准确；一些强调SDGs优先性问题的指标数据可能无法获取，或已失去时效性。解决该类问题需要更好的数据和指标，因此SDG实施过程中也在不断增加在数据收集和统计能力方面的投入。

（5）联合国亚洲及太平洋经济社会委员会

联合国亚洲及太平洋经济社会委员会（United Nations Economic and Social Commission for Asia and the Pacific，UNESCAP，以下简称亚太经社会）是联合国促进各国合作、实现包容和可持续发展的区域中心。其战略重点是落实《2030年可持续发展议程》，加强和深化区域合作和一体化，推进互联互通、金融合作和市场一体化。面向各国政府提供政策咨询服务、能力建设和技术援助，支持各国实现可持续发展目标。

自2017年起，亚太经社会开始发布可持续发展进展报告，并于2024年3月发布最新的《2024年亚太地区可持续发展目标进展报告：展示变革行动》。指标选取方面，亚太可持续发展目标进展评估所采用的指标来源于联合国的全球指标框架。指标值大多来自全球可持续发展目标数据库。当指标缺乏充分的数据时，报告使用国际公认的其他指标。指标选取遵循3个原则：①数据可用性：过半数的亚太地区国家具有2个或以上的数据点时，可选用该指标；②可设置明显的目标值；③元数据明确：选取的指标可由元数据支持。所选择的指标必须全部满足以上三项目标。

《2024年亚太地区可持续发展目标进展报告：展示变革行动》共选取了165项指标，见表2.2（由于篇幅限制，在此仅列出SDG11评估指标）。报告同时强调了按照目前的速度，亚太地区实现17项目标将推迟32年。虽然本区域已采取积极措施减少贫困并支持可持续工业、创新和基础设施，但这些措施不足以到2030年实现目标1和目标9。

UNESCAP发布报告中SDG11相关指标　　表2.2

SDG	指标名称
11	城市贫民窟人口占城市人口的百分比
	每10万人口道路交通死亡率
	灾害造成的死亡、失踪人员和直接受影响的人员数量
	灾害造成的直接经济损失，以及灾害造成的关键基础设施受损和基本服务中断数量
	$PM_{2.5}$年平均浓度
	根据《2015—2030年仙台减少灾害风险框架》采纳和实施国家减灾战略得分指数
	根据国家减灾战略采用和实施地方减灾战略的地方政府比例

指标监测从两方面进行评估：①当前状况指数：自2000年以来所取得的进展。②预期进展指数：2030年实现这些目标的可能性。在进展评估年报中，当前状况指数从目标层面呈现，预期进展指数以目标和指标两个层面进行汇报。

（6）欧盟

欧盟可持续发展战略启动于2001年，2010年起，可持续发展已成为欧洲2020战略的主流，始终致力于成为全球《2030年可持续发展议程》的领跑者。围绕可持续发展，其工作主要有两个方向。一是将联合国可持续发展目标与欧盟政策框架、欧盟委员会的优先目标（10 commission’s priorities）整合，识别与可持续发展最为相关的目标，评估欧盟的可持续发展目标完成情况。第二类工作是发布2020年之后的长期发展规划及各部门政策的侧重点。

2017年，由欧盟委员会SDGs相关工作组商定了欧盟SDGs指标集，以监测欧盟的可持续发展进程。指标集被欧盟统计局发布的《欧盟可持续发展目标监测报告》等采用。受到了欧洲统计系统委员会（European Statistical System Committee，ESSC）的好评。欧盟SDGs指标集是一个广泛协商的结果，包括委员会、成员国、理事会委员会、用户、非政府组织、学术界和国际组织在内的诸多利益攸关方。2023年，欧盟统计局发布了关于SDGs的第七版监测报告。最新的报告评估了欧盟在实现可持续发展目标方面的进展，并根据其与欧盟的政策相关性及其统计质量选择了一套约100个指标。欧盟可持续发展目标指标集与联合国全球可持续发展目标指标清单保持一致，但不完全相同。见表2.3（由于篇幅限制，在此仅列出SDG11评估指标）。许多选定的指标已用于监测现有政策，如欧洲社会权利支柱或第八个环境行动方案。这使得欧盟可持续发展目标指标能够监测在欧盟范围内特别相关的政策和现象。

欧盟报告中SDG11相关指标及数据来源　表2.3

目标	领域	指标
SDG11	城市和社区的生活质量	严重的住房剥夺率
		居住在受噪声影响的家庭中的人
		接触细颗粒物（$PM_{2.5}$）导致的过早死亡
		在其所在地区举报犯罪、暴力或破坏行为的人口
	可持续机动性	道路交通死亡人数
		公共汽车及火车在内陆客运中所占的份额
	环境影响	城市垃圾回收率
		至少经过二次处理的污水处理系统覆盖的人口比例

关于数据质量要求，欧盟SDGs指标只采用了目前可用的或将定期发布的数据。要求数据能够在线访问，元数据必须公开可用。指标选取也考虑了欧洲统计的标准质量原则：普及率、及时性、地理范围、国家间和随时间的可比性以及时间序列的长度。在气候变化、海洋或陆地生态系统等领域，指标集中的部分指标虽并非出自欧洲统计系统，但采用的是满足质量要求的外部数据。

为保持政策相关性，提高指标集的统计质量，指标集每年进行一次审查。评审遵循以下原则：①应保留欧盟SDG指标集的主要特征，即基于17个SDGs构建，每个目标限制6个指标。因此，每一个目标都由5~12个指标进行监控。②指标集每个目标至多包含6个指标。以便将总指标控制在100左右的同时，对所有目标一视同仁，从社会、经济、环境和体制层面上平衡地衡量进展。③新指标只能通过删除同一目标中已包含的指标来添加。④新指标必须符合：可用性，比其前任指标更具政策相关性或更好的统计质量，才考虑更换指标。

2.1.1.2 国家及城市层面SDGs本地化评估方法研究及实践进展

（1）德国

德国自2006年开始每两年发布一次可持续发展指标报告，自2015年《2030年可持续发展议程》发布后，德国先后发布了多版《德国可持续发展指标报告》。报告生动地描绘了德国已经走过的道路、德国前面的道路以及德国走向政治商定目标的速度，这些目标的实现将有助于使德国更加可持续，从而使其具有前瞻性。《德国可持续发展指标报告》从三个层面提出了包括气候和生物多样性保护、资源效率和移动解决方案等领域，以及减少贫困、卫生保健、教育、性别平等、稳健的国家财政、公平分配和反腐等17个可持续发展目标下多项发展领域的具体实施措施。报告详细介绍了指标所反映的内容，并以天气标志——从阳光到雷雨——以一种简单而容易理解的方式说明了指标在向目标迈进的“天气状况”，将指标的发展在图形中可视化，并对指标的变化及价值进行陈述。最新报告中德国可持续发展指标体系见表2.4（由于篇幅限制，在此仅列出SDG11评估指标）。

最新《德国可持续发展指标报告》中SDG11指标 表2.4

序号	指标范围可持续发展要求	指标
11.1.a	土地使用：可持续的土地使用	居住用地和交通用地的增加
11.1.b		自由空间的损失（平方米/每个居民）
11.1.c		单位住宅面积和交通面积的居民人数（居住密度）
11.2.a	交通运输：保障交通运输，保护环境	货物流通的终端能源消费量
11.2.b		客运的终端能源消费量
11.2.c		中央和区域中心的公共交通可达性
11.3	居住：为所有人提供可负担的住房	居住费用造成的过重负担
11.4	文化遗产：改善对文化遗产的利用	德国数字图书馆中的文物数量

（2）日本

日本政府根据国情，对可持续发展目标进行重组，确定了日本应该关注的SDGs目标和指标中的8个优先领域：①赋予所有人权利（相关SDGs：1、4、5、8、10、12）。②实现健康长寿（相关SDGs：3）。③创造增长型市场，振兴农村，促进科学技术与创新（相关SDGs：2、8、9、11）。④可持续和有弹性的土地利用，促进质量基础设施（相关SDGs：2、6、9、11）。⑤节能、可再生能源及气候变化对策和健全的物质循环社会（相关SDGs：7、12、13）。⑥环境保护，包括生物多样性、森林和海洋（相关SDGs：2、3、14、15）。⑦实现和平，安全和安全的社会（相关SDGs：16）。⑧加强实施可持续发展目标的手段和框架（相关SDGs：17）。

日本重视指标的监测与量化，其可持续发展目标促进总部于2017年7月发布了《日本关于可持续发展目标实施情况的国家自愿审查报告》，报告中提到2017年日本对可持续发展现状的评估，选取了80个指标（表2.5，由于篇幅限制，在此仅列出SDG11评估指标），并对每个指标进行了打分并划分了等级。

日本自愿审查报告中SDG11评估指标 表2.5

目标	指标
SDG11	城市地区$PM_{2.5}$年平均浓度
	每人拥有房间数
	改善水源的管道占比

（3）美国纽约

2015年4月，为解决纽约仍然面临的很多问题，例如，生活成本不断升高、收入不平等也在不断加剧；贫困和无家可归的数量居高不下；气候变化等，纽约市政府基于增长、公平、可持续性和恢复力四个相互依赖的愿景发布了第四版《PlaNYC2015》。同年9月，世界各国领导人通过了《2030年可持续发展议程》。在认识到《一个纽约》与可持续发展目标之间的协同作用后，纽约市市长办公室利用这一共同框架，与世界各地的城市和国家分享纽约市可持续发展的创新。为了跟踪纽约市在实现OneNYC详细目标方面的进展，纽约市制定了一套关键绩效指标，每年公开报告，旨在让纽约市对实现具体的量化目标负责，同时提供有关OneNYC计划和政策有效性的指导性数据。最新“一个纽约”规划——《一个纽约2050》战略的30个倡议和监测指标集见表2.6。

《一个纽约2050》战略的30个倡议和监测指标集 **表2.6**

目标	倡议	指标
1充满活力的民主	1. 授权所有纽约人参与我们的民主	• 年度报告中参与的志愿者人数 • 投票人登记数 • 在当地选举中投票人出席率
	2. 欢迎来自世界各地的纽约人，让他们充分参与公民生活	• 入籍的移民纽约人 • 移民和美国本土家庭的贫富差距
	3. 促进正义和平等权利，在纽约人和政府之间建立信任	• 每日平均入狱人数 • 重大犯罪数
	4. 在全球舞台上促进民主和公民创新	• 向联合国提交一份自愿的地方审查报告
2包容经济	5. 以高薪工作促进经济增长，让纽约人做好填补空缺的准备	• 按种族划分的收入差距 • 通过城市劳动力系统就业的人数 • 劳动力就业率 • 证券行业工资收入占总工资的比重 • 总就业人数
	6. 通过合理的工资和扩大的福利为所有人提供经济保障	• 粮食不安全率 • 脱离贫困或接近贫困的纽约人数 • 生活在或接近贫困的纽约人的百分比
	7. 扩大工人和社区的发言权、所有权和决策权	• 授予城市认证的M/WBE业务的金额，包括分包合同 • 少数民族和妇女独资企业认证总数 • 通过职工合作社业务发展倡议创建的职工合作社总数
	8. 加强城市财政健康，以满足当前和未来的需要	• 纽约市的一般债务债券信用评级 • 证券行业工资收入占总工资的比重
3繁荣社区	9. 确保所有纽约人都能获得安全、可靠和负担得起的住房	• 新建或保留的经济适用房数（自2014年纽约住房计划推出以来） • 承受沉重的租金负担的低收入租户家庭百分比 • 拆迁住户数
	10. 确保所有纽约人都能获得社区开放空间和文化资源	• 居住在公园步行距离内的纽约人数百分比
	11. 促进社区安全的共同责任，促进社区治安	• 平均每日入狱人数 • 重大犯罪数
	12. 推广以地点为基础的社区规划和策略	• 纽约市房屋维护及发展局向市民提出经济发展、房屋及改善社区的提议数
4健康生活	13. 确保所有纽约人享有高质量、负担得起和可获得的医疗保健	• 觉得自己在过去的12个月里得到了他们所需要的医疗护理的纽约人比例 • 拥有纽约市保障的人数 • 有健康保险的纽约人比例

续表

目标	倡议	指标
4 健康生活	14. 通过解决所有社区的卫生和精神卫生需求促进公平	• 成年纽约人高血压比例 • 没有接受治疗的有心理困扰的成年人比例 • 全市范围鸦片类药物过量致死比例 • 黑人和白人妇女所生婴儿死亡率的差距 • 婴儿死亡率 • 可预防的严重产妇发病率
	15. 让所有社区的健康生活更容易	• 在过去30天里锻炼的成年纽约人 • 纽约人食用推荐的水果和蔬菜的数量 • 达到推荐体育活动水平的纽约高中生比例
	16. 设计一个为健康和幸福创造条件的物理环境	• 来自内部和外部来源的全市3年平均$PM_{2.5}$水平 • 全市NO_2水平 • 污水溢流综合截留率 • 城市社区黑碳(blackcarbon)含量的差异 • 在过去12个月，证实有污水渠经常堵塞的街道段
5 公平与卓越教育	17. 使纽约市成为全国领先的幼儿教育模式	• 能够读“三岁学前班”的儿童人数 • 参加了全日制学前教育的四岁孩子数量 • 二年级阅读能力
	18. 提高K-12机会和成绩的公平性	• 英语和数学两科达到纽约城市大学入学标准的比例 • 按时毕业的纽约公立学校学生比例 • 六年内取得副学士或以上学位的公立学校学生人数 • 种族毕业率差距
	19. 增加纽约市学校的融合、多样性和包容性	• 平均停课时间 • 推行多元化计划的地区 • 接受内隐偏见训练的教师数量
6 宜居气候	20. 实现碳平衡和100%清洁电力	• 路缘边改道速度 • 消除、减少或抵消温室气体排放百分比 • 来自清洁能源的电力百分比
	21. 加强社区、建筑、基础设施和滨水区建设，增强抗灾能力	• 客户平均中断时间指数(CAIDI)，单位为小时 • 洪水保险登记，以2019年1月生效的NFIP政策为基准 • 每1000个客户的系统平均中断频率指数(SAIFI)
	22. 通过气候行动为所有纽约人创造经济机会	• 投资于可再生能源、能源效率等气候变化解决方案的城市资金
	23. 为气候问责制和正义而战	• 投资化石燃料储备持有者的城市资金
7 高效移动性	24. 现代化纽约市的公共交通网络	• 每年巴士客运量(NYCT及MTA巴士公司) • 纽约年度渡轮乘客 • 全市平均公交速度
	25. 确保纽约的街道安全畅通	• 居住在自行车网络1/4英里范围内的纽约人的比例 • 交通死亡事故
	26. 减少交通堵塞及废气排放	• 交通部门的温室气体排放 • 通过可持续方式(步行、骑自行车和公共交通)出行的比例
	27. 加强与本地区和世界的联系	• 铁路货运量的比例 • 水路货运量的比例

续表

目标	倡议	指标
8现代化基础设施	28. 在核心实体基础设施和减灾方面进行前瞻性投资	• 电动汽车占新车销售比例 • 来自清洁能源的电力比例
	29. 改善数字基建设施，以配合21世纪的需要	• 网络安全工作 • 拥有免费公共Wi-Fi的商业走廊 • 有三个或三个以上可供选择的商业光纤服务区域的社区 • 纽约市的家庭与住宅宽带订阅 • 纽约市拥有三个或三个以上住宅宽带提供商选项的家庭 • 纽约安全应用下载 • 纽约市公共计算机中心的使用
	30. 实施资产维护和资本项目交付的最佳实践	• 基本按期完成桥梁工程（结构工程） • 全部DDC建设项目提前/按时完成

（4）意大利城市

为了实现国际层面和国家层面的可持续发展目标，必须辅以城市层面的战略。自2015年发布《2030年可持续发展议程》以来，意大利从城市层面探索了如何以协调的方式解决城市的关键问题：从消除贫困到提高能效，从可持续流动到社会包容。为了使城市政策以及对城市和领土有影响的社区政策与国际可持续发展议程保持一致，建设惠及最勤劳、可持续、包容的城市，意大利探索了城市层面的SDG指数。2018年发布了《可持续的意大利：2018年SDSN意大利SDGs城市指数》。将可持续发展的17个目标全部纳入了评估指标体系，构建了适合意大利的城市一级可持续发展指标体系。此后，又发布了《两年后的SDSN意大利SDGs城市指数：更新报告》《了解现状，创造可持续的未来：意大利各省和大都市可持续发展目标指数》等报告。2022年11月，SDSN意大利发布最新的《SDSN意大利可持续发展目标城市指数：了解我们的现状，才能理解我们的方向——2022年更新报告》。各报告监测指标见表2.7（由于篇幅限制，在此仅列出SDG11评估指标）。

意大利城市层面SDGs评价SDG11相关指标　　表2.7

报告	指标
《可持续的意大利：2018年SDSN意大利SDGs城市指数》	每百人单车道密度
	住房质量
	$PM_{2.5}$浓度
《两年后的SDSN意大利SDGs城市指数：更新报告》	每百人单车道密度
	$PM_{2.5}$浓度
	PM_{10}浓度
	噪声污染（每10万居民投诉数）
	NO_2浓度
	灾害造成的死亡和失踪（每十万居民）
《了解现状，创造可持续的未来：意大利各省和大都市可持续发展目标指数》	城市绿化可用性（平方米/人）
	无厕所住宅居民比例（每10万人）
	PM_{10}浓度
	NO_2浓度
《SDSN意大利可持续发展目标城市指数：了解我们的现状，才能理解我们的方向——2022年更新报告》	每百人单车道密度
	无厕所住宅居民比例（每10万人）
	NO_2浓度
	因灾害死亡、失踪人员和直接受灾害影响人员数量（每10万人）

（5）中国城市

作为其后续行动和审查机制的一部分，《2030年可持续发展议程》鼓励成员国在国家和次国家一级由国家主导和驱动，对进展情况进行定期和包容性审查。除此之外，议程还呼吁地方当局主动报告其对《2030年可持续发展议程》推进实施的贡献。中国积极通过次国家审查机制——地方自愿审查（VLR）报告城市层面落实《2030年可持续发展议程》的进展情况，截至2023年，中国共提交了9份VLR，向世界讲述了落实联合国2030年可持续发展目标的“中国故事”，分享中国9个城市在城市践行可持续发展过程中的成果和经验。

1）浙江省湖州市德清县

国家基础地理信息中心联合国内多所高校和高新技术企业，依据联合国SDGs全球指标框架，综合利用地理和统计信息，对德清县践行SDGs实施情况进行了定量、定性和定位相结合的评估分析，并发布了中国首个践行联合国2030可持续发展目标定量评估报告——《德清践行2030年可持续发展议程进展报告（2017）》，提出了适合德清县情的SDGs指标群，进行了102个指标量化计算，完成了16个SDGs（不包含SDG14）的单目标评估以及经济、社会和环境三大领域总体发展水平和协调程度综合分析。

A. SDG11相关指标选择

在理解联合国SDGs和各国国别方案的基础上，通过分析德清县可持续发展状况，对联合国SDGs全球指标框架的244个指标进行筛选和调整，形成适合德清县情的SDGs指标集，共含有102个指标。其中，直接采纳的指标47个，扩展的指标6个，修改的指标42个，替代的指标7个。中国浙江省德清县SDGs评估的指标见表2.8（由于篇幅限制，在此仅列出SDG11评估指标）。

德清县评估报告中SDG11相关指标 **表2.8**

内容	指标
居住条件	11.1.1居住在城中村和非正规住区内或者住房不足的城市人口比例
	11.3.1土地使用率与人口增长率之间的比率
宜居环境	11.2.1可便利使用公共交通的人口比例
	11.7.1城市建设区中供人使用的人均公共开放空间、绿地率及人均公园绿地
	11.4.1政府在文化和自然遗产的公共财政支出比例
居住安全	11.5.1每十万人中因灾害死亡、失踪和直接影响的人数
	11.5.2灾害造成的直接经济损失
	11.6.1定期收集并得到适合最终排放的城市固体废物占废物总量的比例
	11.6.2城市细颗粒物年均浓度及空气重污染物天数减少占比

统计数据主要来源于《德清县统计公报》《德清县政府工作报告》《水资源公报》等官方资料，或由政府相关部门提供。地理空间数据主要由德清地理信息中心提供，也采用遥感等手段获取数据资料。

B. 评估分析方法：

①单目标评价：为便于进行单目标评价，根据区域实际情况将其包含的具体目标分为2~3个子集，凝练出对应的基本内涵、分析重点及其指标；继而采用量化的指标和事实（数据和实况），进行有针对性、有重点的评估。基于指标的量化评估结果，按照最小因子原理对单个目标进行评级，每个目标的实现程度均受目标内最低指标的实现程度约束和决定。并按照确定的分析重点，阐述德清践行该项目标的基本情况、具

体措施和经验做法或特色、分析存在问题和改进方向。②多目标评估：为便于进行经济—社会—环境综合评估分析，按照各目标所含指标对环境、经济、社会的贡献和影响程度，参考联合国贸发会议可持续发展目标结构和斯德哥尔摩应变中心提出的可持续发展综合概念框架，借鉴David Le Blanc 等学术专家相关研究成果，并结合德清践行SDGs实际，将15项SDGs（不包含SDG14、SDG17）分归为环境、经济、社会三个目标群，如图2.3所示。每个目标一般都对经济增长、社会包容、环境友好具有重要影响，考虑到一些目标对经济、社会、环境具有不同程度的相关性，因此按照相关性强弱将他们分为2个或以上目标群。③指标和事实相结合的分析：依据SDGs单目标和多目标评估结果结合德清践行SDGs的经验做法，分析德清县SDGs的总体发展水平、发展经验、德清特色，讲述德清可持续发展的故事，讨论今后的努力。

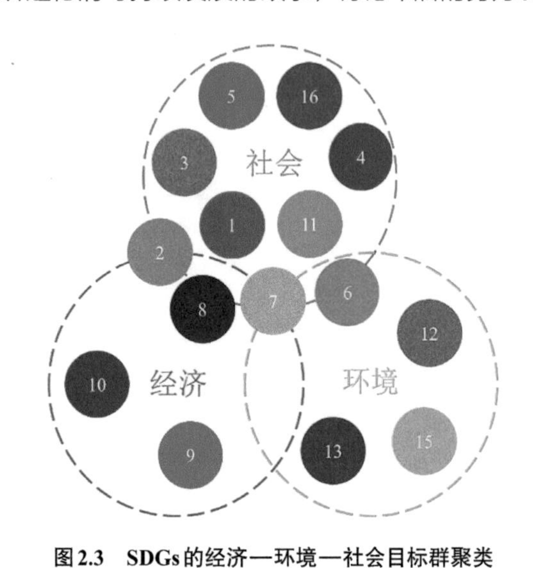

图2.3　SDGs的经济—环境—社会目标群聚类

资料来源：《德清践行2030年可持续发展议程进展报告（2017）》

2）江苏省扬州市

2021年，联合国开发计划署与世界运河历史文化城市合作组织、中国社科院可持续发展研究中心等合作，构建了全球首个运河城市实施联合国2030可持续发展议程的评估指标体系。指标体系首先应用于中国大运河申遗牵头城市、中国大运河原点城市扬州，完成了《运河城市实施联合国2030可持续发展议程——扬州可持续发展报告（2021）》。报告基于《2030年可持续发展议程》的5P愿景，构建了应用于运河城市的联合国SDGs进展评估指标体系，指标体系共包含86项指标，基于运河的保护、研究、传承、文化弘扬和利用五个维度，选择了19个运河城市SDGs进展评估特色指标。在报告构建的指标体系中，有56项指标是目前可以量化评估的，这些指标涵盖了SDG14（保护和可持续利用海洋生物资源）之外的其他16个可持续发展目标，评估指标见表2.9（由于篇幅限制，在此仅列出SDG11评估指标）。报告对每个可量化评估指标进行了相对于2000年基线值的进展评估和相对于2030年发展目标的差距评估，并对扬州可持续发展的总体进展进行了综合评估。

扬州VLR报告中SDG11相关评估指标　　表2.9

目标	指标
SDG11	城镇新建绿色建筑占比
	$PM_{2.5}$年平均浓度
	城市是否已将运河文化思想写入城市经济和社会发展规划
	城市是否制定灾害应急预案
	城市是否已设立以民主方式定期运作的、民间社会直接参与的城市规划架构
	建成区绿化覆盖率
	城市是否执行人口预测和资源需求一体化的城市和区域发展计划
	每人拥有的图书藏量
	灾害造成的直接经济损失占GDP比例
	城市是否已制定运河遗产保护法律法规，建立运河文化遗产分级分类名录和档案，以及文物资源和保护成果信息数据库

3）云南省临沧市

2023年11月，临沧市人民政府发布《联合国可持续发展目标临沧市地方自愿陈述报告（2023）》，旨在回顾和评估临沧市2017年以来在落实SDGs及其具体指标方面的经验成果，为可持续发展目标在地方层面的推进和实现提供实践参考。报告的指标体系围绕无贫穷，零饥饿，良好健康与福祉，优质教育，性别平等，清洁饮水和卫生设施，经济适用的清洁能源，体面工作和经济增长，产业、创新和基础设施，减少不平等，可持续城市和社区，负责任消费和生产，气候行动，陆地生物，和平、正义与强大机构，促进目标实现的伙伴关系等16项目标，按照科学性、系统优化通用可比、可操作性的原则，采用85个指标评估临沧市落实SDGs的情况。评估指标见表2.10（由于篇幅限制，在此仅列出SDG11评估指标）。将85个指标原始数据在目标值与最差值间的相对位置比较进行标准化处理。当所确定的目标值或最差值不便直接展示该指标的评估结果时，在以上确定方法的基础上对最优值或最差值进行技术处理。最终，85个指标的原始数据被映射到0~100分之间，分值越高表示该指标完成情况越好。

临沧报告中SDG11相关评估指标　　表2.10

目标	指标
SDG11	地方财政住房保障支出占地方财政一般预算支出比例
	每十万人拥有公共交通运营线路长度
	城市生活垃圾分类覆盖率
	$PM_{2.5}$年平均浓度
	城市空气质量优良天数比例
	人均公园绿地面积
	达到海绵城市建设要求的建成区百分比

2.1.1.3 经验借鉴

（1）纵观其他国家或区域或城市公布的报告，其可持续发展实践过程中大多根据自身实际情况，重点关注自身表现较差的几个目标或目标中的较差指标，例如，日本重点关注在《2018年可持续发展目标指数和指示板报告》中日本指标得分较低，表现较差的几方面，即SDG1（消除贫困）、SDG5（性别平等）、SDG7（经济适用的清洁能源）、SDG13（气候行动）、SDG14（水下生物）、SDG15（陆地生物）和SDG17（促进目标实现的伙伴关系）等。本报告依据此经验，在指标选择过程中也会纳入中国城市层面表现较差的指标。

（2）欧盟指标的选择考虑到其政策相关性，从欧盟的角度，可用性，国家覆盖面，数据的新鲜度和质量。除了少数例外，这些指标源自用于监测欧盟长期政策的现有指标集，如《欧洲2020总体指标》《2016—2020年战略计划影响指标集》（10个委员会优先事项）等。所以本报告在选取指标时，首先考虑的是国家中长期规划中明确要考核的指标，看其与联合国给出的指标能否对接，并重点考虑数据的可获得性、数据的质量以及连续性。

（3）城市VLR评估实践时将可持续发展目标下细分为几大专题内容，如德清实践将SDG11这一目标下分了“居住条件”“宜居环境”及“居住安全”三个专题，在本报告建立指标体系时参考此种做法将SDG11目标进行专题划分。

（4）在指标选取方面，部分国家及城市的做法可以提供一些经验，用于选择和衡量可持续发展目标指标的标准考虑以下因素：原则上，可持续发展目标指标在全球指标框架中进行衡量，如果列表中的指标无法测量，则会寻求一个替代指标，用于说明中国城市层面在有关目标方面的位置。有时增加额外的指标，用来更好地反映该目标的现状。所有测量的指标最好满足以下每个标准：与SDG有关系；可以显示中国城市之间的明显差异（区分）；可以直接测量；符合统计质量的要求（大多数指标来自官方统计来源，公众咨询产生的指标也符合统计要求）；优先使用存在国际公认定义的指标。

（5）在指标数据来源方面，要注重指标的统计质量。数据必须具有可靠来源，以可复制和可靠的方式获取。优先考虑定期更新和可以分解数据的数据集。数据必须是近期公布的，优先考虑覆盖2015年之后的数据。

2.1.2 城市落实SDG11评估指标体系设计

2.1.2.1 城市落实SDG11评估指标体系构架

SDG11旨在针对城镇化进程中城市无序扩张、居住条件差、大气污染等严重制约城市可持续发展的问题，涉及居民居住条件改善、公共交通发展、城乡绿色发展、城市治理能力等方面，具体目标及具体目标关键词见表2.11。借鉴已有可持续发展评估和SDGs本地化经验，结合SDG11目标及具体目标要求，将中国城市SDG11评估指标体系划分为7个专题。同时，为方便对城市进行统计分析、分类评估，增加基础指标反映城市的基本背景。最终评估指标体系由“基础指标+7个专题”构成。

SDG11目标及具体目标关键词 **表2.11**

目标	具体目标	关键词
建设包容、安全、有抵御灾害能力和可持续的城市和人类住区	11.1 到2030年，确保人人获得适当、安全和负担得起的住房和基本服务，并改造贫民窟	住房保障
	11.2 到2030年，向所有人提供安全、负担得起的、易于利用、可持续的交通运输系统，改善道路安全，特别是扩大公共交通，要特别关注处境脆弱者、妇女、儿童、残疾人和老年人的需要	公共交通
	11.3 到2030年，在所有国家加强包容和可持续的城市建设，加强参与性、综合性、可持续的人类住区规划和管理能力	规划管理
	11.4 进一步努力保护和捍卫世界文化和自然遗产	遗产保护
	11.5 到2030年，大幅减少包括水灾在内的各种灾害造成的死亡人数和受灾人数，大幅减少上述灾害造成的与全球国内生产总值有关的直接经济损失，重点保护穷人和处境脆弱群体	防灾减灾
	11.6 到2030年，减少城市的人均负面环境影响，包括特别关注空气质量，以及城市废物管理等	环境改善
	11.7 到2030年，向所有人，特别是妇女、儿童、老年人和残疾人，普遍提供安全、包容、无障碍、绿色的公共空间	公共空间
	11.a* 通过加强国家和区域发展规划，支持在城市、近郊和农村地区之间建立积极的经济、社会和环境联系	城乡融合
	11.b* 到2020年，大幅增加采取和实施综合政策和计划以构建包容、资源使用效率高、减缓和适应气候变化、具有抵御灾害能力的城市和人类住区数量，并根据《2015—2030年仙台减少灾害风险框架》在各级建立和实施全面的灾害风险管理	低碳韧性
	11.c* 通过财政和技术援助等方式，支持最不发达国家就地取材，建造可持续的，有抵御灾害能力的建筑	对外援助

* 目标执行手段。

2.1.2.2 城市落实SDG11评估指标体系设计

（1）指标体系的构建流程

SDGs是一个普适性的框架，各国、各地区在追踪评估SDGs的过程中，也纷纷对SDGs展开本地化，目前而言SDGs本地化的概念已经从在地方（即国家以下）一级实施可持续发展目标演变为调整可持续发展目标及其指标，以适应当地的实际情况。

系统梳理国内外SDGs的重要实践。整理全球针对SDGs的本地化实践，重点关注欧洲城市、美国城市、意大利城市、德国、美国纽约市、中国浙江省德清县等适合其城市现状的SDG11本地化指标体系。整理中国官方发布的可持续发展相关评估指标。以中国统计年鉴的统计指标为基准，统筹考虑绿色发展、生态文明建设、循环经济发展、美丽中国建设等中国现有可持续发展相关评估指标，汇总国家发布的《能源生产和消费革命战略（2016—2030）》《全国国土规划纲要（2016—2030年）》等中长期专项发展战略规划与行动计划里针对城市提出的主要目标。结合外交部三次发布的中国进展报告，对接绿色低碳重点小城镇建设评价、国家生态文明建设试点示范区建设、中国人居环境奖评价、城市体检指标体系等城市层面的评估指标，构建中国官方可持续发展相关指标库。梳理国内外关于城市可持续发展评估指标体系的重要研究，构建城市可持续发展研究指标库。

汇总“SDGs评估指标库”“中国官方可持续发展相关指标库”和“城市可持续发展研究指标库”的所有指标，删除不能适用于中国城市可持续发展评估或无可靠数据来源的指标，剔除重复指标，并依据权威性、普及性和数据来源的可靠性删去具有相同内涵的相似指标，即保留来源权威性高、检索频次高、数据来源可靠的指标，组建中国城市可持续发展评估基础指标库，作为城市层面可持续发展评估的备选指标库。最终基于指标筛选原则确定SDG11进展评估指标体系。SDG11进展评估指标体系创建路径如图2.4所示。

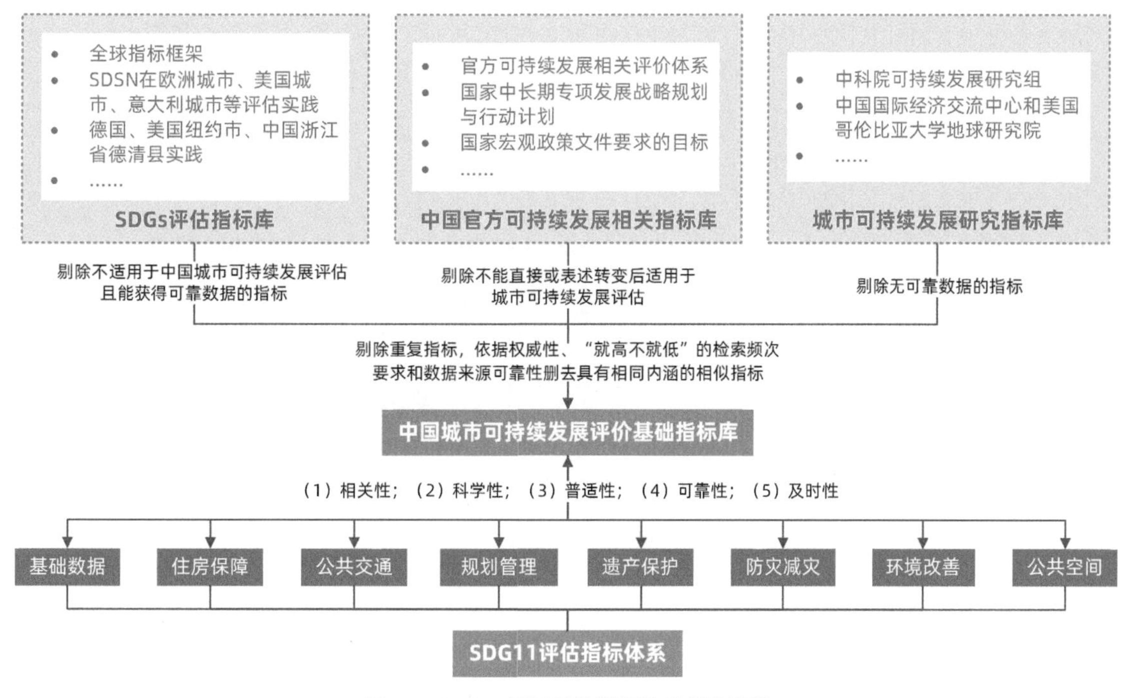

图2.4 SDG11进展评估指标体系创建路径

（2）指标选择原则

相关性：所选指标应当与SDG11实施情况相关联，且适用于中国绝大多数城市。指标体系在给出的SDG11的相关列表中选择与城市背景最相关的，不包括“11.b.1依照《2015—2030年仙台减少灾害风险框架》通过和执行国家减少灾害风险战略的国家数目”等明显是国家级别或涉及国际合作的指标。最后，在可能的情况下，指标应与政策背景相关和（或）支持领导人的决策。

科学性：指标体系应建立在科学基础上，既能够客观地反映对应专题城市的发展水平和状况，整体上能够形成可持续发展内部的相互联系，又要保证其研究方法具有一定的科学依据。

普适性：一般指标的数据覆盖度须达到所选城市的70%以上；选择的数据具有合理或科学确定的阈值，这些指标还应当能够在中国范围内直接用于城市间的绩效评估和比较。

可靠性：数据的收集处理基于有效和可靠的统计学方法，优先考虑定期更新的数据集，以便可以跟踪到2030年的进展；数据还必须是针对某一问题最有效的测度，且来源于国家或地方上的官方数据（比如国家、地方统计局），或其他国家相关知名数据库。

及时性：数据序列必须具有时效性，近些年的数据有效且能够获取，所选指标为最新且按合理计划适时公布的指标。

（3）评估指标体系的构建

最终构建的SDG11进展评估指标体系如表2.12所示。

SDG11进展评估指标体系 **表2.12**

专题	指标	单位	指标解释
基础数据	常住人口	万人	实际居住在某地区半年以上的人口
	人均GDP	万元	一定时期内GDP与同期常住人口平均数的比值
	GDP增长率	%	GDP的年度增长率，按可比价格计算的国内生产总值计算
	辖区面积	平方公里	行政区域土地面积
	城镇化率	%	城镇常住人口占总人口的比例
11.1 住房保障	租售比	—	每平方米建筑面积房价与每平方米使用面积的月租金之间的比值
	房价收入比	—	住房价格与城市居民家庭年收入之比
	住房保障投入水平	%	财政预算中住房保障财政支出占一般公共预算支出的比例
11.2 公共交通	公共交通发展指数	—	由“每万人拥有公共交通车辆”“公交车出行分担率”“建成区公交站点500米覆盖率”三项子指标得分等权聚合
	道路网密度	公里/平方公里	道路网的总里程与该区域面积的比值
	交通事故发生率	%	交通事故数量与常住人口的比值
11.3 规划管理	国家贫困线以下人口比例	%	贫困线以下人口占总人口的比重
	财政自给率	%	地方财政一般预算内收入与地方财政一般预算内支出的比值
	基本公共服务保障能力	%	城乡基本公共服务支出占财政支出比重

续表

专题	指标	单位	指标解释
11.3 规划管理	单位GDP能耗	吨标准煤/万元	每生产万元地区生产总值消耗的能源量
	单位GDP水耗	立方米/万元	每生产万元地区生产总值消耗的水资源量
	国土开发强度	GDP/平方公里	每平方公里辖区地区生产总值产生量
	人均日生活用水量	升	每一用水人口平均每天的生活用水量
11.4 遗产保护	每万人国家A级景区数量	个/万人	每万常住人口国家A级景区拥有量
	每万人非物质文化遗产数量	个/万人	每万常住人口非物质文化遗产拥有量
	自然保护地比例	%	自然保护地面积与陆域国土面积的比值
11.5 防灾减灾	水利、环境和公共设施管理投入水平	万元/万人	水利、环境和公共设施管理业固定投资与常住人口的比值
	单位GDP碳排放	万吨/万元	产生万元GDP排放的二氧化碳数量
	人均碳排放	万吨/万人	每万常住人口二氧化碳排放量
11.6 环境改善	城市空气质量优良天数比率	%	一年内城市空气质量为优或者良的天数比例
	生活垃圾无害化处理率	%	生活垃圾中进行无害化处理的比例
	生态环境状况指数	—	反映被评价区域生态环境质量状况的一系列指数的综合
	地表水水质优良比例	%	根据全市主要河湖水质断面状况计算得出的断面达到或好于Ⅲ类水质的百分比
	城市污水处理率	%	经管网进入污水处理厂处理的城市污水量占污水排放总量的百分比
	$PM_{2.5}$年均浓度	微克/立方米	指每立方米空气中空气动力学直径小于或等于2.5微米的颗粒物含量的年平均值
11.7 公共空间	人均公园绿地面积	平方米	城镇公园绿地面积的人均占有量
	建成区绿地率	%	建成区内绿化用地所占比例

2.1.3 中国城市落实SDG11评估方法

2.1.3.1 指标数据来源

数据来源主要为国家及地方统计年鉴、地方国民经济及社会发展统计公报、生态环境状况公报、地方政府工作报告、地方预算执行情况和预算草案报告等官方公布的统计报告，若官方指标还存在数据缺失等问题，则通过其他可靠数据来源和测量方法加以完善，包括安居客、中国房价行情网等网站及中国经济社会大数据研究平台、中国经济与社会发展统计数据库、前瞻数据库等国内数据库，正式发布的期刊文献，以及家庭调查或民间社会组织。指标数据均为评估年度能获取的最新数据。

2.1.3.2 数据处理及标准化

为了对数据进行重新标度和标准化，采用改进的离差标准化法进行数据处理，具体如下：为了使不同指标的数据具有可比性，将各个指标的数据都重新标度为0~100的数值，0表示与目标最远（最差），100表示与目标最接近（最优）。该步骤旨在将所有指标的取值约束到可以进行比较和汇总成综合指数的通用数值范围内。

（1）确定指标上限及下限的方法

重新缩放数据的上限和下限的选择是一个敏感的问题，如果不考虑极值和异常值，可能会给评估结果带来意想不到的影响。在确定指标阈值上限时，将《2030年可持续发展议程》中“不落下任何人”的原则作为基本准则，参考目前国内外关于SDGs进展评估的实践探索和典型经验，结合中国实际情况，最优值确定具体规则见表2.13。在确定指标下限时，考虑到最差值对异常值比较敏感，采用全部城市剔除表现最差中2.5%的观测值后的最差值作为指标下限。需要说明的是，部分指标的最优值、最差值是基于评估年份的所有数据确定的。因此，新增评估年份的数据会导致指标最优值、最差值的变动。由于变动对于各个指标的得分影响程度不同，导致本年度城市得分和排名与上一年度蓝皮书有一定差异。各年度评估结果不具横向对比性，以本年度评估结果为准。

最优值确定规则　　表2.13

指标情况	最优值设定	举例
SDGs中有明确标准导向的指标	使用其绝对数值	贫困发生率的最优值为0
SDGs中无明确要求，但具有公认理想值的指标	选取公认理想值	空气质量优良天数比率的最优值公认理想值为100%
对于其他所有的指标	使用全国表现最好的5个城市数据平均值	—

（2）数据标准化

建立上限和下限之后，运用该公式对变量进行[0，100]范围内的线性转换：

$$x' = \frac{x - \min(x)}{\max(x) - \min(x)}$$

其中，x是原始数据值；max/min分别表示同一指标下所有数据最优和最差表现的极值，而x'是计算之后的标准化值。

经过这一计算过程，指标分数可以解释为实现可持续发展目标的进展百分比，所有指标的数据都能够按照升序进行比较，即更高的数值意味着距离实现目标更近，100分意味着指标（目标）已经实现。如果使用前5名的平均值来确定100分，则“100分”仅表示在中国背景下可以合理预期这一阈值水平的成就。

2.1.3.3 计算得分和分配颜色

通过取归一化指标得分的算术平均值来创建七个专题得分。总分是通过计算七个专题的平均得分出来的。颜色是通过创建内部阈值来制定的，这些阈值是实现SDGs的基准。

（1）指标加权及聚合

由于要求到2030年实现所有目标，所以选择固定的权重赋予SDG11目标下的每一项指标，以此反映决策者对这些可持续发展目标平等对待的承诺，并将其作为“完整且不可分割”的目标集。这意味着为了提高SDG11的分数，各城市需要将注意力平等集中在所有指标上，并需要特别关注得分较低的指标，因为这些指标距离实现最遥远，也因此预期实现进展最快。

指标加权聚合主要分为两个步骤：①利用标准化后的指标数值计算算术平均值，得出每项专题的得分；②用算术平均来对每一项专题进行聚合，得出SDG11得分。

具体加权及聚合的方法见下式：

$$I_i = \sum_{j=1}^{N_{ij}} \frac{1}{N_{ij}} I_{ij}$$

$$I = \sum_{i=1}^{N_i} \frac{1}{N_i} I_i$$

其中，I_i表示第i个专题的分数，N_i表示一个城市有数据的专题数（一般，所有城市七个专题的数据及得分均有）。N_{ij}表示每个城市的第i个专题内包含的指标数，I_{ij}表示第i个专题内的指标j的分数。第i个专题的分数I_{ij}由该城市重新调整的指标j的分数确定。接下来，将第i个专题上的I_{ij}进行聚合。第i个专题的分数I_i由该城市分数I_{ij}的算术平均值确定。各城市的SDG11指数的分数I由分数I_i的算术平均值确定。

（2）内部阈值的确定及颜色分配

为了评估一个城市在特定专题和可持续发展目标方面的进展，构建了可持续发展目标指示板，并在一个有四个色带“交通灯”（包含红色、橙色、黄色、绿色）的表中对各城市进行分组，由红色色带到绿色色带表示城市可持续发展表现由差到优，构建可持续发展目标指示板的目的是确定面临重大挑战并需要每个城市给予更多关注的目标。指示板用于对不同城市的绩效进行比较评估，并确定落后于全国其他城市的城市。“绿色”类别意味着一个城市与一系列城市相比表现相对较好。相反，“红色”类别意味着一个城市与一系列城市相比表现相对较差。增加灰色表示数据缺失。如表2.14所示。

可持续发展目标指示板含义　　表2.14

指示板	指示板含义
●	实现SDG面临严峻挑战
●	距离实现SDG存在明显差距
●	距离实现SDG存在一定差距
●	接近实现SDG
●	数据缺失

1）指标内部阈值的确定及颜色分配

使用以下方法确定内部阈值：0~30分为红色，30~50为橙色，50~65为黄色，65~100是绿色，其中30分、50分和65分分别为橙色、黄色和绿色，以保证每一个间隔的连续性，如图2.5所示。

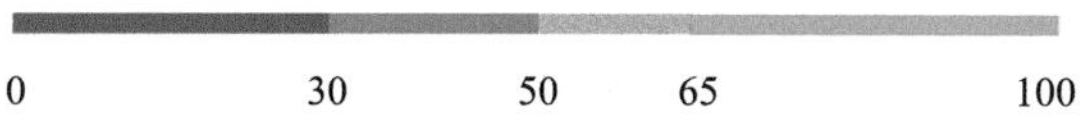

0　30　50　65　100

图2.5　指标数值阈值与颜色示意图

2）专题颜色分配

①如果某个专题下只有一个指标，那么该指标的颜色决定了专题的总体评级。

②如果某个专题下不止一个指标，那么利用所有指标的平均值来确定专题的评级，其中0~30分为红色，30~50为橙色，50~65为黄色，65~100是绿色，30分、50分和65分分别为橙色、黄色和绿色，以保证每一个间隔的连续性。

（3）趋势判断

为衡量各城市在SDG11上的实现情况，进行得分趋势判断，即利用近五年历史数据来估算城市向SDG11迈进的速度，并推断该速度能否保证城市在2030年前实现SDG11。利用各城市最近一段时间（2016—2023年）SDG11得分的面板数据混合回归预测2030年得分情况，比较城市2023年的实际得分和2030年的预测得分差异，利用“四箭头系统”来描述SDGs实现的趋势。具体见表2.15。

描述SDGs实现趋势的“四箭头系统”　表2.15

四箭头系统	箭头含义
↑	**步入正轨：**2030年预测得分指示板达到绿色
↗	**适度改善：**2030年预测得分高于2023年得分，且2030年模拟得分指示板颜色改善（不为绿色）
→	**停滞：**2030年预测得分高于2023年得分，且2030年模拟得分指示板颜色与2023年相同（不为绿色）
↓	**下降：**2030年预测得分低于2023年得分，且2030年预测得分指示板颜色不为绿色

参考文献

[1] ARCADIS. Sustainable Cities Index[R]. Amsterdam：2011.

[2] BILLIE G C，MELANIE L，JONATHAN A. Achieving the SDGs：Evaluating indicators to be used to benchmark and monitor progress towards creating healthy and sustainable cities[J]. Health Policy，2020，6（124）：581-590.

[3] BRAULIO M. Sustainability on the urban scale：Proposal of a structure of indicators for the Spanish context[J]. Environmental Impact Assessment Review，2015，53：16-30.

[4] Cavalli L，Farnia L，Boeri C. L' SDSN Italia SDGs City Index per un' Italia Sostenibile：comprendere dove siamo per capire dove andare - Report di Aggiornamento 2022[R]. 2022.

[5] DIZDAROGLU D. The Role of Indicator-Based Sustainability Assessment in Policy and the Decision-Making Process：A Review and Outlook[J]. Sustainability，2017（6）：1018.

[6] Economist Intelligence Unit. Green City Index[R]. München，2009.

[7] ESCAP. Asia and the Pacific SDG progress report 2024：Showcasing Transformative Actions [R]. 2024.

[8] European Commission. Europe 2020 Strategy[R]. 2010.

[9] European Commission. Next steps for a sustainable European future[R]. 2016.

[10] Eurostat. Sustainable development in the European Union：Monitoring report on progress towards the SDGs in an EU context（2023 edition）[R]. Luxembourg：Publications Office of the European Union，2023.

[11] FLORIAN K，KERSTIN K. How to Contextualize SDG 11? Looking at Indicators for Sustainable Urban Development in Germany[J]. International Journal of Geo-Information，2018，7（12）：1-16.

[12] Gomes F B，Moraes J C，Neri D. A sustainable Europe for a Better World. A European Union Strategy for Sustainable Development. The Commission's proposal to the Gothenburg European Council[J]. Proceedings of the Institution of Mechanical Engineers Part H Journal of Engineering in Medicine，2001，228（4）：330-341.

[13] Institute for Global Environmental Strategies. Achieving the Sustainable Development Goals：From Agenda to Action[R]. Japan：Institute for Global Environmental Strategies，2015.

[14] LUCA C，LARS F，ANDERSON S，et.al. Going beyond Gross Domestic Product as an indicator to bring coherence to the Sustainable Development Goals[J]. Journal of Cleaner Production，2019，248：6.

[15] NATHALIE B R，ELAINE A S，José MachadoMoita Neto. Sustainable development goals in mining[J]. Journal of Cleaner Production，2019（228）：509-520.

[16] New York Mayor's Office for International Affairs. New York City's Implemention of the 2030 Agenda for Sustainable Development[R]. New York, 2018.

[17] PITTMANA S J, RODWELLA L D, SHELLOCK R J, et.al. Marine parks for coastal cities: A concept for enhanced community wellbeing, prosperity and sustainable city living[J]. Marine Policy, 2019(103): 160-171.

[18] RANJULA B S, AMIN K. Renewable electricity and sustainable development goals in the EU[J]. World Development, 2020(125): 5-9.

[19] Statistisches Bundesamt. Nachhaltige entwicklung in Deutschland Indikatorenbericht 2016-2022[R]. 2016-2022.

[20] STEFAN S, ELIZABETH W, FRANCISCO B, et al. Localising urban sustainability indicators: The CEDEUS indicator set, and lessons from an expert-driven process[J]. Cities, 2020(101): 1-15.

[21] SUN L, CHEN J, LI Q, et al. Dramatic uneven urbanization of large cities throughout the world in recent decades[J]. Nature Communications, 2020, 11(1): 5366.

[22] Sustainable Development Solutions Network, Bertelsmann Foundation. Sustainable Development Report of the United States 2018[R]. 2018.

[23] Sustainable Development Solutions Network, Bertelsmann Foundation. SDG Index and Dashboards 2016-2018[R]. 2016-2018.

[24] Sustainable Development Solutions Network, Bertelsmann Foundation. Sustainable Development Report 2019-2023[R]. 2019-2023.

[25] The City of New York Mayor Bill de Blasio. One New York: The Plan for a strong and Just City[R]. New York, 2015.

[26] The City of New York Mayor Bill de Blasio. OneNYC 2050: Building a strong and fair city[R]. 2019.

[27] The Inter-agency and Expert Group on SDG Indicators. Global indicator framework for the Sustainable Development Goals and targets of the 2030 Agenda for Sustainable Development [EB/OL]. (2024-02-01)[2024-03-01]. https://unstats.un.org/sdgs/indicators/indicators-list/.

[28] The United Nations Development Programme. Sustainable Development Goals in motion: China's progress and the 13th Five-Year Plan[R]. 2016.

[29] TOMISLAV. K. The Concept of Sustainable Development: From its Beginning to the Contemporary Issues[J]. Zagreb International Review of Economics and Business, 2018(5): 67-94.

[30] United Nations. SDG Indicators: global indicator framework for the Sustainable Development Goals and targets of the 2030 Agenda for Sustainable Development[R]. NewYork: UN, 2015.

[31] United Nations. Transforming our World: The 2030 Agenda for Sustainable

Development[R]. NewYork：UN，2015.

[32] 陈军，彭舒，赵学胜，等. 顾及地理空间视角的区域SDGs综合评估方法与示范[J]. 测绘学报，2019，48（4）：473-479.

[33] 联合国经济和社会理事会. 联合国人类住区规划署（人居署）关于人类住区统计的报告[R]. 2021.

[34] 联合国经济和社会事务部. 世界人口展望2019[R]. 2019.

[35] 联合国开发计划署，世界运河历史文化城市合作组织，中国社会科学院可持续发展研究中心. 运河城市实施联合国2030可持续发展议程：扬州可持续发展报告（2021）[R]. 2021.

[36] 临沧市人民政府. 联合国可持续发展目标临沧市地方自愿陈述报告（2023）[R]. 2023.

[37] 邵超峰，陈思含，高俊丽，等. 基于 SDGs 的中国可持续发展评价指标体系设计[J]. 中国人口· 资源与环境，2021，31（4）：1-12.

[38] 杨锋. 加快构建城市可持续发展标准新格局[J]. 质量与认证，2019（4）：33-35.

2.2 参评城市整体情况

2.2.1 参评城市概述

本报告选择139个城市进行评估，涵盖中国26个省份，包括32个副省级城市和省会城市，以及107个地级市。与一般城市相比，副省级城市和省会城市拥有更多的政策和资源优势，要素集聚和规模经济效应更为显著。地级市的选择主要考虑了城市的地域分布及城市发展基础背景，最终选择107个有国家级可持续发展实验示范建设基础的地级城市作为评估对象。

2.2.2 总体进展分析

从整体上看（图2.6），中国城市落实SDG11的情况向好发展。2016—2023年，参评城市落实SDG11平均分提高了14.47%。从发展趋势看（图2.7），中国城市在实现SDG11的趋势上稳中有进的特点较为突出，80%的城市在SDG11落实上步入正轨，有8%的城市适度改善，同时有6%的城市处于停滞发展状态，6%城市呈现下降趋势。另外，基于近8年中国城市落实SDG11得分趋势模拟2030年SDG11得分情况，中国城市距离实现SDG11还存在明显差距。主要原因在于地区发展不均衡，2030年城市整体实现SDG11还颇具挑战。此外病毒等突发事件也在一定程度上对城市治理和城市韧性等方面提出了挑战，影响了中国城市落实SDG11的建设成效。

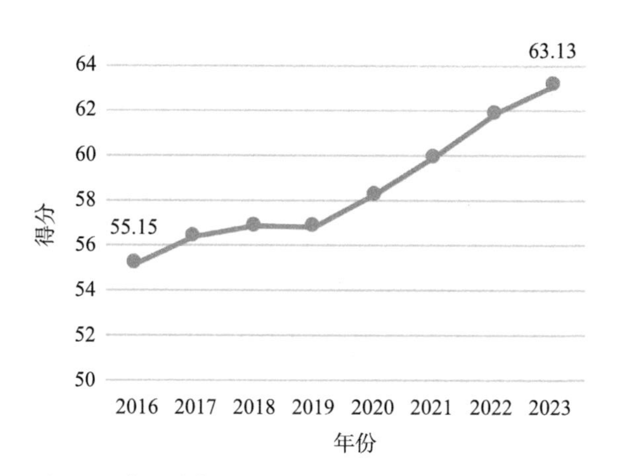

图2.6　参评城市2016—2023年落实SDG11平均得分

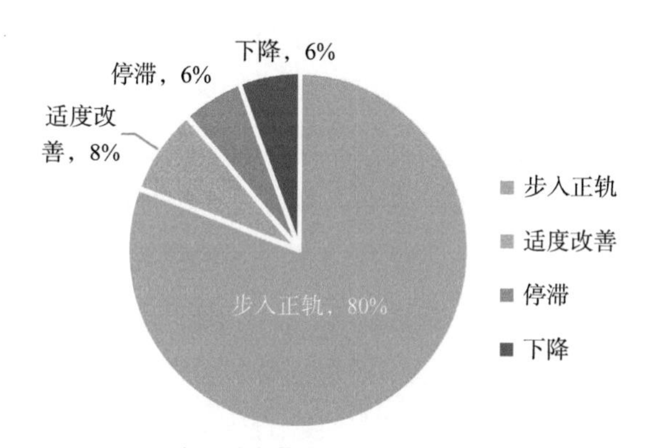

图2.7　参评城市落实SDG11发展趋势占比

从得分排名看，前15名城市在七年的发展中呈现出较大程度的变动。仍在前15名的城市中，黄山、郴州2座城市排名分别下降，鄂尔多斯、抚州2座城市排名上升；共有11座城市成为新上榜城市（图2.8）。

从城市区域分布看，参评城市2023年落实SDG11得分呈现以下特征：①城市总体得分呈现明显的南北差异，南方城市总体表现优于北方城市。表现相对薄弱的地区主要集中在北方，尤其是西北及东北地区；表现较好的地区主要集

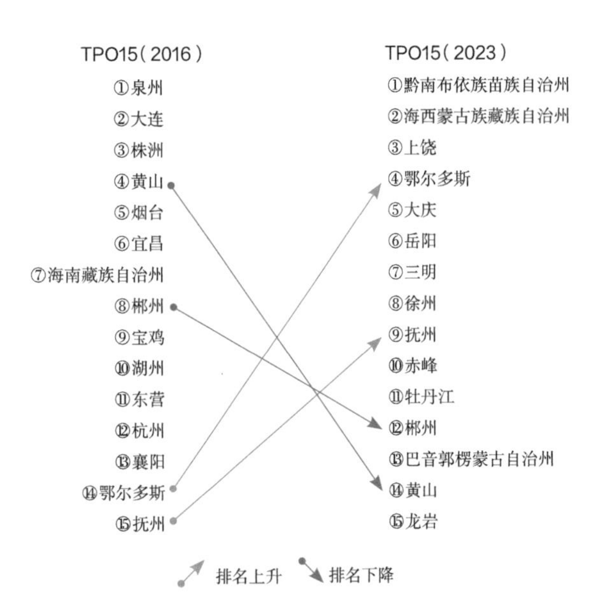

图2.8　2016—2023年参评城市总分前15名及排名变化

图2.9　2016—2023年参评城市各专题平均得分

中在中部地区及东南地区。②东西部城市得分差距明显。东部城市得分比较均衡，差距较小；西部地区城市得分跨度较大，涵盖了四种指示板颜色。总体上看，东西部城市差距逐渐减小。

从专题得分看，环境改善专题呈现逐年向好发展的趋势，在各专题评估中得分最高；防灾减灾专题在2023年呈现明显的改善趋势，在各专题中表现较好。与之相对，遗产保护专题在2023年呈现相对明显的下降趋势，且在各专题评估中得分最低；住房保障专题在2023年有所改善，但在各专题中相对仍为短板。公共交通、公共空间2个专题相对2016年有所改善，但在近一两年稍有下降；规划管理专题变化相对不明显。由此可见，我国近年来重视生态环境保护，大力推动的生态文明建设等举措产生了显著效果，城市生态环境质量在有了明显改善后趋于稳定。但是随着城市化进程的推进，城市人口的集中对住房、交通、公共空间等方面的供给和均衡形成了较大压力，多数城市在这些专题表现欠佳。此外，遗产保护专题总体得分最低，仍是制约中国城市实现SDG11的关键因素。具体见图2.9。

表2.16展示了各专题排名前十的城市及其与前一年排名相比的升降变化。参评城市中存在一个城市在几个专题中表现较好的情况，但并未出现一个城市在多数或全部专题都进入前十的情况。可见目前我国城市人居环境仍处于发展和改善阶段，几乎所有城市都存在优势方面和弱势方面，面临发展不平衡的问题。经济发展水平较高的城市在基础设施建设等方面表现较好，但由于城市人口数量压力，在住房保障方面往往表现不佳，同时生态环境改善也存在较大压力。而经济水平暂时落后的地区，在住房保障、生态环境以及遗产保护等专题通常有较好的表现。此外，一些专题中的领先城市中也存在退步的情况，在改善城市人居环境的过程中，不仅要推动弱势专题的改善，也要关注现有优势的保持。

2.2.3 城市分类分析

2.2.3.1 按城市规模划分

参考2014年10月国务院发布的《关于调整城市规模划分标准的通知》（国发〔2014〕51号），可将城市按照常住人口划分为六类：常住人口50万以下的城市为小城市；常住人口50

2023年各专题排名前10的城市及其排名变化 **表2.16**

排名	11.1 住房保障		11.2 公共交通		11.3 规划管理		11.4 遗产保护		11.5 防灾减灾		11.6 环境改善		11.7 公共空间	
1	巴音郭楞蒙古自治州	-	海西蒙古族藏族自治州	↑	烟台	↑	拉萨	↑	徐州	↑	福州	↑	林芝	↑
2	海西蒙古族藏族自治州	↑	深圳	↓	台州	↑	林芝	↑	唐山	↑	林芝	↑	上饶	↑
3	大庆	↑	广州	↑	东莞	↑	巴音郭楞蒙古自治州	↑	盐城	↑	海口	↑	鄂尔多斯	↓
4	呼伦贝尔	↑	佛山	↑	乐山	↑	白山	↑	常州	↑	丽水	↓	固原	↓
5	酒泉	↑	合肥	↑	无锡	↑	银川	↑	岳阳	↑	南平	↑	东营	↑
6	牡丹江	↑	海口	↑	潍坊	↑	西宁	↑	曲靖	↑	梅州	↑	抚州	↑
7	云浮	↑	海南藏族自治州	↑	南阳	↑	黄山	↓	廊坊	↑	贵阳	↑	德州	↓
8	岳阳	↑	呼和浩特	↑	鹤壁	-	呼和浩特	↑	连云港	↑	黔南布依族苗族自治州	↑	赣州	↑
9	鄂尔多斯	↑	哈尔滨	↑	晋城	↑	三明	↑	株洲	↓	黄山	↓	鹤壁	↓
10	辽源	↑	厦门	↑	佛山	↑	青岛	↑	宝鸡	↓	鹰潭	↑	淮南	↑

注：箭头表示2023年分专题排名与2022年比较的情况，↑表示排名上升，↓表示排名下降，-表示无变动。

万以上100万以下的城市为中等城市；常住人口100万以上500万以下的城市为大城市，其中300万以上500万以下的城市为Ⅰ型大城市，100万以上300万以下的城市为Ⅱ型大城市；常住人口500万以上1000万以下的城市为特大城市；常住人口1000万以上的城市为超大城市。进行城市规模分类的人口数据以评估年份中最新一年的数据为准，因此，各规模包含的城市会发生变动，由此导致各规模城市分数与上一年蓝皮书的结论有所差异。

建设可持续发展的城市实质上就是建设以人为本的宜居城市，因此要关注对于人均指标的考察。不同人口规模的城市在SDG11上表现出显著的差异。如图2.10所示，除超大城市和小城市在2023年分数下降以外，不同规模的城市得分呈现出不同程度的上升趋势。其中，小城市的发展趋势下降较为明显，可能是由于是参评城市中小城市的数量较少，个别城市的变化对总体发展趋势的影响较大。超大城市的得分下降趋势不够明显，应考虑城市充分发展下的得分正常波动

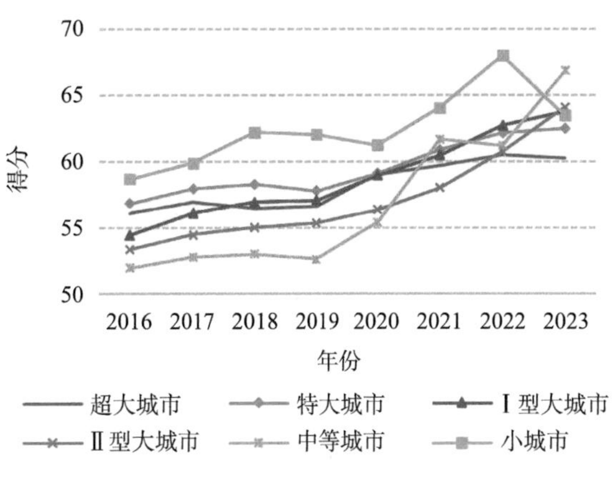

图2.10 2016—2023年不同规模城市分数变化

情况。同时，不同规模的城市呈现出一定的得分差异。总体上看，人口规模较小的城市得分要高于大规模城市。这也与以人为本的宜居城市建设的内涵相符，契合未来适度控制城市规模的发展趋势，中小型城市将成为宜居城市的优选。

图2.11展示了不同规模城市2023年各专题得分情况。不同规模城市在各专题上的表现呈现出比较明显的差异。在住房保障、公共空间、遗产保护专题，人口规模较小的城市表现较好，这类城市通常面临较小的人口数量压力，而自然和文化遗产资源较丰富。而在规划管理、防灾减灾专题，则是人口规模较大的城市表现较好，这类城市通常经济发展水平较高，相对应的基础设施等建设情况较好，城市的规划管理也处于较高水平。

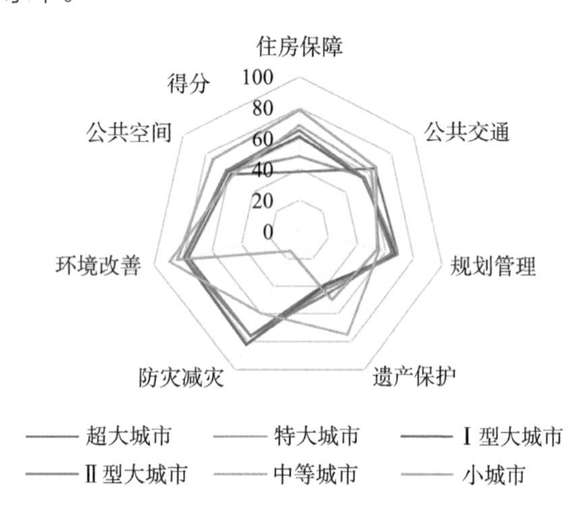

图2.11　不同规模城市2023年各专项得分

2.2.3.2 按经济发展水平划分

根据经济社会发展状况及人均GDP水平，参照联合国人均GDP评定国家富裕程度的分级标准，将参评城市分为四类：一类城市，年人均GDP高于70000元；二类城市，年人均GDP介于40000至70000元；三类城市，年人均GDP介于30000至40000元；四类城市，年人均GDP低于30000元。由于当前参评城市仅有1个城市属于四类城市，为了保证分析的准确性、可靠性，重新调整城市经济发展水平分类，三类城市确定为年人均GDP低于40000元的城市。

如图2.12所示，不同经济发展水平的城市在SDG11的总体得分呈现明显差异。其中一类城市得分最高，其次是二类城市，三类城市得分最低。此外，所有类型城市的总体得分呈现一定的增长趋势，以三类城市的增幅最高，一、二类城市则相对平稳上升。

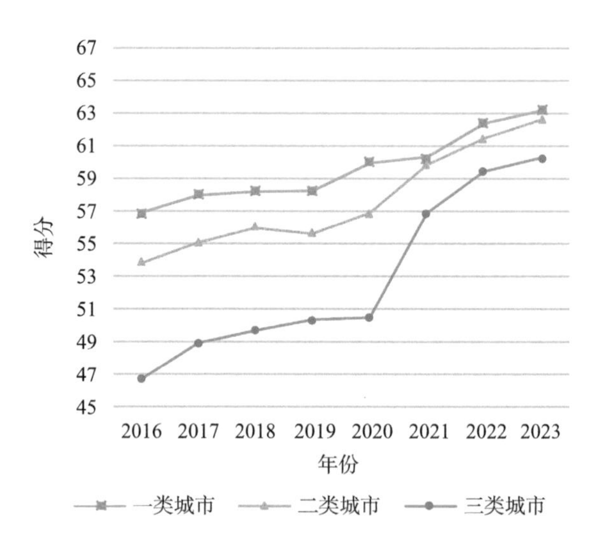

图2.12　2016—2023年不同经济发展水平城市得分

图2.13展示了2023年不同经济发展水平城市在各专题中的表现。在环境改善和规划管理专题，各类型城市间没有明显的差距。遗产保护专题各类型城市得分均较低，需要进一步加强相关自然遗产和文化遗产的认证与保护工作。在住房保障专题，经济发展水平较低的城市往往得分较高，这类城市面临的住房压力相对较小；而经济发展水平较高的城市人口压力通常较大，因此住房方面表现不佳。不同经济发展水平的城市在公共交通、防灾减灾专题也表现出明显差距。其中，经济发展水平较高的一类和二类城市表现较好，这两类城市在城市

基础设施建设和公共服务方面发展水平较高，而经济发展水平较低的三类城市受财政等因素制约，还有较大的进步空间。

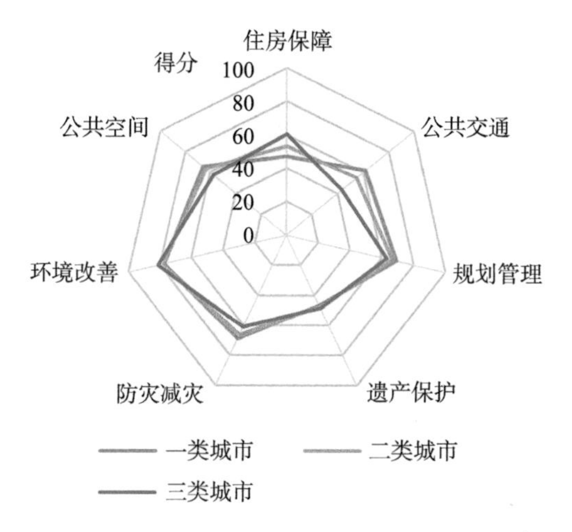

图2.13　不同经济发展水平城市分专题得分

2.2.4 数据缺失分析

在实际评估中，一些城市的部分指标由于统计口径、统计条件的限制，存在数据缺失的情况，具体缺失比例如表2.17所示。其中，“住房保障投入水平”“交通事故发生率”“水利、环境和公共设施管理投入水平”“地表水水质优良比例”等指标的数据缺失率高于10%。其中“交通事故发生率”指标缺失率最大，这项指标目前数据公开情况较差。

评估指标数据缺失情况　　表2.17

专题	指标	缺失率（%）
住房保障	租售比	0.36
	房价收入比	0.45
	住房保障投入水平	21.58
公共交通	公共交通发展指数	3.78
	道路网密度	3.06
	交通事故发生率	25.27
规划管理	国家贫困线以下人口比例	8.36
	财政自给率	0.81
	基本公共服务保障能力	5.13
	单位GDP能耗	9.89
	单位GDP水耗	4.77
	国土开发强度	1.35
	人均日生活用水量	3.24
遗产保护	每万人国家A级景区数量	0.36
	每万人非物质文化遗产数量	0
	自然保护地比例	2.16
防灾减灾	水利、环境和公共设施管理投入水平	22.48
	单位GDP碳排放	3.15
	人均碳排放	3.24
环境改善	城市空气质量优良天数比率	1.53
	生活垃圾无害化处理率	2.07
	生态环境状况指数	0
	地表水水质优良比例	10.79
	城市污水处理率	1.53
	$PM_{2.5}$年均浓度	0.90
公共空间	人均公园绿地面积	3.51
	建成区绿地率	3.24

2.3 副省级及省会城市评估

2.3.1 2023年副省级及省会城市现状评估

2.3.1.1 总体情况

（1）SDG11得分情况

选择32个副省级城市及省会城市进行评估，整体得分情况如图2.14所示。

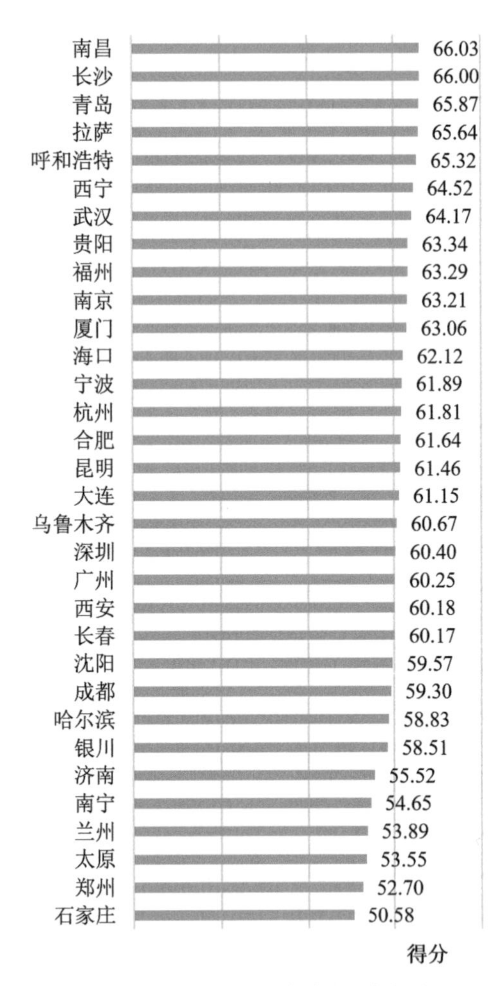

图2.14 副省级及省会城市总体得分

在参评城市中，得分最高的为南昌——66.03分，得分最低的是石家庄——50.58分，分差为15.45分，整体上差距不大。如图2.15所示，约68.75%的城市SDG11总体得分介于55~65分之间。

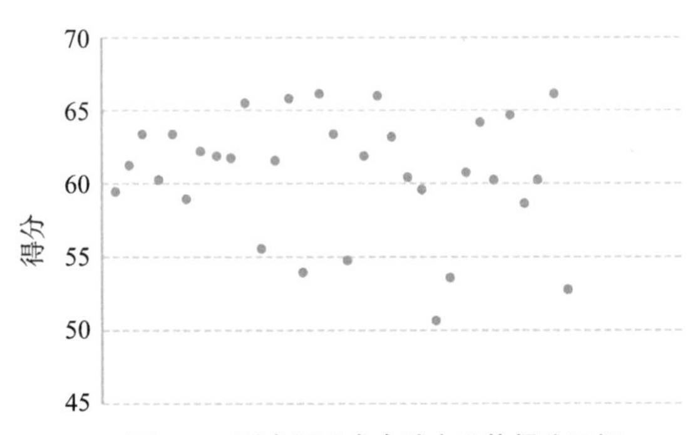

图2.15 副省级及省会城市总体得分区间

按照经济发展水平划分，32座副省级及省会城市分属于一类城市和二类城市。一类城市和二类城市平均得分情况如图2.16所示。一类城市中，SDG11得分最高的是南昌，分数66.03，得分最低的是郑州，分数为52.70；二类城市中，SDG11得分最高的是西宁，分数为

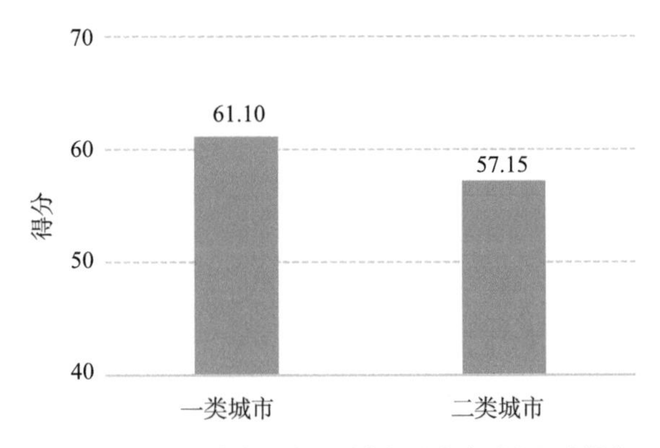

图2.16 不同经济发展水平副省级及省会城市平均得分

64.52，得分最低的是石家庄，分数为50.58；总体而言，高经济发展水平的城市SDG11平均得分较为优异。

按照城市规模划分，32座副省级及省会城市分属于中等城市、Ⅱ型大城市、Ⅰ型大城市、特大城市和超大城市[1]。由于中等城市只包含拉萨一座城市，为保证分析结果的客观性和准确性，将中等城市和Ⅱ型大城市合并进行分析。不同规模城市平均得分情况如图2.17所示。超大城市中，SDG11得分最高的是长沙，分数为66.00，得分最低的是石家庄，分数为50.58；特大城市中，SDG11得分最高的是南昌，分数为66.03，得分最低的是太原，分数为53.55；Ⅰ型大城市中，SDG11得分最高的是呼和浩特，分数为65.32，得分最低的是兰州，分数为53.89；Ⅱ型大城市及中等城市中，SDG11得分最高的是拉萨，分数为65.64，得分最低的是银川，分数为58.51。对于副省级及省会城市而言，人口规模较小的Ⅱ型大城市及中等城市SDG11得分最高，而规模更大的城市，从平均得分上看均处于相对不利的状况。

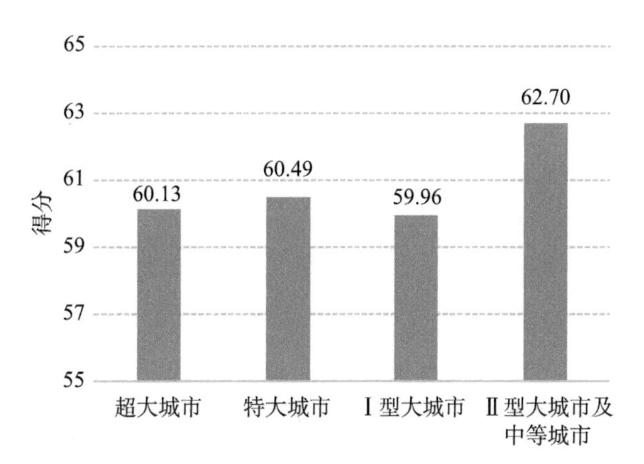

图2.17　不同规模副省级及省会城市平均得分

（2）专题情况

从住房保障、公共交通、规划管理、遗产保护、防灾减灾、环境改善、公共空间7个专题得分情况上看（图2.18），中国城市落实SDG11具有明显的不均衡特征，大部分城市在各专题的发展上存在明显短板，迫切需要采取有效的改革措施补齐发展短板，提升落实SDG11的水平。副省级及省会城市各专题具体得分及排名见附表1.1。

城市	住房保障	公共交通	规划管理	遗产保护	防灾减灾	环境改善	公共空间
长春	●	●	●	●	●	●	●
长沙	●	●	●	●	●	●	●
成都	●	●	●	●	●	●	●
大连	●	●	●	●	●	●	●
福州	●	●	●	●	●	●	●
广州	●	●	●	●	●	●	●
贵阳	●	●	●	●	●	●	●
哈尔滨	●	●	●	●	●	●	●

[1] 城市规模按照各地城市统计年鉴中2022年人口数据进行分类，具体名单如下：
超大城市：成都、广州、深圳、西安、郑州、武汉、杭州、石家庄、青岛、长沙。
特大城市：哈尔滨、宁波、合肥、南京、济南、沈阳、长春、南宁、昆明、福州、大连、南昌、贵阳、太原、厦门。
Ⅰ型大城市：兰州、乌鲁木齐、呼和浩特。
Ⅱ型大城市及中等城市：海口、银川、西宁、拉萨。

城市	住房保障	公共交通	规划管理	遗产保护	防灾减灾	环境改善	公共空间
海口	●	●	●	●	●	●	●
杭州	●	●	●	●	●	●	●
合肥	●	●	●	●	●	●	●
呼和浩特	●	●	●	●	●	●	●
济南	●	●	●	●	●	●	●
昆明	●	●	●	●	●	●	●
拉萨	●	●	●	●	●	●	●
兰州	●	●	●	●	●	●	●
南昌	●	●	●	●	●	●	●
南京	●	●	●	●	●	●	●
南宁	●	●	●	●	●	●	●
宁波	●	●	●	●	●	●	●
青岛	●	●	●	●	●	●	●
深圳	●	●	●	●	●	●	●
沈阳	●	●	●	●	●	●	●
石家庄	●	●	●	●	●	●	●
太原	●	●	●	●	●	●	●
乌鲁木齐	●	●	●	●	●	●	●
武汉	●	●	●	●	●	●	●
西安	●	●	●	●	●	●	●
西宁	●	●	●	●	●	●	●
厦门	●	●	●	●	●	●	●
银川	●	●	●	●	●	●	●
郑州	●	●	●	●	●	●	●

图2.18　副省级及省会城市分专题评估指示板

按照城市规模分析，不同规模城市在7个专题的平均得分上存在一定差距，其中，在遗产保护专题得分差距较为显著。随着城市规模增大，人口密度增加，城市在住房保障和遗产保护专题得分逐渐降低，但城市公共交通专题和防灾减灾专题得分则提高。同时，随着国家及地方对生态环境问题的持续重视，副省级及省会城市环境质量整体较好，环境改善专题得分总体较高，如图2.19所示。

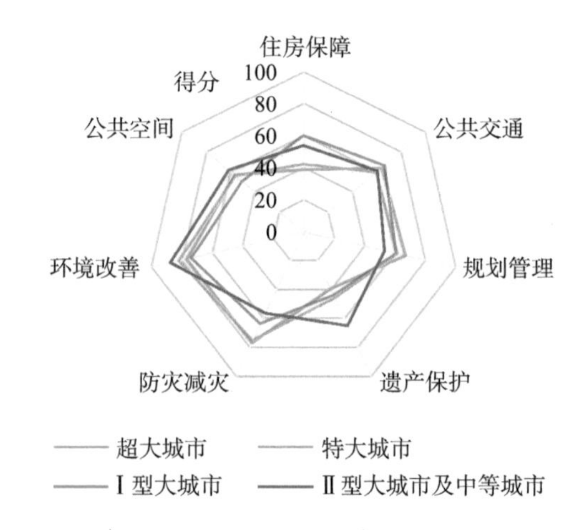

图2.19　不同规模副省级及省会城市各专题平均得分

2.3.1.2 各专题情况

（1）住房保障

住房保障专题考察了“住房保障投入水平”“售租比”和“房价收入比”3项指标。随着城镇化率的不断提高，城市人口的增长带来了城市住房压力。参评城市中有5个城市（福州、广州、南京、厦门、深圳）在住房保障专题表现为红色，面临严峻挑战。如图2.20所示，大部分城市“住房保障投入水平”表现为红色和橙色，即该项指标亟待提升。

从整体发展的角度看，中国在城市居住方面一直稳步提升，但绝对水平仍有不足。住房保障投入水平有了一定提高，部分城市如长春、长沙、贵阳、哈尔滨等表现良好，也存在部分城市如福州、广州、合肥等投入水平较差。售租比与房价收入比整体表现较差，大部分城市在这两项指标上呈现出关联性，一项指标表现较差则在另一项指标上也难以出彩。说明在住房租赁方面，各地应因地制宜发展保障性租赁住房，为人民群众提供更加便捷高效的住房租赁服务。

城市	住房保障投入水平	售租比	房价收入比	专题评估
长春	●	●	●	●
长沙	●	●	●	●
成都	●	●	●	●
大连	●	●	●	●
福州	●	●	●	●
广州	●	●	●	●
贵阳	●	●	●	●
哈尔滨	●	●	●	●
海口	●	●	●	●
杭州	●	●	●	●
合肥	●	●	●	●
呼和浩特	●	●	●	●
济南	●	●	●	●
昆明	●	●	●	●
拉萨	●	●	●	●
兰州	●	●	●	●
南昌	●	●	●	●
南京	●	●	●	●
南宁	●	●	●	●
宁波	●	●	●	●
青岛	●	●	●	●
深圳	●	●	●	●
沈阳	●	●	●	●
石家庄	●	●	●	●
太原	●	●	●	●
乌鲁木齐	●	●	●	●
武汉	●	●	●	●
西安	●	●	●	●
西宁	●	●	●	●
厦门	●	●	●	●
银川	●	●	●	●
郑州	●	●	●	●

图2.20　副省级及省会城市住房保障评估指示板

（2）公共交通

公共交通专题考察了“公共交通发展指数”“道路网密度”“交通事故发生率”3项指标。城市公共交通是城市基础设施的重要组成部分，它直接关系到城市的经济发展与居民生活。发展城市交通不仅能为居民提供更好的便民服务，改善人居环境，也是提高交通资源利用率，节约资源和能源，缓解空气污染和气候变化的重要手段。道路网密度反映了城市路网发展规模和水平，也是实施公交优先、提高公共交通服务水平的前提。

从评估结果上看，绝大多数城市在公共交通方面表现良好。针对各项评估指标，从图2.21可以看出，各城市道路网密度反映出的城市路网发展水平普遍较好，而公共交通发展指数有待提高。另外，32座副省级及省会城市交通事故发生率的数据缺失率较高，应加强这一重要指标的信息统计和公开。

城市	公共交通发展指数	道路网密度	交通事故发生率	专题评估
长春	●	●	●	●
长沙	●	●	●	●
成都	●	●	●	●
大连	●	●	●	●
福州	●	●	●	●
广州	●	●	●	●
贵阳	●	●	●	●
哈尔滨	●	●	●	●
海口	●	●	●	●
杭州	●	●	●	●
合肥	●	●	●	●
呼和浩特	●	●	●	●
济南	●	●	●	●
昆明	●	●	●	●
拉萨	●	●	●	●
兰州	●	●	●	●
南昌	●	●	●	●
南京	●	●	●	●
南宁	●	●	●	●
宁波	●	●	●	●
青岛	●	●	●	●
深圳	●	●	●	●
沈阳	●	●	●	●
石家庄	●	●	●	●
太原	●	●	●	●
乌鲁木齐	●	●	●	●
武汉	●	●	●	●
西安	●	●	●	●
西宁	●	●	●	●
厦门	●	●	●	●
银川	●	●	●	●
郑州	●	●	●	●

图2.21　副省级及省会城市公共交通评估指示板

（3）规划管理

如图2.22所示，规划管理专题考察指标涉及财政收支、公共服务保障、国土开发、能源资源消耗等方面。从评估结果上看，大部分城市规划管理水平表现普遍良好。

“财政自给率”是判断一个城市发展健康与否的重要指标，财政自给率提高意味着地方财政“造血能力”改善。在参评城市中，拉萨在该指标的得分较低，指示板呈红色，自给财政缺口大，面临严峻挑战。

“基本公共服务保障能力”是反映政府提供公共服务的指标，提高公共服务保障能力是提升民生水平的重点。在病毒带来持续挑战的形势下，政府的基本公共服务保障能力的重要性得以进一步凸显。参评城市中，有3个城市（长春、深圳、西安）在该指标表现为橙色或红色，距离目标的实现存在明显差距。

“单位GDP能耗、水耗”和“人均日生活用水量”是反映城市发展对资源消费状况的主要指标，节约资源能源、提升其利用效率对于“双碳”目标的实现具有重要意义。从评估结果看，在参评城市中，银川在单位GDP能耗指标上表现为橙色，面临较大挑战，其余各城市单位GDP能耗和水耗表现普遍良好，体现了我国在发展节能降耗的集约型经济增长模式上取得的显著成效。在人均日生活用水量方面，南方水资源较为丰富的城市人均日生活用水量高于北方地区较为缺水的城市，这符合富水地区的城市资源禀赋条件，同时也表现出较高的节水潜力。

城市	财政自给率	基本公共服务保障能力	单位GDP能耗	单位GDP水耗	国土开发强度	人均日生活用水量	专题评估
长春	●	●	●	●	●	●	●
长沙	●	●	●	●	●	●	●
成都	●	●	●	●	●	●	●
大连	●	●	●	●	●	●	●
福州	●	●	●	●	●	●	●
广州	●	●	●	●	●	●	●
贵阳	●	●	●	●	●	●	●
哈尔滨	●	●	●	●	●	●	●
海口	●	●	●	●	●	●	●
杭州	●	●	●	●	●	●	●
合肥	●	●	●	●	●	●	●
呼和浩特	●	●	●	●	●	●	●
济南	●	●	●	●	●	●	●
昆明	●	●	●	●	●	●	●
拉萨	●	●	●	●	●	●	●
兰州	●	●	●	●	●	●	●
南昌	●	●	●	●	●	●	●
南京	●	●	●	●	●	●	●
南宁	●	●	●	●	●	●	●
宁波	●	●	●	●	●	●	●
青岛	●	●	●	●	●	●	●
深圳	●	●	●	●	●	●	●
沈阳	●	●	●	●	●	●	●
石家庄	●	●	●	●	●	●	●
太原	●	●	●	●	●	●	●
乌鲁木齐	●	●	●	●	●	●	●
武汉	●	●	●	●	●	●	●
西安	●	●	●	●	●	●	●
西宁	●	●	●	●	●	●	●
厦门	●	●	●	●	●	●	●
银川	●	●	●	●	●	●	●
郑州	●	●	●	●	●	●	●

图2.22　副省级及省会城市规划管理评估指示板

（4）遗产保护

如图2.23所示，遗产保护专题考察了“每万人国家A级景区数量”“每万人非物质文化遗产数量”“自然保护地比例”3项指标。参评城市中有6个城市在遗产保护专题表现为红色，仅4个城市（呼和浩特、拉萨、西宁、银川）表现为绿色，绝大多数参评城市在遗产保护方面还有很大的提升空间。各城市要在遗产保护方面采取积极举措，加强对各类遗产（自然遗产和文化遗产）的保护，提高在此专题相关指标的得分。

副省级及省会城市每万人国家A级景区数量整体表现存在较大提升空间，仅拉萨表现为绿色。由于中国人口众多且分布不均，目前的国家A级景区数量对于居民而言无法满足需求。绝大多数参评城市应持续推进国家A级景区建设，在开发新景区的同时，提高现有景区的质量，加强景区管理与保护。

参评城市每万人非物质文化遗产数量整体表现较不理想，仅拉萨表现为绿色。非物质文化遗产是提升中华民族认同感的重要依据，保护非物质文化遗产就是保护人类的文化多样性。各地应加强非物质文化遗产的申报与保护工作，加强对非物质文化遗产重要性的认识。

参评城市在“自然保护地比例”指标方面差距较大。指标与生态资源和自然遗产空间分布有一定联系，但也能在一定程度上反映出城市对自然保护地建设和管理的水平。

城市	每万人国家A级景区数量	每万人非物质文化遗产数量	自然保护地比例	专题评估
长春	●	●	●	●
长沙	●	●	●	●
成都	●	●	●	●
大连	●	●	●	●
福州	●	●	●	●
广州	●	●	●	●
贵阳	●	●	●	●
哈尔滨	●	●	●	●
海口	●	●	●	●
杭州	●	●	●	●
合肥	●	●	●	●
呼和浩特	●	●	●	●
济南	●	●	●	●
昆明	●	●	●	●
拉萨	●	●	●	●
兰州	●	●	●	●
南昌	●	●	●	●
南京	●	●	●	●
南宁	●	●	●	●
宁波	●	●	●	●
青岛	●	●	●	●
深圳	●	●	●	●
沈阳	●	●	●	●
石家庄	●	●	●	●
太原	●	●	●	●
乌鲁木齐	●	●	●	●
武汉	●	●	●	●
西安	●	●	●	●
西宁	●	●	●	●
厦门	●	●	●	●
银川	●	●	●	●
郑州	●	●	●	●

图2.23　副省级及省会城市遗产保护评估指示板

（5）防灾减灾

如图2.24所示，防灾减灾专题考察了“水利、环境和公共设施管理投入水平”“单位GDP碳排放”“人均碳排放”3项指标。参评城市中没有城市表现为红色，参评城市整体表现较好，大部分城市在该专题表现为绿色，体现了各城市在防灾减灾、减缓气候变化方面做出的努力。

参评城市“水利、环境和公共设施管理投入水平”指标得分整体较低，仅5个城市表现为绿色。各城市应重视在水利、环境和公共设施管理业固定资金的投入，加强城市公共设施建设和管理水平，以提高各城市抵御自然灾害的能力。

自中国提出“2030年碳达峰，2060年碳中和”的“双碳”目标以来，各行业和领域聚焦目标的实现，制定举措，探索路径，积极应对全球气候变化。从评估结果来看，参评城市中有一个城市（银川）在“单位GDP排放”“人均GDP排放”两项指标显示为橙色，即面临严峻挑战，绝大部分城市表现较好，表明“双碳”目标的实现具有较好的基础，副省级及省会城市拥有实现“双碳”目标的乐观前景。

（6）环境改善

如图2.25所示，环境改善专题考察了“城市空气质量优良天数比率”“生活垃圾无害化处理率”“生态环境状况指数”“地表水水质优良比例”“城市污水处理率”“年均$PM_{2.5}$浓度”6项指标。副省级及省会城市在环境改善专题整体表现较好，所有城市均表现为绿色，体现了我国在生态环境质量改善方面取得的成效。

从环境改善专题的各个指标来看，副省级及省会城市在生活垃圾处理、城市污水处理方面表现良好，可获取数据的城市在此项指标上均显示为绿色。评估结果体现了各城市在城市生活垃圾和污水处理方面已取得显著成效，逐渐向“无废

城市	水利、环境和公共设施管理投入水平	单位GDP碳排放	人均碳排放	专题评估
长春	●	●	●	●
长沙	●	●	●	●
成都	●	●	●	●
大连	●	●	●	●
福州	●	●	●	●
广州	●	●	●	●
贵阳	●	●	●	●
哈尔滨	●	●	●	●
海口	●	●	●	●
杭州	●	●	●	●
合肥	●	●	●	●
呼和浩特	●	●	●	●
济南	●	●	●	●
昆明	●	●	●	●
拉萨	●	●	●	●
兰州	●	●	●	●
南昌	●	●	●	●
南京	●	●	●	●
南宁	●	●	●	●
宁波	●	●	●	●
青岛	●	●	●	●
深圳	●	●	●	●
沈阳	●	●	●	●
石家庄	●	●	●	●
太原	●	●	●	●
乌鲁木齐	●	●	●	●
武汉	●	●	●	●
西安	●	●	●	●
西宁	●	●	●	●
厦门	●	●	●	●
银川	●	●	●	●
郑州	●	●	●	●

图2.24　副省级及省会城市防灾减灾评估指示板

城市”趋势发展。生态环境状况指数和$PM_{2.5}$浓度是环境改善专题各指标中的弱项，部分城市生态环境状况指数表现为红色或橙色，有待进一步提高。在城市空气质量方面，有5个城市（济南、石家庄、太原、西安、郑州）表现为橙色或红色，空气质量亟待提升。西安在“空气质量优

城市	城市空气质量优良天数比率	生活垃圾无害化处理率	生态环境状况指数	地表水水质优良比例	城市污水处理率	年均$PM_{2.5}$浓度	专题评估
长春	●	●	●	●	●	●	●
长沙	●	●	●	●	●	●	●
成都	●	●	●	●	●	●	●
大连	●	●	●	●	●	●	●
福州	●	●	●	●	●	●	●
广州	●	●	●	●	●	●	●
贵阳	●	●	●	●	●	●	●
哈尔滨	●	●	●	●	●	●	●
海口	●	●	●	●	●	●	●
杭州	●	●	●	●	●	●	●
合肥	●	●	●	●	●	●	●
呼和浩特	●	●	●	●	●	●	●
济南	●	●	●	●	●	●	●
昆明	●	●	●	●	●	●	●
拉萨	●	●	●	●	●	●	●
兰州	●	●	●	●	●	●	●
南昌	●	●	●	●	●	●	●
南京	●	●	●	●	●	●	●
南宁	●	●	●	●	●	●	●
宁波	●	●	●	●	●	●	●
青岛	●	●	●	●	●	●	●
深圳	●	●	●	●	●	●	●
沈阳	●	●	●	●	●	●	●
石家庄	●	●	●	●	●	●	●
太原	●	●	●	●	●	●	●
乌鲁木齐	●	●	●	●	●	●	●
武汉	●	●	●	●	●	●	●
西安	●	●	●	●	●	●	●
西宁	●	●	●	●	●	●	●
厦门	●	●	●	●	●	●	●
银川	●	●	●	●	●	●	●
郑州	●	●	●	●	●	●	●

图2.25　副省级及省会城市环境改善评估指示板

良天数比例”指标的表现为红色，为32个城市中的唯一一例，与参评城市平均水平存在一定差距；在地表水水质方面，在指标“地表水水质优良比例”有数据的城市中，仅沈阳表现为黄色，其余城市（除数据缺失城市外）均为绿色，地表水水质有所改善。多个城市在生态环境状况指数上表现为红色和橙色。相应城市在环境质量方面的改善有待重视。

（7）公共空间

如图2.26所示，公共空间专题考察了“人均公园绿地面积”“建成区绿地率”2项指标。参评城市在公共空间专题表现以橙色和黄色为主，表现相对欠佳，在公共空间建设和管理方面有待进一步加强。

对“人均公园绿地面积”“建成区绿地率”2项指标进行综合比较可以看出，参评城市在“建成区绿地率”上的表现明显优于在“人均公园绿地面积”上的表现，表明尽管各城市不断加强绿化建设，但城市人口的增加仍然带来了人均公园绿地面积的紧张。参评城市在“人均公园绿地面积”上表现普遍较差，其中有25个城市表现为橙色或红色，亟须加强城市公园和绿化建设，提高城市公共空间建设水平，营造绿色环境。

城市	人均公园绿地面积	建成区绿地率	专题评估
长春	●	●	●
长沙	●	●	●
成都	●	●	●
大连	●	●	●
福州	●	●	●
广州	●	●	●
贵阳	●	●	●
哈尔滨	●	●	●
海口	●	●	●
杭州	●	●	●
合肥	●	●	●
呼和浩特	●	●	●
济南	●	●	●
昆明	●	●	●
拉萨	●	●	●
兰州	●	●	●
南昌	●	●	●
南京	●	●	●
南宁	●	●	●
宁波	●	●	●
青岛	●	●	●
深圳	●	●	●
沈阳	●	●	●
石家庄	●	●	●
太原	●	●	●
乌鲁木齐	●	●	●
武汉	●	●	●
西安	●	●	●
西宁	●	●	●
厦门	●	●	●
银川	●	●	●
郑州	●	●	●

图2.26　副省级及省会城市公共空间评估指示板

2.3.2 近八年副省级及省会城市变化趋势分析

2.3.2.1 总体情况

如图2.27所示，2016—2023年中32座副省级和省会城市指示板整体呈黄色。从发展趋势看，有18个城市表现较好，为稳定上升趋势，说明其发展已进入稳步提升阶段，根据现有数据预测其2030年在SDG11上的综合评估指示板有希望达到绿色，占参评城市的56.25%。值得注意的是，大连、昆明、南宁、深圳和西安等城市人居环境发展呈下降趋势，需要更加重视对城市人居环境的建设，特别是对公共交通和规划管理等退步专题的关注，否则将难以在2030年达到指示板为绿色的目标。有5个城市的发展趋势表现为停滞，占参评城市的15.63%，即2030年的预测分数与2023年相比将有一定的提升，但由于其发展动力相对不足，对于2030年达到指示板综合表现为绿色的目标面临较大的挑战。副省级及省会城市2016—2023年落实SDG11总体得分及排名见附表1.2。

城市	2016	2017	2018	2019	2020	2021	2022	2023	趋势
长春	●	●	●	●	●	●	●	●	↑
长沙	●	●	●	●	●	●	●	●	↑
成都	●	●	●	●	●	●	●	●	↑
大连	●	●	●	●	●	●	●	●	↓
福州	●	●	●	●	●	●	●	●	↑
广州	●	●	●	●	●	●	●	●	↗
贵阳	●	●	●	●	●	●	●	●	↑
哈尔滨	●	●	●	●	●	●	●	●	↑
海口	●	●	●	●	●	●	●	●	↑
杭州	●	●	●	●	●	●	●	●	↗
合肥	●	●	●	●	●	●	●	●	↑
呼和浩特	●	●	●	●	●	●	●	●	↑
济南	●	●	●	●	●	●	●	●	↗
昆明	●	●	●	●	●	●	●	●	↓
拉萨	●	●	●	●	●	●	●	●	↑
兰州	●	●	●	●	●	●	●	●	→
南昌	●	●	●	●	●	●	●	●	↑
南京	●	●	●	●	●	●	●	●	↑
南宁	●	●	●	●	●	●	●	●	↓
宁波	●	●	●	●	●	●	●	●	→
青岛	●	●	●	●	●	●	●	●	↑
深圳	●	●	●	●	●	●	●	●	↓
沈阳	●	●	●	●	●	●	●	●	↑

城市	2016	2017	2018	2019	2020	2021	2022	2023	趋势
石家庄	●	●	●	●	●	●	●	●	→
太原	●	●	●	●	●	●	●	●	→
乌鲁木齐	●	●	●	●	●	●	●	●	↑
武汉	●	●	●	●	●	●	●	●	↑
西安	●	●	●	●	●	●	●	●	↓
西宁	●	●	●	●	●	●	●	●	↑
厦门	●	●	●	●	●	●	●	●	↑
银川	●	●	●	●	●	●	●	●	↗
郑州	●	●	●	●	●	●	●	●	→

图2.27　副省级及省会城市2016—2023年落实SDG11指示板及实现趋势

2.3.2.2 各专题情况

（1）住房保障

如图2.28所示，从2016—2023年指示板的颜色来看，8年间副省级及省会城市在住房保障专题得分有所好转，呈上升趋势，2022—2023年一年间有14个城市指示板颜色向好变化，多数城市由红色变为橙色（以海口、杭州、合肥为例），或由橙色变为黄色（以哈尔滨、昆明、南昌为例），或由黄色变为绿色（以拉萨、乌鲁木齐、长沙为例），拉萨市的进步尤为突出，近两年由橙色变为黄色最后变为绿色。这是多年来住房保障政策扶持由量变引起质变的结果，但对于海口、杭州等指示板颜色波动性较强的城市需要给出高度关注，谨防住房保障成果的反弹。住房保障问题虽有好转但仍不容忽视，有半数以上城市呈停滞甚至下降趋势，部分城市指示板由黄色变为橙色后处于停滞状态（以成都、大连、呼和浩特为例）；在某些人口密集、经济发达的地区（以南京、厦门、深圳为例），八年间的指示板一直都显示为红色。由此可以看出，住房问题仍是制约副省级及省会城市可持续发展的突出短板，亟待进一步加强住房保障建设。副省级及省会城市2016—2023年住房保障专题得分及排名见附表1.3。

住房问题关系民生福祉，一直以来都是社会最关心的问题之一，既是伴随城市发展的长期问题，更是紧迫的现实问题。大城市的住房问题主要包括供需矛盾突出、供给结构不合理、房价收入比过高、住房消费压力大、租赁市场供应不足等。针对以上问题，各城市应在调研清楚真正住房需求的前提下，深化住房的供需匹配改革，完善住房市场体系，支持刚性和改善性住房需求，解决好新市民、青年人等住房需求。应加快构建以公租房、保障性租赁住房为主体的住房保障体系，扩大覆盖范围，加大公租房精准保障实施力度，在人口净流入的大城市构建保障多层次、产权多元化的住房供给体系，为新市民、青年人群体打开阶梯式、动态化的居住上升通道，精准施策，逐步破解城市住房问题。

城市	2016	2017	2018	2019	2020	2021	2022	2023
长春	●	●	●	●	●	●	●	●
长沙	●	●	●	●	●	●	●	●
成都	●	●	●	●	●	●	●	●
大连	●	●	●	●	●	●	●	●
福州	●	●	●	●	●	●	●	●
广州	●	●	●	●	●	●	●	●
贵阳	●	●	●	●	●	●	●	●
哈尔滨	●	●	●	●	●	●	●	●
海口	●	●	●	●	●	●	●	●
杭州	●	●	●	●	●	●	●	●
合肥	●	●	●	●	●	●	●	●
呼和浩特	●	●	●	●	●	●	●	●
济南	●	●	●	●	●	●	●	●
昆明	●	●	●	●	●	●	●	●
拉萨	●	●	●	●	●	●	●	●
兰州	●	●	●	●	●	●	●	●
南昌	●	●	●	●	●	●	●	●
南京	●	●	●	●	●	●	●	●
南宁	●	●	●	●	●	●	●	●
宁波	●	●	●	●	●	●	●	●
青岛	●	●	●	●	●	●	●	●
深圳	●	●	●	●	●	●	●	●
沈阳	●	●	●	●	●	●	●	●
石家庄	●	●	●	●	●	●	●	●
太原	●	●	●	●	●	●	●	●
乌鲁木齐	●	●	●	●	●	●	●	●
武汉	●	●	●	●	●	●	●	●
西安	●	●	●	●	●	●	●	●
西宁	●	●	●	●	●	●	●	●
厦门	●	●	●	●	●	●	●	●
银川	●	●	●	●	●	●	●	●
郑州	●	●	●	●	●	●	●	●

图2.28　副省级及省会城市2016—2023年住房保障专题指示板

（2）公共交通

如图2.29所示，从2016—2023年指示板的颜色来看，8年间副省级及省会城市在公共交通专题的得分情况整体较好，且不断发展完善。大部分城市指示板由黄色变为绿色，有7个城市8年内指示板颜色都表现为绿色，整体上看经济发展水平较高的城市公共交通表现也较好。少数城市公共交通得分出现下滑，由绿色变为黄色（以福州、贵阳为例），可能是公交线路分布不当，伴随私家车成本降低，私家车保有量逐年提升，对公共交通造成打击，值得重点关注，加强绿色出行引导。副省级及省会城市2016—2023年公共交通专题得分及排名见附表1.4。

近年来，随着我国经济持续稳定发展，城市人口及城市规模不断扩大，对城市公共交通的需求也不断增加。随着我国人民生活水平的提高，机动车的保有量直线上升，交通设施规模不断地扩大。公共交通不仅能为城市居民提供便民服务，也是提高交通资源利用率，节约能源消耗的重要方式。

城市	2016	2017	2018	2019	2020	2021	2022	2023
长春	●	●	●	●	●	●	●	●
长沙	●	●	●	●	●	●	●	●
成都	●	●	●	●	●	●	●	●
大连	●	●	●	●	●	●	●	●
福州	●	●	●	●	●	●	●	●
广州	●	●	●	●	●	●	●	●
贵阳	●	●	●	●	●	●	●	●
哈尔滨	●	●	●	●	●	●	●	●
海口	●	●	●	●	●	●	●	●
杭州	●	●	●	●	●	●	●	●
合肥	●	●	●	●	●	●	●	●
呼和浩特	●	●	●	●	●	●	●	●
济南	●	●	●	●	●	●	●	●
昆明	●	●	●	●	●	●	●	●
拉萨	●	●	●	●	●	●	●	●
兰州	●	●	●	●	●	●	●	●
南昌	●	●	●	●	●	●	●	●
南京	●	●	●	●	●	●	●	●
南宁	●	●	●	●	●	●	●	●
宁波	●	●	●	●	●	●	●	●
青岛	●	●	●	●	●	●	●	●
深圳	●	●	●	●	●	●	●	●
沈阳	●	●	●	●	●	●	●	●
石家庄	●	●	●	●	●	●	●	●
太原	●	●	●	●	●	●	●	●

城市	2016	2017	2018	2019	2020	2021	2022	2023
乌鲁木齐	●	●	●	●	●	●	●	●
武汉	●	●	●	●	●	●	●	●
西安	●	●	●	●	●	●	●	●
西宁	●	●	●	●	●	●	●	●
厦门	●	●	●	●	●	●	●	●
银川	●	●	●	●	●	●	●	●
郑州	●	●	●	●	●	●	●	●

图2.29　副省级及省会城市2016—2023年公共交通专题指示板

（3）规划管理

如图2.30所示，绝大部分参评城市在规划管理专题表现较好，指示板整体以绿色为主，有7个城市8年内指示板颜色都表现为绿色，有21个城市指示板颜色在绿色和黄色间波动变化，2016—2023年整体发展趋势向好。副省级及省会城市2016—2023年规划管理专题得分及排名见附表1.5。

城市规划管理在促进经济社会发展、优化城乡布局、完善城市功能、增进民生福祉等方面发挥了重要作用，把城市规划好、建设好、管理好，对促进以人为核心的新型城镇化发展，建设美丽中国，实现“两个一百年”奋斗目标和中华民族伟大复兴的中国梦具有重要现实意义和深远历史意义。

城市	2016	2017	2018	2019	2020	2021	2022	2023
长春	●	●	●	●	●	●	●	●
长沙	●	●	●	●	●	●	●	●
成都	●	●	●	●	●	●	●	●
大连	●	●	●	●	●	●	●	●
福州	●	●	●	●	●	●	●	●
广州	●	●	●	●	●	●	●	●
贵阳	●	●	●	●	●	●	●	●
哈尔滨	●	●	●	●	●	●	●	●
海口	●	●	●	●	●	●	●	●
杭州	●	●	●	●	●	●	●	●
合肥	●	●	●	●	●	●	●	●
呼和浩特	●	●	●	●	●	●	●	●
济南	●	●	●	●	●	●	●	●
昆明	●	●	●	●	●	●	●	●
拉萨	●	●	●	●	●	●	●	●
兰州	●	●	●	●	●	●	●	●
南昌	●	●	●	●	●	●	●	●

城市	2016	2017	2018	2019	2020	2021	2022	2023
南京	●	●	●	●	●	●	●	●
南宁	●	●	●	●	●	●	●	●
宁波	●	●	●	●	●	●	●	●
青岛	●	●	●	●	●	●	●	●
深圳	●	●	●	●	●	●	●	●
沈阳	●	●	●	●	●	●	●	●
石家庄	●	●	●	●	●	●	●	●
太原	●	●	●	●	●	●	●	●
乌鲁木齐	●	●	●	●	●	●	●	●
武汉	●	●	●	●	●	●	●	●
西安	●	●	●	●	●	●	●	●
西宁	●	●	●	●	●	●	●	●
厦门	●	●	●	●	●	●	●	●
银川	●	●	●	●	●	●	●	●
郑州	●	●	●	●	●	●	●	●

图2.30　副省级及省会城市2016—2023年规划管理专题指示板

（4）遗产保护

如图2.31所示，参评城市2016—2023年在遗产保护专题表现距离实现可持续发展目标有较大差距，指示板整体以红色和橙色为主，其中有少数城市（呼和浩特、拉萨、西宁、银川）表现出向好趋势，可以看出这些城市在遗产保护方面作出了持续的努力。有4个城市8年内指示板颜色都表现为红色，需要找准发力点，调整政策措施，精准施策。副省级及省会城市2016—2023年遗产保护专题得分及排名见附表1.6。

由于各城市自然及文化遗产历史条件及发展条件不同，各城市在遗产保护方面发展存在不均衡。整体来看，大多数参评城市在遗产保护方面还有很大提升空间，遗产保护专题已成为近年来制约中国城市可持续发展的突出短板，各城市亟待采取积极行动，补齐这一短板。

城市	2016	2017	2018	2019	2020	2021	2022	2023
长春	●	●	●	●	●	●	●	●
长沙	●	●	●	●	●	●	●	●
成都	●	●	●	●	●	●	●	●
大连	●	●	●	●	●	●	●	●
福州	●	●	●	●	●	●	●	●
广州	●	●	●	●	●	●	●	●
贵阳	●	●	●	●	●	●	●	●
哈尔滨	●	●	●	●	●	●	●	●

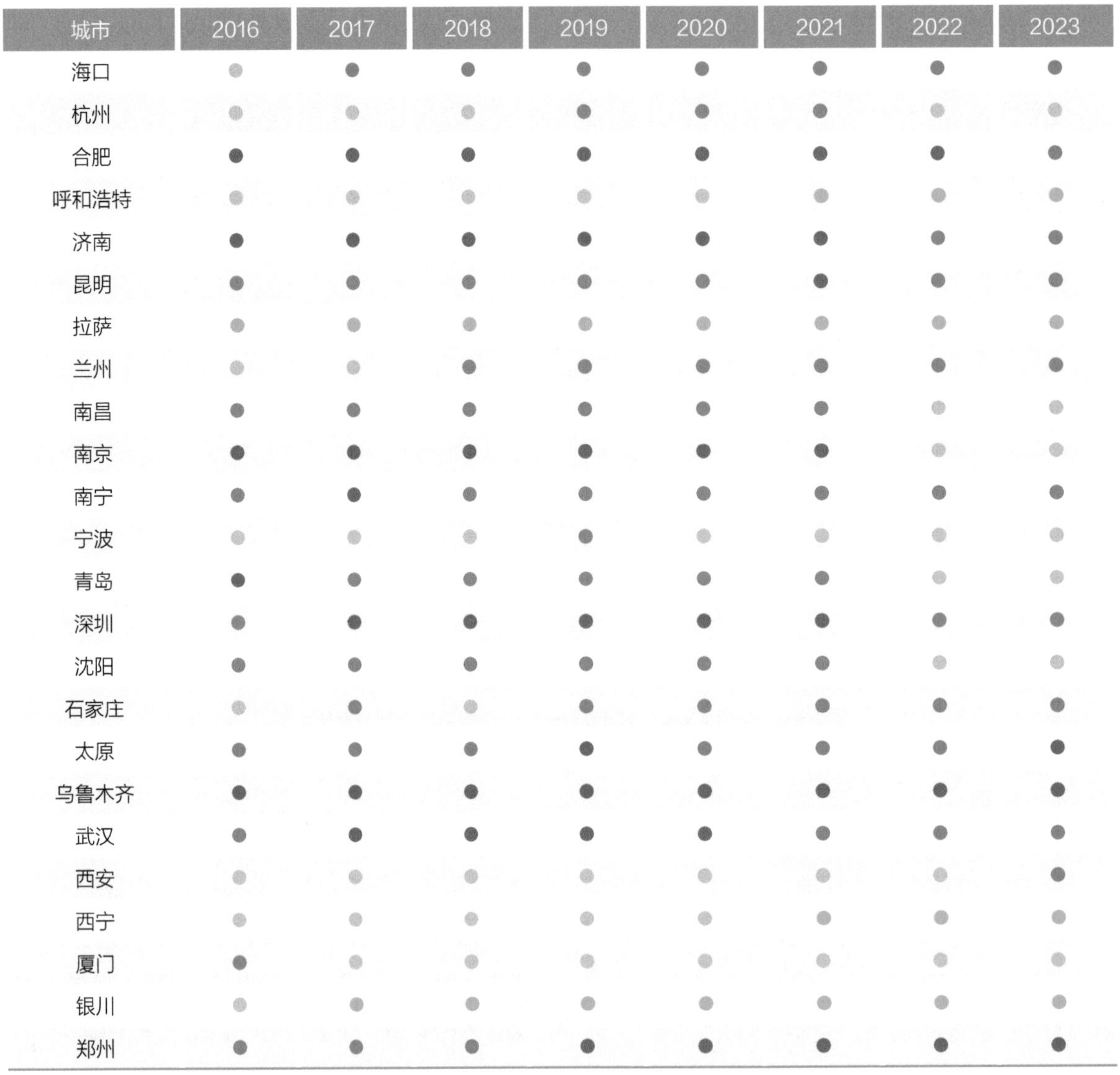

城市	2016	2017	2018	2019	2020	2021	2022	2023
海口	●	●	●	●	●	●	●	●
杭州	●	●	●	●	●	●	●	●
合肥	●	●	●	●	●	●	●	●
呼和浩特	●	●	●	●	●	●	●	●
济南	●	●	●	●	●	●	●	●
昆明	●	●	●	●	●	●	●	●
拉萨	●	●	●	●	●	●	●	●
兰州	●	●	●	●	●	●	●	●
南昌	●	●	●	●	●	●	●	●
南京	●	●	●	●	●	●	●	●
南宁	●	●	●	●	●	●	●	●
宁波	●	●	●	●	●	●	●	●
青岛	●	●	●	●	●	●	●	●
深圳	●	●	●	●	●	●	●	●
沈阳	●	●	●	●	●	●	●	●
石家庄	●	●	●	●	●	●	●	●
太原	●	●	●	●	●	●	●	●
乌鲁木齐	●	●	●	●	●	●	●	●
武汉	●	●	●	●	●	●	●	●
西安	●	●	●	●	●	●	●	●
西宁	●	●	●	●	●	●	●	●
厦门	●	●	●	●	●	●	●	●
银川	●	●	●	●	●	●	●	●
郑州	●	●	●	●	●	●	●	●

图2.31　副省级及省会城市2016—2023年遗产保护专题指示板

（5）防灾减灾

如图2.32所示，参评城市在防灾减灾专题8年间整体表现趋势向好，指示板以绿色为主，有17个城市8年内指示板颜色都表现为绿色，但存在1个城市（银川）整体表现为橙色和红色。副省级及省会城市2016—2023年防灾减灾专题得分及排名见附表1.7。

防灾减灾救灾工作事关人民群众生命财产安全，事关社会和谐稳定。在全球气候变暖、极端天气事件多发频发的背景下，各城市应在目前防灾减灾建设的基础上不断完善，以应对和降低自然灾害带来的风险。

城市	2016	2017	2018	2019	2020	2021	2022	2023
长春	●	●	●	●	●	●	●	●
长沙	●	●	●	●	●	●	●	●
成都	●	●	●	●	●	●	●	●
大连	●	●	●	●	●	●	●	●
福州	●	●	●	●	●	●	●	●
广州	●	●	●	●	●	●	●	●
贵阳	●	●	●	●	●	●	●	●
哈尔滨	●	●	●	●	●	●	●	●
海口	●	●	●	●	●	●	●	●
杭州	●	●	●	●	●	●	●	●
合肥	●	●	●	●	●	●	●	●
呼和浩特	●	●	●	●	●	●	●	●
济南	●	●	●	●	●	●	●	●
昆明	●	●	●	●	●	●	●	●
拉萨	●	●	●	●	●	●	●	●
兰州	●	●	●	●	●	●	●	●
南昌	●	●	●	●	●	●	●	●
南京	●	●	●	●	●	●	●	●
南宁	●	●	●	●	●	●	●	●
宁波	●	●	●	●	●	●	●	●
青岛	●	●	●	●	●	●	●	●
深圳	●	●	●	●	●	●	●	●
沈阳	●	●	●	●	●	●	●	●
石家庄	●	●	●	●	●	●	●	●
太原	●	●	●	●	●	●	●	●
乌鲁木齐	●	●	●	●	●	●	●	●
武汉	●	●	●	●	●	●	●	●
西安	●	●	●	●	●	●	●	●
西宁	●	●	●	●	●	●	●	●
厦门	●	●	●	●	●	●	●	●
银川	●	●	●	●	●	●	●	●
郑州	●	●	●	●	●	●	●	●

图 2.32　副省级及省会城市 2016—2023 年防灾减灾专题指示板

（6）环境改善

如图2.33所示，在环境改善方面，8年间参评城市整体上分数呈上升趋势，全部城市2022年指示板表现为绿色，在2023年表现稳定。根据评估结果可以看出，随着我国对生态环境质量的持续关注，出台的一系列环境政策得以实施落地，取得了显著的成效，城市环境质量改善成效显著，中国城市环境质量总体达到了较好的水平。由于地理条件和产业结构的布局，我国中部和北部在环境质量发展方面处于劣势，但随着北方城市产业结构调整、发展节能降耗的集约型经济，南北方城市在环境质量方面的差距也在不断缩小。副省级及省会城市2016—2023年环境改善专题得分及排名见附表1.8。

城市	2016	2017	2018	2019	2020	2021	2022	2023
长春	●	●	●	●	●	●	●	●
长沙	●	●	●	●	●	●	●	●
成都	●	●	●	●	●	●	●	●
大连	●	●	●	●	●	●	●	●
福州	●	●	●	●	●	●	●	●
广州	●	●	●	●	●	●	●	●
贵阳	●	●	●	●	●	●	●	●
哈尔滨	●	●	●	●	●	●	●	●
海口	●	●	●	●	●	●	●	●
杭州	●	●	●	●	●	●	●	●
合肥	●	●	●	●	●	●	●	●
呼和浩特	●	●	●	●	●	●	●	●
济南	●	●	●	●	●	●	●	●
昆明	●	●	●	●	●	●	●	●
拉萨	●	●	●	●	●	●	●	●
兰州	●	●	●	●	●	●	●	●
南昌	●	●	●	●	●	●	●	●
南京	●	●	●	●	●	●	●	●
南宁	●	●	●	●	●	●	●	●
宁波	●	●	●	●	●	●	●	●
青岛	●	●	●	●	●	●	●	●
深圳	●	●	●	●	●	●	●	●
沈阳	●	●	●	●	●	●	●	●
石家庄	●	●	●	●	●	●	●	●
太原	●	●	●	●	●	●	●	●
乌鲁木齐	●	●	●	●	●	●	●	●
武汉	●	●	●	●	●	●	●	●
西安	●	●	●	●	●	●	●	●

城市	2016	2017	2018	2019	2020	2021	2022	2023
西宁	●	●	●	●	●	●	●	●
厦门	●	●	●	●	●	●	●	●
银川	●	●	●	●	●	●	●	●
郑州	●	●	●	●	●	●	●	●

图2.33　副省级及省会城市2016—2023年环境改善专题指示板

（7）公共空间

如图2.34所示，参评城市8年间整体表现以黄色和橙色为主，整体表现出向好趋势，半数以上城市由橙色变为黄色，或黄色变为绿色。由两个城市（哈尔滨、南宁）连续8年为橙色，在公共空间专题的发展处于停滞状态。副省级及省会城市2016—2023年公共空间专题得分及排名见附表1.9。

城市公共空间是人们社会生活的发生器和舞台，它们的形象和实质直接影响市民大众的心理和行为。随着经济发展，城市居民生活质量的提高，居民生活方式的变化，开始转向服务消费，对休闲、体育活动、旅游观光和娱乐活动的需求在不断增加，对城市的空间环境提出了新的要求。各城市应全力满足居民需求，推动城市公共空间向着人性化、自然化、立体化、室内化的方向发展。

城市	2016	2017	2018	2019	2020	2021	2022	2023
长春	●	●	●	●	●	●	●	●
长沙	●	●	●	●	●	●	●	●
成都	●	●	●	●	●	●	●	●
大连	●	●	●	●	●	●	●	●
福州	●	●	●	●	●	●	●	●
广州	●	●	●	●	●	●	●	●
贵阳	●	●	●	●	●	●	●	●
哈尔滨	●	●	●	●	●	●	●	●
海口	●	●	●	●	●	●	●	●
杭州	●	●	●	●	●	●	●	●
合肥	●	●	●	●	●	●	●	●
呼和浩特	●	●	●	●	●	●	●	●
济南	●	●	●	●	●	●	●	●
昆明	●	●	●	●	●	●	●	●
拉萨	●	●	●	●	●	●	●	●
兰州	●	●	●	●	●	●	●	●
南昌	●	●	●	●	●	●	●	●
南京	●	●	●	●	●	●	●	●

城市	2016	2017	2018	2019	2020	2021	2022	2023
南宁	●	●	●	●	●	●	●	●
宁波	●	●	●	●	○	○	○	○
青岛	○	○	○	○	○	○	○	○
深圳	○	○	○	○	○	○	○	○
沈阳	○	●	●	●	●	○	○	○
石家庄	○	○	○	○	○	●	○	○
太原	●	●	○	○	○	○	○	○
乌鲁木齐	●	●	○	○	○	○	●	●
武汉	●	●	●	●	●	○	○	○
西安	●	●	●	●	●	●	○	○
西宁	●	○	○	○	○	●	○	○
厦门	●	○	○	○	○	○	○	○
银川	○	○	○	○	○	●	○	○
郑州	●	●	●	●	○	○	○	●

图2.34　副省级及省会城市2016—2023年公共空间专题指示板

2.4 地级市评估

2.4.1 2023年地级市现状评估

2.4.1.1 总体情况

在107个地级市中，得分前50名的城市及其得分见表2.18。107个地级市中得分最高的为黔南布依族苗族自治州（74.28分），与得分最低的毕节市（47.96分）分差达26.32分。与副省级城市及省会城市相比，地级市整体上得分表现更好，共有37座城市的总体得分超过了副省级城市及省会城市中得分最高的南昌市（66.03分），仅有1座城市（毕节市）落后于副省级城市及省会城市中得分最低的石家庄（50.58分）。

地级市落实SDG11前50名及其得分 **表2.18**

排名	城市	总体得分	排名	城市	总体得分
1	黔南布依族苗族自治州	74.28	23	韶关	67.62
2	海西蒙古族藏族自治州	72.95	24	漳州	67.55
3	上饶	71.34	25	淮南	67.20
4	鄂尔多斯	70.16	26	林芝	67.14
5	大庆	69.86	27	泸州	67.12
6	岳阳	69.74	28	株洲	66.94
7	三明	69.42	29	酒泉	66.79
8	徐州	69.32	30	赣州	66.73
9	抚州	69.16	31	东营	66.60
10	赤峰	69.11	32	常州	66.51
11	牡丹江	69.05	33	南平	66.45
12	郴州	68.98	34	宝鸡	66.40
13	巴音郭楞蒙古自治州	68.87	35	铜陵	66.34
14	黄山	68.73	36	佛山	66.34
15	龙岩	68.66	37	包头	66.04
16	乐山	68.39	38	鹤壁	65.97
17	吉安	68.27	39	盐城	65.86
18	桂林	68.27	40	湖州	65.81
19	本溪	68.20	41	邯郸	65.53
20	白山	67.96	42	江门	65.32
21	鹰潭	67.86	43	湘潭	65.23
22	烟台	67.86	44	曲靖	65.13

续表

排名	城市	总体得分	排名	城市	总体得分
45	辽源	65.06	48	丽水	64.43
46	连云港	64.94	49	承德	64.39
47	宜昌	64.52	50	焦作	64.35

根据城市规模将参评的107个地级市分为小城市、中等城市、Ⅱ型大城市、Ⅰ型大城市、特大城市和超大城市，划分结果如图2.35所示。不同规模地级市SDG11平均得分情况如图2.36所示。超大城市中，SDG11得分最高的是苏州，分数为63.62，得分最低的是东莞，分数为55.75；特大城市中，SDG11得分最高的是上饶，分数为71.34，得分最低的是毕节，分数为47.96；Ⅰ型大城市中，SDG11得分最高的是黔南布依族苗族自治州，分数为74.28，得分最低的是晋中，分数为55.18；Ⅱ型大城市中，SDG11得分最高的是鄂尔多斯，分数为70.16，得分最低的是四平，分数为56.35；中等城市中，SDG11得分最高的是白山，分数为67.96，得分最低的是克拉玛依，分数为55.23；小城市中，SDG11得分最高的是海西蒙古族藏族自治州，分数为72.95，得分最低的是昌吉回族自治州，分数为53.10。对于地级市而言，小城市、特大城市、Ⅰ型大城市和Ⅱ型大城市SDG11得分较高，而规模更大的超大城市和人口规模较小的中等城市，从平均得分上看均处于相对不利的状况。

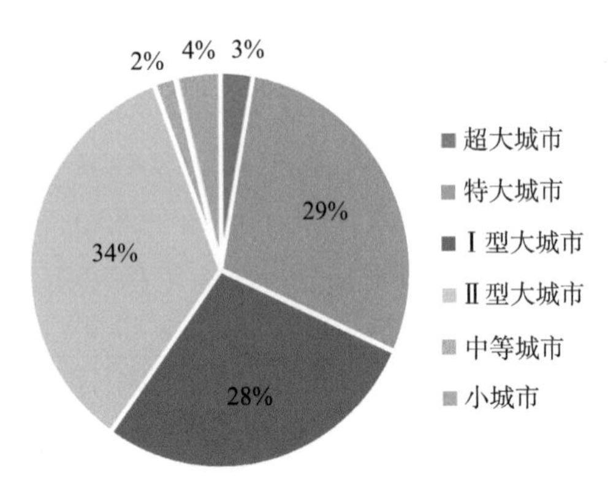

图2.35　按照城市规模对地级市的划分情况

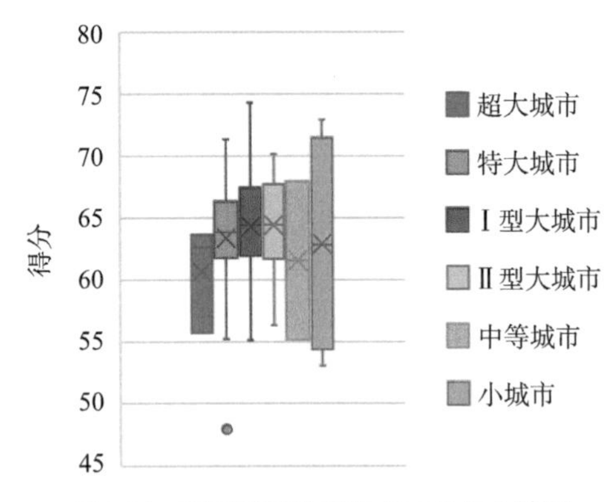

图2.36　不同规模地级市SDG11得分情况

根据经济发展水平将参评的107个地级市划为三类。其中，各类城市占比如图2.37所示，分类结果见表2.19。

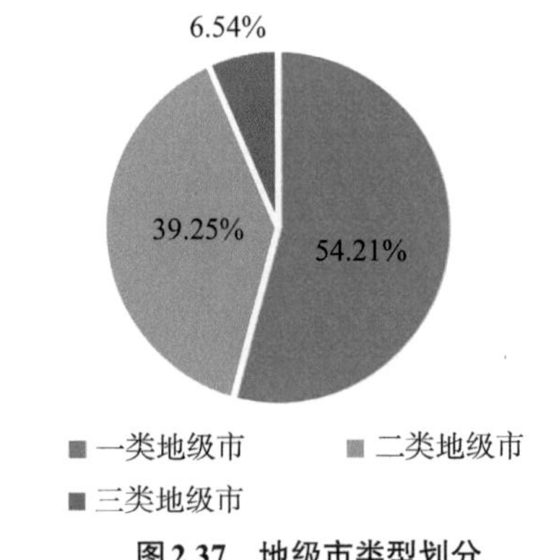

图2.37　地级市类型划分

从地级市的SDG11得分情况来看（图2.38），一类地级市得分>二类地级市得分>三类地级市得分。与2022年同类别地级市落实SDG11得分相比，一类和二类地级市有小幅度提升，三类

地级市分类结果 表2.19

城市类型	城市	数量
一类地级市	鄂尔多斯、克拉玛依、无锡、苏州、榆林、海西蒙古族藏族自治州 、常州、东营、南通、宜昌、包头、绍兴、泉州、烟台、昌吉回族自治州、佛山、三明、龙岩、嘉兴、唐山、湖州、漳州、襄阳、大庆、鹰潭、东莞、盐城、晋城、巴音郭楞蒙古自治州、湘潭、朔州、徐州、岳阳、淄博、株洲、铜陵、台州、长治、林芝、连云港、荆门、许昌、宝鸡、南平、宿迁 、德阳、洛阳、酒泉、江门、金华、潍坊、日照、阳泉、黄山、乐山、丽水、本溪、鹤壁	58
二类地级市	呼伦贝尔、遵义、淮北、曲靖、德州、廊坊、郴州、焦作、晋中、吉安、营口、泸州、白山、平顶山、枣庄、眉山、韶关、抚州、赤峰、承德、临沂、中卫、信阳、辽源、上饶、黔南布依族苗族自治州、淮南、濮阳、赣州、丽江、桂林、云浮、渭南 、黄冈、南阳、邯郸、安阳、临沧、海南藏族自治州、广安、牡丹江、邵阳	42
三类地级市	固原、梅州、绥化、铁岭、毕节、四平、天水	7

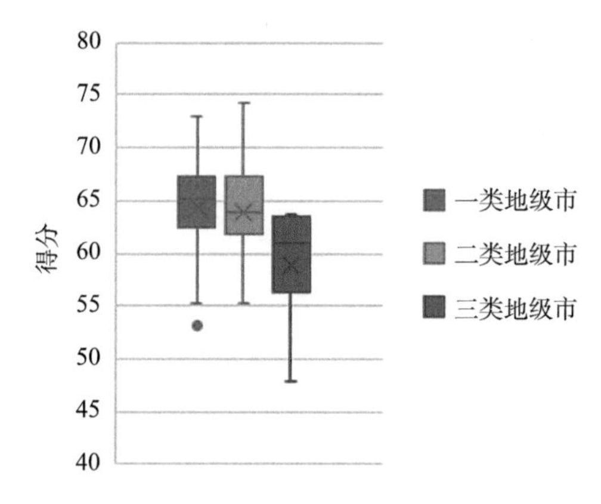

图2.38　不同类型地级市SDG11得分情况

分专题来看（图2.39），地级市环境改善专题得分差距较小，所有类型地级市得分均处于较高水平；规划管理专题三类地级市得分略低于其他两类城市；遗产保护专题得分明显低于其他6个专题，需要着重关注和改善；住房保障专题一类地级市得分偏低，亟须改善。公共交通、规划管理、防灾减灾和公共空间四个专题的得分受城市经济规模的影响较大，整体上呈现出经济发展水平较高的城市对应专题得分较高的特点。

地级市有小幅度下降。一类地级市中，SDG11得分最高的是海西蒙古族藏族自治州，分数为72.95，得分最低的是昌吉回族自治州，分数为53.10；二类地级市中，SDG11得分最高的是黔南布依族苗族自治州，分数为74.28，得分最低的是晋中，分数为55.18；三类地级市中，SDG11得分最高的是固原，分数为63.72，得分最低的是毕节，分数为47.96。三类地级市经济发展水平较低，受财政等因素制约，在SDG11的整体表现上明显比一、二类地级市差。

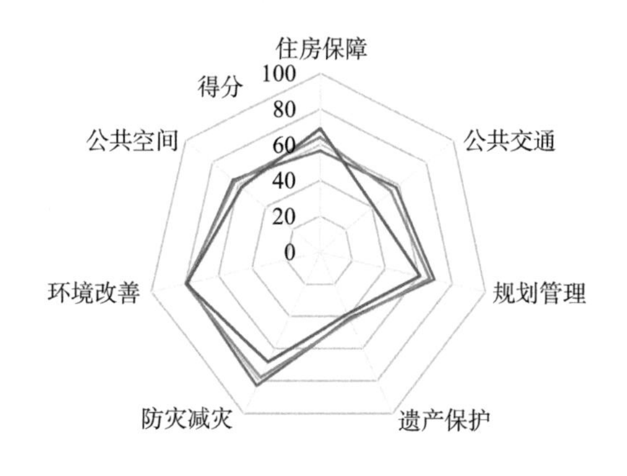

图2.39　不同类型地级市SDG11各专题得分情况

（1）一类地级市

一类地级市总体得分及排名表2.20。

一类地级市总体得分及排名　　表2.20

排名	城市	得分	等级	排名	城市	得分	等级
1	海西蒙古族藏族自治州	72.95	●	30	连云港	64.94	●
2	鄂尔多斯	70.16	●	31	宜昌	64.52	●
3	大庆	69.86	●	32	丽水	64.43	●
4	岳阳	69.74	●	33	洛阳	64.21	●
5	三明	69.42	●	34	阳泉	63.99	●
6	徐州	69.32	●	35	襄阳	63.98	●
7	巴音郭楞蒙古自治州	68.87	●	36	金华	63.90	●
8	黄山	68.73	●	37	苏州	63.62	●
9	龙岩	68.66	●	38	淄博	63.43	●
10	乐山	68.39	●	39	台州	63.30	●
11	本溪	68.20	●	40	宿迁	62.92	●
12	鹰潭	67.86	●	41	唐山	62.75	●
13	烟台	67.86	●	42	南通	62.73	●
14	漳州	67.55	●	43	荆门	62.47	●
15	林芝	67.14	●	44	无锡	62.45	●
16	株洲	66.94	●	45	绍兴	62.20	●
17	酒泉	66.79	●	46	长治	62.05	●
18	东营	66.60	●	47	日照	61.53	●
19	常州	66.51	●	48	晋城	60.95	●
20	南平	66.45	●	49	泉州	59.84	●
21	宝鸡	66.40	●	50	嘉兴	59.57	●
22	铜陵	66.34	●	51	德阳	59.47	●
23	佛山	66.34	●	52	潍坊	58.47	●
24	包头	66.04	●	53	许昌	58.38	●
25	鹤壁	65.97	●	54	朔州	57.52	●
26	盐城	65.86	●	55	榆林	57.37	●
27	湖州	65.81	●	56	东莞	55.75	●
28	江门	65.32	●	57	克拉玛依	55.23	●
29	湘潭	65.23	●	58	昌吉回族自治州	53.10	●

一类地级市分专题指示板见图2.40，具体得分及排名见附表2.1。

参评城市	住房保障	公共交通	规划管理	遗产保护	防灾减灾	环境改善	公共空间	总等级
巴音郭楞蒙古自治州	●	●	●	●	●	●	●	●
包头	●	●	●	●	●	●	●	●
宝鸡	●	●	●	●	●	●	●	●
本溪	●	●	●	●	●	●	●	●
昌吉回族自治州	●	●	●	●	●	●	●	●
长治	●	●	●	●	●	●	●	●
常州	●	●	●	●	●	●	●	●
大庆	●	●	●	●	●	●	●	●
德阳	●	●	●	●	●	●	●	●
东莞	●	●	●	●	●	●	●	●
东营	●	●	●	●	●	●	●	●
鄂尔多斯	●	●	●	●	●	●	●	●
佛山	●	●	●	●	●	●	●	●
海西蒙古族藏族自治州	●	●	●	●	●	●	●	●
鹤壁	●	●	●	●	●	●	●	●
湖州	●	●	●	●	●	●	●	●
黄山	●	●	●	●	●	●	●	●
嘉兴	●	●	●	●	●	●	●	●
江门	●	●	●	●	●	●	●	●
金华	●	●	●	●	●	●	●	●
晋城	●	●	●	●	●	●	●	●
荆门	●	●	●	●	●	●	●	●
酒泉	●	●	●	●	●	●	●	●
克拉玛依	●	●	●	●	●	●	●	●
乐山	●	●	●	●	●	●	●	●
丽水	●	●	●	●	●	●	●	●
连云港	●	●	●	●	●	●	●	●
林芝	●	●	●	●	●	●	●	●
龙岩	●	●	●	●	●	●	●	●
洛阳	●	●	●	●	●	●	●	●
南平	●	●	●	●	●	●	●	●
南通	●	●	●	●	●	●	●	●
泉州	●	●	●	●	●	●	●	●
日照	●	●	●	●	●	●	●	●
三明	●	●	●	●	●	●	●	●

参评城市	住房保障	公共交通	规划管理	遗产保护	防灾减灾	环境改善	公共空间	总等级
绍兴	●	●	●	●	●	●	●	●
朔州	●	●	●	●	●	●	●	●
苏州	●	●	●	●	●	●	●	●
宿迁	●	●	●	●	●	●	●	●
台州	●	●	●	●	●	●	●	●
唐山	●	●	●	●	●	●	●	●
铜陵	●	●	●	●	●	●	●	●
潍坊	●	●	●	●	●	●	●	●
无锡	●	●	●	●	●	●	●	●
湘潭	●	●	●	●	●	●	●	●
襄阳	●	●	●	●	●	●	●	●
徐州	●	●	●	●	●	●	●	●
许昌	●	●	●	●	●	●	●	●
烟台	●	●	●	●	●	●	●	●
盐城	●	●	●	●	●	●	●	●
阳泉	●	●	●	●	●	●	●	●
宜昌	●	●	●	●	●	●	●	●
鹰潭	●	●	●	●	●	●	●	●
榆林	●	●	●	●	●	●	●	●
岳阳	●	●	●	●	●	●	●	●
漳州	●	●	●	●	●	●	●	●
株洲	●	●	●	●	●	●	●	●
淄博	●	●	●	●	●	●	●	●

图2.40　一类地级市各专题评估指示板

（2）二类地级市

二类地级市总体得分及排名见表2.21。

二类地级市总体得分及排名　　**表2.21**

排名	城市	得分	等级	排名	城市	得分	等级
1	黔南布依族苗族自治州	74.28	●	7	吉安	68.27	●
2	上饶	71.34	●	8	桂林	68.27	●
3	抚州	69.16	●	9	白山	67.96	●
4	赤峰	69.11	●	10	韶关	67.62	●
5	牡丹江	69.05	●	11	淮南	67.20	●
6	郴州	68.98	●	12	泸州	67.12	●

续表

排名	城市	得分	等级	排名	城市	得分	等级
13	赣州	66.73	●	28	营口	62.49	●
14	邯郸	65.53	●	29	中卫	62.49	●
15	曲靖	65.13	●	30	德州	62.28	●
16	辽源	65.06	●	31	平顶山	61.85	●
17	承德	64.39	●	32	信阳	61.80	●
18	焦作	64.35	●	33	丽江	61.76	●
19	南阳	64.28	●	34	邵阳	61.60	●
20	黄冈	64.26	●	35	廊坊	59.73	●
21	渭南	64.00	●	36	临沧	59.39	●
22	呼伦贝尔	63.85	●	37	淮北	58.81	●
23	遵义	63.65	●	38	海南藏族自治州	58.62	●
24	眉山	63.28	●	39	濮阳	58.35	●
25	临沂	62.65	●	40	枣庄	57.85	●
26	云浮	62.64	●	41	安阳	55.27	●
27	广安	62.51	●	42	晋中	55.18	●

二类地级市分专题指示板见图2.41，具体得分及排名见附表2.2。

参评城市	住房保障	公共交通	规划管理	遗产保护	防灾减灾	环境改善	公共空间	总等级
安阳	●	●	●	●	●	●	●	●
白山	●	●	●	●	●	●	●	●
郴州	●	●	●	●	●	●	●	●
承德	●	●	●	●	●	●	●	●
赤峰	●	●	●	●	●	●	●	●
德州	●	●	●	●	●	●	●	●
抚州	●	●	●	●	●	●	●	●
赣州	●	●	●	●	●	●	●	●
广安	●	●	●	●	●	●	●	●
桂林	●	●	●	●	●	●	●	●
海南藏族自治州	●	●	●	●	●	●	●	●
邯郸	●	●	●	●	●	●	●	●
呼伦贝尔	●	●	●	●	●	●	●	●
淮北	●	●	●	●	●	●	●	●
淮南	●	●	●	●	●	●	●	●
黄冈	●	●	●	●	●	●	●	●
吉安	●	●	●	●	●	●	●	●

参评城市	住房保障	公共交通	规划管理	遗产保护	防灾减灾	环境改善	公共空间	总等级
焦作	●	●	●	●	●	●	●	●
晋中	●	●	●	●	●	●	●	●
廊坊	●	●	●	●	●	●	●	●
丽江	●	●	●	●	●	●	●	●
辽源	●	●	●	●	●	●	●	●
临沧	●	●	●	●	●	●	●	●
临沂	●	●	●	●	●	●	●	●
泸州	●	●	●	●	●	●	●	●
眉山	●	●	●	●	●	●	●	●
牡丹江	●	●	●	●	●	●	●	●
南阳	●	●	●	●	●	●	●	●
平顶山	●	●	●	●	●	●	●	●
濮阳	●	●	●	●	●	●	●	●
黔南布依族苗族自治州	●	●	●	●	●	●	●	●
曲靖	●	●	●	●	●	●	●	●
上饶	●	●	●	●	●	●	●	●
韶关	●	●	●	●	●	●	●	●
邵阳	●	●	●	●	●	●	●	●
渭南	●	●	●	●	●	●	●	●
信阳	●	●	●	●	●	●	●	●
营口	●	●	●	●	●	●	●	●
云浮	●	●	●	●	●	●	●	●
枣庄	●	●	●	●	●	●	●	●
中卫	●	●	●	●	●	●	●	●
遵义	●	●	●	●	●	●	●	●

图2.41　二类地级市各专题评估指标板

（3）三类地级市

三类地级市得分及排名见表2.22。

三类地级市总体得分及排名　　　　**表2.22**

排名	城市	得分	指示板	排名	城市	得分	指示板
1	固原	63.72	●	5	绥化	57.88	●
2	梅州	63.57	●	6	四平	56.35	●
3	天水	61.61	●	7	毕节	47.96	●
4	铁岭	60.90	●				

三类地级市分专题指示板见图2.42，具体得分及排名见附表2.3。

参评城市	住房保障	公共交通	规划管理	遗产保护	防灾减灾	环境改善	公共空间	总等级
毕节	●	●	●	●	●	●	●	●
固原	●	●	●	●	●	●	●	●
梅州	●	●	●	●	●	●	●	●
四平	●	●	●	●	●	●	●	●
绥化	●	●	●	●	●	●	●	●
天水	●	●	●	●	●	●	●	●
铁岭	●	●	●	●	●	●	●	●

图2.42　三类地级市各专题评估指标板

2.4.1.2 各专题情况

（1）住房保障

住房保障专题得分排名前十的地级市分布在新疆、青海、黑龙江、内蒙古、甘肃、广东、湖南和吉林（表2.23）。然而，我国经济较为发达的一些区域，例如，长三角地区、珠三角地区等，其地级市在住房保障方面的表现并不尽如人意，反映出区域经济的快速发展与居民生活质量的提高之间存在一定的脱节现象。为了实现社会经济的和谐发展，城市在追求经济增长的同时，也应重视民生福祉的提升，确保经济与社会均衡发展，让居民共享经济发展的成果。通过平衡经济与民生，可以促进社会的整体进步，提高人民的幸福感和满意度。

参评地级市住房保障专题前十位及得分　表2.23

排名	城市	得分
1	巴音郭楞蒙古自治州	95.98
2	海西蒙古族藏族自治州	94.64
3	大庆	90.22
4	呼伦贝尔	88.56
5	酒泉	88.29
6	牡丹江	87.97
7	云浮	86.26
8	岳阳	80.36
9	鄂尔多斯	79.82
10	辽源	78.03

参评城市中，仅东莞市在“住房保障”专题面临严峻挑战，指示板表现为红色，26个城市面临较大挑战，指示板表现为橙色（图2.43至图2.45）。住房保障专题的三个指标中，住房保障投入水平指标表现最差，仅有3个城市（宝鸡、广安、临沧）表现为绿色，大部分城市表现为红色或橙色，亟须改善，应充分发挥财政资金投入的引导性、公益性、保底性、撬动性作用，积极促进保障性住房发展。我国社会经济保持稳定发展的态势，售租比和房价收入比指标总体上表现良好。同时，政府通过优化住房保障政策，提高住房保障资金的使用效率，能够确保住房保障支出更加精准地惠及有需要的人群。通过这些措施，政府对住房保障的投入也有望进一步增加，住房保障支出占一般公共预算支出的比例将得到改善。

参评城市	售租比	房价收入比	住房保障投入水平	专题评估
巴音郭楞蒙古自治州	●	●	●	●
包头	●	●	●	●
宝鸡	●	●	●	●
本溪	●	●	●	●
昌吉回族自治州	●	●	●	●
长治	●	●	●	●
常州	●	●	●	●
大庆	●	●	●	●
德阳	●	●	●	●
东莞	●	●	●	●
东营	●	●	●	●
鄂尔多斯	●	●	●	●
佛山	●	●	●	●
海西蒙古族藏族自治州	●	●	●	●
鹤壁	●	●	●	●
湖州	●	●	●	●
黄山	●	●	●	●
嘉兴	●	●	●	●
江门	●	●	●	●
金华	●	●	●	●
晋城	●	●	●	●
荆门	●	●	●	●
酒泉	●	●	●	●
克拉玛依	●	●	●	●
乐山	●	●	●	●
丽水	●	●	●	●
连云港	●	●	●	●
林芝	●	●	●	●
龙岩	●	●	●	●
洛阳	●	●	●	●
南平	●	●	●	●
南通	●	●	●	●
泉州	●	●	●	●
日照	●	●	●	●

参评城市	售租比	房价收入比	住房保障投入水平	专题评估
三明	●	●	●	●
绍兴	●	●	●	●
朔州	●	●	●	●
苏州	●	●	●	●
宿迁	●	●	●	●
台州	●	●	●	●
唐山	●	●	●	●
铜陵	●	●	●	●
潍坊	●	●	●	●
无锡	●	●	●	●
湘潭	●	●	●	●
襄阳	●	●	●	●
徐州	●	●	●	●
许昌	●	●	●	●
烟台	●	●	●	●
盐城	●	●	●	●
阳泉	●	●	●	●
宜昌	●	●	●	●
鹰潭	●	●	●	●
榆林	●	●	●	●
岳阳	●	●	●	●
漳州	●	●	●	●
株洲	●	●	●	●
淄博	●	●	●	●

图2.43　一类地级市住房保障专题评估指示板

参评城市	售租比	房价收入比	住房保障投入水平	专题评估
安阳	●	●	●	●
白山	●	●	●	●
郴州	●	●	●	●
承德	●	●	●	●
赤峰	●	●	●	●
德州	●	●	●	●
抚州	●	●	●	●
赣州	●	●	●	●

参评城市	售租比	房价收入比	住房保障投入水平	专题评估
广安	●	●	●	●
桂林	●	●	●	●
海南藏族自治州	●	●	●	●
邯郸	●	●	●	●
呼伦贝尔	●	●	●	●
淮北	●	●	●	●
淮南	●	●	●	●
黄冈	●	●	●	●
吉安	●	●	●	●
焦作	●	●	●	●
晋中	●	●	●	●
廊坊	●	●	●	●
丽江	●	●	●	●
辽源	●	●	●	●
临沧	●	●	●	●
临沂	●	●	●	●
泸州	●	●	●	●
眉山	●	●	●	●
牡丹江	●	●	●	●
南阳	●	●	●	●
平顶山	●	●	●	●
濮阳	●	●	●	●
黔南布依族苗族自治州	●	●	●	●
曲靖	●	●	●	●
上饶	●	●	●	●
韶关	●	●	●	●
邵阳	●	●	●	●
渭南	●	●	●	●
信阳	●	●	●	●
营口	●	●	●	●
云浮	●	●	●	●
枣庄	●	●	●	●
中卫	●	●	●	●
遵义	●	●	●	●

图2.44　二类地级市住房保障专题评估指示板

参评城市	售租比	房价收入比	住房保障投入水平	专题评估
毕节	●	●	●	●
固原	●	●	●	●
梅州	●	●	●	●
四平	●	●	●	●
绥化	●	●	●	●
天水	●	●	●	●
铁岭	●	●	●	●

图2.45　三类地级市住房保障专题评估指示板

（2）公共交通

公共交通专题的指标选取不仅关注了城市的交通网络规划和建设规模，也将城市交通服务的人均水平纳入考核体系。这使得经济发展水平高，交通网络庞大，但人群密度较高的城市在该专题的得分并不理想。在公共交通专题前十位的地级市中，有5个来自一类地级市，5个来自二类地级市（表2.24）。

参评地级市公共交通专题前十位及得分　表2.24

排名	城市	得分
1	海西蒙古族藏族自治州	93.19
2	佛山	77.67
3	海南藏族自治州	73.68
4	苏州	72.97
5	上饶	71.28
6	淮南	70.82
7	铜陵	70.54
8	临沂	70.12
9	烟台	69.64
10	邯郸	68.25

在评价公共交通专题的三个指标中（图2.46至图2.48），有数据的城市在“交通事故发生率”指标大部分表现为绿色，仅有7个城市表现为橙色或黄色，仅有2个城市（鄂尔多斯市和辽源市）表现为红色，但该指标存在一定程度的数

据缺失现象，建议加强统计监测；“公共交通发展指数”指标总体表现最差，大部分城市表现为红色、橙色或黄色，仅有1个城市（海西蒙古族藏族自治州）表现为绿色。城市在发展过程中，应该注重经济与交通的协调发展，既要保持经济的稳定增长，又要不断提升公共交通服务的质量和效率。通过优化交通网络布局，提高交通服务的覆盖面和便捷性，更好地满足居民的出行需求，提升城市的整体交通服务水平。

参评城市	公共交通发展指数	道路网密度	交通事故发生率	专题评估
巴音郭楞蒙古自治州	●	●	●	●
包头	●	●	●	●
宝鸡	●	●	●	●
本溪	●	●	●	●
昌吉回族自治州	●	●	●	●
长治	●	●	●	●
常州	●	●	●	●
大庆	●	●	●	●
德阳	●	●	●	●
东莞	●	●	●	●
东营	●	●	●	●
鄂尔多斯	●	●	●	●
佛山	●	●	●	●
海西蒙古族藏族自治州	●	●	●	●
鹤壁	●	●	●	●
湖州	●	●	●	●
黄山	●	●	●	●
嘉兴	●	●	●	●
江门	●	●	●	●
金华	●	●	●	●
晋城	●	●	●	●
荆门	●	●	●	●
酒泉	●	●	●	●
克拉玛依	●	●	●	●
乐山	●	●	●	●
丽水	●	●	●	●
连云港	●	●	●	●
林芝	●	●	●	●
龙岩	●	●	●	●
洛阳	●	●	●	●
南平	●	●	●	●
南通	●	●	●	●
泉州	●	●	●	●
日照	●	●	●	●
三明	●	●	●	●
绍兴	●	●	●	●
朔州	●	●	●	●
苏州	●	●	●	●
宿迁	●	●	●	●
台州	●	●	●	●
唐山	●	●	●	●
铜陵	●	●	●	●
潍坊	●	●	●	●
无锡	●	●	●	●
湘潭	●	●	●	●
襄阳	●	●	●	●
徐州	●	●	●	●
许昌	●	●	●	●
烟台	●	●	●	●
盐城	●	●	●	●
阳泉	●	●	●	●
宜昌	●	●	●	●
鹰潭	●	●	●	●
榆林	●	●	●	●
岳阳	●	●	●	●
漳州	●	●	●	●
株洲	●	●	●	●
淄博	●	●	●	●

图2.46　一类地级市公共交通专题评估指示板

参评城市	公共交通发展指数	道路网密度	交通事故发生率	专题评估
安阳	●	●	●	●
白山	●	●	●	●
郴州	●	●	●	●
承德	●	●	●	●
赤峰	●	●	●	●
德州	●	●	●	●
抚州	●	●	●	●
赣州	●	●	●	●
广安	●	●	●	●
桂林	●	●	●	●
海南藏族自治州	●	●	●	●
邯郸	●	●	●	●
呼伦贝尔	●	●	●	●
淮北	●	●	●	●
淮南	●	●	●	●
黄冈	●	●	●	●
吉安	●	●	●	●
焦作	●	●	●	●
晋中	●	●	●	●
廊坊	●	●	●	●
丽江	●	●	●	●
辽源	●	●	●	●
临沧	●	●	●	●
临沂	●	●	●	●
泸州	●	●	●	●
眉山	●	●	●	●
牡丹江	●	●	●	●
南阳	●	●	●	●
平顶山	●	●	●	●
濮阳	●	●	●	●
黔南布依族苗族自治州	●	●	●	●
曲靖	●	●	●	●
上饶	●	●	●	●
韶关	●	●	●	●

参评城市	公共交通发展指数	道路网密度	交通事故发生率	专题评估
邵阳	●	●	●	●
渭南	●	●	●	●
信阳	●	●	●	●
营口	●	●	●	●
云浮	●	●	●	●
枣庄	●	●	●	●
中卫	●	●	●	●
遵义	●	●	●	●

图2.47　二类地级市公共交通专题评估指示板

参评城市	公共交通发展指数	道路网密度	交通事故发生率	专题评估
毕节	●	●	●	●
固原	●	●	●	●
梅州	●	●	●	●
四平	●	●	●	●
绥化	●	●	●	●
天水	●	●	●	●
铁岭	●	●	●	●

图2.48　三类地级市公共交通专题评估指示板

（3）规划管理

在规划管理专题中，排名前十位的地级市主要集中在我国中东部地区（表2.25）。这些地区经济实力雄厚，人口密集，经过长期的实践探索，形成了一套较为成熟和有效的社会经济规划管理政策措施，因此在该专题的评分中表现突出。规划管理专题的评价指标与人口因素密切相关。人口是城市发展的基础，也是城市规划管理的重要考量因素。如何科学合理地应对人口压力，优化资源配置，是城市规划管理中需要重点关注和深入研究的问题。

参评地级市规划管理专题前十位及得分　表2.25

排名	城市	得分
1	烟台	80.85
2	台州	80.84
3	东莞	80.31
4	乐山	78.93
5	无锡	77.47
6	潍坊	77.09
7	南阳	77.02
8	鹤壁	76.99
9	晋城	76.92
10	佛山	76.65

参评城市中没有城市表现为红色，仅有林芝、中卫2个城市表现为橙色，大部分城市（75个）表现为绿色，其余城市表现为黄色，专题整体表现良好（图2.49至图2.51）。

该专题共有7项评估指标。“国家贫困线以下人口比例”指标表现最好，2021年习近平总书记庄严宣告，“我国脱贫攻坚战取得了全面胜利”，提前10年完成联合国减贫目标。“人均日生活用水量”指标共有67个城市表现为绿色或黄色。“财政自给率”指标用于衡量地方政府财政独立性和财政自主能力，共有69个城市表现评级为红色或橙色，且集中在二、三类地级市，反映出经济规模较小的城市对于上级财政的依赖性相对较高。“国土开发强度”指标反映土地利用效率，接近一半的城市评级表现为红色或橙色，仅5个城市表现为绿色，土地集约利用是开发强度引导的重要方向。土地承载、粮食安全生产责任是底线和前提，但会随着生产力的提高发生变化。我国人多地少、资源承载能力有限的国情不会变化，在有限的资源环境条件下，加强土地节约集约利用是重要方向，也需要纳入考虑。

参评城市	国家贫困线以下人口比例	财政自给率	基本公共服务保障能力	单位GDP能耗	单位GDP水耗	国土开发强度	人均日生活用水量	专题评估
巴音郭楞蒙古自治州	●	●	●	●	●	●	●	●
包头	●	●	●	●	●	●	●	●
宝鸡	●	●	●	●	●	●	●	●
本溪	●	●	●	●	●	●	●	●
昌吉回族自治州	●	●	●	●	●	●	●	●
长治	●	●	●	●	●	●	●	●
常州	●	●	●	●	●	●	●	●
大庆	●	●	●	●	●	●	●	●
德阳	●	●	●	●	●	●	●	●
东莞	●	●	●	●	●	●	●	●
东营	●	●	●	●	●	●	●	●
鄂尔多斯	●	●	●	●	●	●	●	●
佛山	●	●	●	●	●	●	●	●
海西蒙古族藏族自治州	●	●	●	●	●	●	●	●
鹤壁	●	●	●	●	●	●	●	●
湖州	●	●	●	●	●	●	●	●

参评城市	国家贫困线以下人口比例	财政自给率	基本公共服务保障能力	单位GDP能耗	单位GDP水耗	国土开发强度	人均日生活用水量	专题评估
黄山	○	●	○	○	○	●	○	○
嘉兴	○	○	○	○	○	○	●	○
江门	○	○	○	○	○	○	●	○
金华	○	○	○	○	○	○	●	○
晋城	○	○	○	○	○	○	○	○
荆门	○	●	○	○	○	●	○	○
酒泉	○	●	○	●	○	●	○	○
克拉玛依	○	○	●	●	○	●	○	○
乐山	○	○	○	○	○	●	○	○
丽水	○	●	○	○	○	●	●	○
连云港	○	●	○	○	○	○	●	○
林芝	○	●	○	●	●	●	●	●
龙岩	○	●	○	○	○	●	●	○
洛阳	○	○	○	○	○	○	○	○
南平	○	●	○	○	○	●	●	○
南通	○	●	○	○	○	○	●	○
泉州	○	○	○	○	○	○	●	○
日照	○	○	○	○	●	○	○	○
三明	○	●	○	○	○	●	●	○
绍兴	○	○	○	○	○	○	●	○
朔州	○	○	○	●	○	●	○	○
苏州	○	○	●	○	○	○	●	○
宿迁	○	●	○	○	○	○	○	○
台州	○	○	○	○	○	○	●	○
唐山	○	●	○	●	○	○	○	○
铜陵	○	●	○	○	○	○	●	○
潍坊	○	○	○	○	○	○	○	○
无锡	○	○	○	●	○	○	○	○
湘潭	○	●	●	○	○	○	○	○
襄阳	○	●	○	○	○	○	○	○
徐州	○	●	●	○	○	○	○	○
许昌	○	○	○	○	○	○	○	○
烟台	○	○	○	○	○	○	○	○
盐城	○	●	○	○	○	○	○	○
阳泉	○	●	○	○	○	○	○	○
宜昌	○	●	○	○	○	●	●	○
鹰潭	○	●	○	○	○	○	●	○

参评城市	国家贫困线以下人口比例	财政自给率	基本公共服务保障能力	单位GDP能耗	单位GDP水耗	国土开发强度	人均日生活用水量	专题评估
榆林	●	●	●	●	●	●	●	●
岳阳	●	●	●	●	●	●	●	●
漳州	●	●	●	●	●	●	●	●
株洲	●	●	●	●	●	●	●	●
淄博	●	●	●	●	●	●	●	●

图2.49　一类地级市规划管理专题评估指示板

参评城市	国家贫困线以下人口比例	财政自给率	基本公共服务保障能力	单位GDP能耗	单位GDP水耗	国土开发强度	人均日生活用水量	专题评估
安阳	●	●	●	●	●	●	●	●
白山	●	●	●	●	●	●	●	●
郴州	●	●	●	●	●	●	●	●
承德	●	●	●	●	●	●	●	●
赤峰	●	●	●	●	●	●	●	●
德州	●	●	●	●	●	●	●	●
抚州	●	●	●	●	●	●	●	●
赣州	●	●	●	●	●	●	●	●
广安	●	●	●	●	●	●	●	●
桂林	●	●	●	●	●	●	●	●
海南藏族自治州	●	●	●	●	●	●	●	●
邯郸	●	●	●	●	●	●	●	●
呼伦贝尔	●	●	●	●	●	●	●	●
淮北	●	●	●	●	●	●	●	●
淮南	●	●	●	●	●	●	●	●
黄冈	●	●	●	●	●	●	●	●
吉安	●	●	●	●	●	●	●	●
焦作	●	●	●	●	●	●	●	●
晋中	●	●	●	●	●	●	●	●
廊坊	●	●	●	●	●	●	●	●
丽江	●	●	●	●	●	●	●	●
辽源	●	●	●	●	●	●	●	●
临沧	●	●	●	●	●	●	●	●
临沂	●	●	●	●	●	●	●	●
泸州	●	●	●	●	●	●	●	●
眉山	●	●	●	●	●	●	●	●
牡丹江	●	●	●	●	●	●	●	●
南阳	●	●	●	●	●	●	●	●

参评城市	国家贫困线以下人口比例	财政自给率	基本公共服务保障能力	单位GDP能耗	单位GDP水耗	国土开发强度	人均日生活用水量	专题评估
平顶山	●	●	●	●	●	●	●	●
濮阳	●	●	●	●	●	●	●	●
黔南布依族苗族自治州	●	●	●	●	●	●	●	●
曲靖	●	●	●	●	●	●	●	●
上饶	●	●	●	●	●	●	●	●
韶关	●	●	●	●	●	●	●	●
邵阳	●	●	●	●	●	●	●	●
渭南	●	●	●	●	●	●	●	●
信阳	●	●	●	●	●	●	●	●
营口	●	●	●	●	●	●	●	●
云浮	●	●	●	●	●	●	●	●
枣庄	●	●	●	●	●	●	●	●
中卫	●	●	●	●	●	●	●	●
遵义	●	●	●	●	●	●	●	●

图 2.50　二类地级市规划管理专题评估指示板

参评城市	国家贫困线以下人口比例	财政自给率	基本公共服务保障能力	单位GDP能耗	单位GDP水耗	国土开发强度	人均日生活用水量	专题评估
毕节	●	●	●	●	●	●	●	●
固原	●	●	●	●	●	●	●	●
梅州	●	●	●	●	●	●	●	●
四平	●	●	●	●	●	●	●	●
绥化	●	●	●	●	●	●	●	●
天水	●	●	●	●	●	●	●	●
铁岭	●	●	●	●	●	●	●	●

图 2.51　三类地级市规划管理专题评估指示板

（4）遗产保护

在遗产保护专题的评估中，得分较高的城市往往具有较大的少数民族聚集区，主要分布在我国的中部和西部地区（表2.26）。这些地区高度重视对自然资源和民俗文化的保护，采取以保护为主导的经济发展模式，有效地维护了当地的自然景观和人文遗产。

参评城市中有78个城市在遗产保护专题的表现为红色或橙色，仅有四个城市（林芝、巴音郭楞蒙古自治州、白山、黄山）表现为绿色，其余城市表现为黄色（图2.52至图2.54），说明多数城市在城市追求经济发展的同时较为忽视对遗产的有效保护和利用，需要在遗产保护方面采取积极行动，守护自然和文化遗产，提升相关指标得分。2023年，没有一个地级市在指标“每万人非物质文化遗产数量”表现中评级为绿色，非

参评地级市遗产保护专题前十位及得分　表2.26

排名	城市	得分
1	林芝	72.39
2	巴音郭楞蒙古自治州	67.72
3	白山	67.56
4	黄山	66.75
5	三明	64.34
6	鄂尔多斯	63.16
7	本溪	62.70
8	酒泉	61.92
9	龙岩	60.73
10	南平	59.42

物质文化遗产是中华优秀传统文化的重要组成部分，是中国各族人民宝贵的精神财富，体现着中华文明5000多年的继往开来，需要继续重视其系统性保护、传承与发展。

参评城市	每万人国家A级景区数量	每万人非物质文化遗产数量	自然保护地比例	专题评估
巴音郭楞蒙古自治州	●	●	●	●
包头	●	●	●	●
宝鸡	●	●	●	●
本溪	●	●	●	●
昌吉回族自治州	●	●	●	●
长治	●	●	●	●
常州	●	●	●	●
大庆	●	●	●	●
德阳	●	●	●	●
东莞	●	●	●	●
东营	●	●	●	●
鄂尔多斯	●	●	●	●
佛山	●	●	●	●
海西蒙古族藏族自治州	●	●	●	●
鹤壁	●	●	●	●
湖州	●	●	●	●
黄山	●	●	●	●
嘉兴	●	●	●	●
江门	●	●	●	●
金华	●	●	●	●
晋城	●	●	●	●
荆门	●	●	●	●
酒泉	●	●	●	●
克拉玛依	●	●	●	●
乐山	●	●	●	●
丽水	●	●	●	●
连云港	●	●	●	●
林芝	●	●	●	●
龙岩	●	●	●	●
洛阳	●	●	●	●
南平	●	●	●	●
南通	●	●	●	●
泉州	●	●	●	●
日照	●	●	●	●
三明	●	●	●	●
绍兴	●	●	●	●
朔州	●	●	●	●
苏州	●	●	●	●
宿迁	●	●	●	●
台州	●	●	●	●
唐山	●	●	●	●
铜陵	●	●	●	●
潍坊	●	●	●	●
无锡	●	●	●	●
湘潭	●	●	●	●
襄阳	●	●	●	●
徐州	●	●	●	●
许昌	●	●	●	●
烟台	●	●	●	●

参评城市	每万人国家A级景区数量	每万人非物质文化遗产数量	自然保护地比例	专题评估
盐城	●	●	●	●
阳泉	●	●	●	●
宜昌	●	●	●	●
鹰潭	●	●	●	●
榆林	●	●	●	●
岳阳	●	●	●	●
漳州	●	●	●	●
株洲	●	●	●	●
淄博	●	●	●	●

图2.52　一类地级市遗产保护专题评估指示板

参评城市	每万人国家A级景区数量	每万人非物质文化遗产数量	自然保护地比例	专题评估
安阳	●	●	●	●
白山	●	●	●	●
郴州	●	●	●	●
承德	●	●	●	●
赤峰	●	●	●	●
德州	●	●	●	●
抚州	●	●	●	●
赣州	●	●	●	●
广安	●	●	●	●
桂林	●	●	●	●
海南藏族自治州	●	●	●	●
邯郸	●	●	●	●
呼伦贝尔	●	●	●	●
淮北	●	●	●	●
淮南	●	●	●	●
黄冈	●	●	●	●
吉安	●	●	●	●
焦作	●	●	●	●
晋中	●	●	●	●
廊坊	●	●	●	●
丽江	●	●	●	●

参评城市	每万人国家A级景区数量	每万人非物质文化遗产数量	自然保护地比例	专题评估
辽源	●	●	●	●
临沧	●	●	●	●
临沂	●	●	●	●
泸州	●	●	●	●
眉山	●	●	●	●
牡丹江	●	●	●	●
南阳	●	●	●	●
平顶山	●	●	●	●
濮阳	●	●	●	●
黔南布依族苗族自治州	●	●	●	●
曲靖	●	●	●	●
上饶	●	●	●	●
韶关	●	●	●	●
邵阳	●	●	●	●
渭南	●	●	●	●
信阳	●	●	●	●
营口	●	●	●	●
云浮	●	●	●	●
枣庄	●	●	●	●
中卫	●	●	●	●
遵义	●	●	●	●

图2.53　二类地级市遗产保护专题评估指示板

参评城市	每万人国家A级景区数量	每万人非物质文化遗产数量	自然保护地比例	专题评估
毕节	●	●	●	●
固原	●	●	●	●
梅州	●	●	●	●
四平	●	●	●	●
绥化	●	●	●	●
天水	●	●	●	●
铁岭	●	●	●	●

图2.54　三类地级市遗产保护专题评估指示板

（5）防灾减灾

在地级市防灾减灾专题评估中，排名前十的城市大多分布在中东部地区，包含一、二类地级市（表2.27）。参评城市中有2个城市（克拉玛依、海南藏族自治州）表现为红色，8个城市在防灾减灾专题的表现为黄色，其余城市均表现为绿色，专题整体表现较好。我国自然灾害种类繁多、频次较高，城市应建立防灾减灾的长效机制，确保各项防灾减灾救灾工作的持续性和稳定性。

参评地级市防灾减灾专题前十位及得分　表2.27

排名	城市	得分
1	徐州	100.00
2	唐山	100.00
3	盐城	99.74
4	常州	99.16
5	岳阳	98.65
6	曲靖	98.40
7	廊坊	98.06
8	连云港	97.85
9	株洲	97.15
10	宝鸡	96.77

从指示板（图2.55至图2.57）中看出，参评城市的水利、环境和公共设施管理投入水平指标表现较为薄弱，在有数据的地级市中有38个城市表现为红色或橙色，城市应增加对该领域的财政预算，调整和优化投资结构，确保资金投向最需要的领域，提高投资的效率和效益。在碳排放方面表现较好，参评城市中有99个城市在指标“单位GDP碳排放”和“人均碳排放”中表现为绿色，仅有2个城市（海南藏族自治州和固原市）在“单位GDP碳排放”指标表现为红色或橙色。“单位GDP碳排放”和“人均碳排放”两项指标是反映城市碳排放的核心指标，两项指标的良好表现说明各地级市积极响应我国提出的“双碳”目标，努力实现低碳、可持续的城市发展。

参评城市	水利、环境和公共设施管理投入水平	单位GDP碳排放	人均碳排放	专题评估
巴音郭楞蒙古自治州	●	●	●	●
包头	●	●	●	●
宝鸡	●	●	●	●
本溪	●	●	●	●
昌吉回族自治州	●	●	●	●
长治	●	●	●	●
常州	●	●	●	●
大庆	●	●	●	●
德阳	●	●	●	●
东莞	●	●	●	●
东营	●	●	●	●
鄂尔多斯	●	●	●	●
佛山	●	●	●	●
海西蒙古族藏族自治州	●	●	●	●
鹤壁	●	●	●	●
湖州	●	●	●	●
黄山	●	●	●	●
嘉兴	●	●	●	●
江门	●	●	●	●
金华	●	●	●	●
晋城	●	●	●	●
荆门	●	●	●	●
酒泉	●	●	●	●
克拉玛依	●	●	●	●
乐山	●	●	●	●
丽水	●	●	●	●
连云港	●	●	●	●
林芝	●	●	●	●
龙岩	●	●	●	●

参评城市	水利、环境和公共设施管理投入水平	单位GDP碳排放	人均碳排放	专题评估
洛阳	●	●	●	●
南平	●	●	●	●
南通	●	●	●	●
泉州	●	●	●	●
日照	●	●	●	●
三明	●	●	●	●
绍兴	●	●	●	●
朔州	●	●	●	●
苏州	●	●	●	●
宿迁	●	●	●	●
台州	●	●	●	●
唐山	●	●	●	●
铜陵	●	●	●	●
潍坊	●	●	●	●
无锡	●	●	●	●
湘潭	●	●	●	●
襄阳	●	●	●	●
徐州	●	●	●	●
许昌	●	●	●	●
烟台	●	●	●	●
盐城	●	●	●	●
阳泉	●	●	●	●
宜昌	●	●	●	●
鹰潭	●	●	●	●
榆林	●	●	●	●
岳阳	●	●	●	●
漳州	●	●	●	●
株洲	●	●	●	●
淄博	●	●	●	●

图2.55　一类地级市防灾减灾专题指示板

参评城市	水利、环境和公共设施管理投入水平	单位GDP碳排放	人均碳排放	专题评估
安阳	●	●	●	●
白山	●	●	●	●
郴州	●	●	●	●
承德	●	●	●	●
赤峰	●	●	●	●
德州	●	●	●	●
抚州	●	●	●	●
赣州	●	●	●	●
广安	●	●	●	●
桂林	●	●	●	●
海南藏族自治州	●	●	●	●
邯郸	●	●	●	●
呼伦贝尔	●	●	●	●
淮北	●	●	●	●
淮南	●	●	●	●
黄冈	●	●	●	●
吉安	●	●	●	●
焦作	●	●	●	●
晋中	●	●	●	●
廊坊	●	●	●	●
丽江	●	●	●	●
辽源	●	●	●	●
临沧	●	●	●	●
临沂	●	●	●	●
泸州	●	●	●	●
眉山	●	●	●	●
牡丹江	●	●	●	●
南阳	●	●	●	●
平顶山	●	●	●	●
濮阳	●	●	●	●
黔南布依族苗族自治州	●	●	●	●
曲靖	●	●	●	●
上饶	●	●	●	●
韶关	●	●	●	●

参评城市	水利、环境和公共设施管理投入水平	单位GDP碳排放	人均碳排放	专题评估
邵阳	●	●	●	●
渭南	●	●	●	●
信阳	●	●	●	●
营口	●	●	●	●
云浮	●	●	●	●
枣庄	●	●	●	●
中卫	●	●	●	●
遵义	●	●	●	●

图2.56　二类地级市防灾减灾专题指示板

参评城市	水利、环境和公共设施管理投入水平	单位GDP碳排放	人均碳排放	专题评估
毕节	●	●	●	●
固原	●	●	●	●
梅州	●	●	●	●
四平	●	●	●	●
绥化	●	●	●	●
天水	●	●	●	●
铁岭	●	●	●	●

图2.57　三类地级市防灾减灾专题指示板

（6）环境改善

环境改善专题排名前十位的城市包含6个一类城市、3个二类城市和1个三类城市（梅州）（表2.28）。环境改善专题排名最高的是林芝市，排名较2022年上升3名，梅州市和黔南布依族苗族自治州该专题的得分进步较大，2023年分别排名第4和第5。环境改善是实现城市可持续发展的关键，对确保资源的合理利用和生态系统的平衡具有重要作用。

参评地级市环境改善专题前十位及得分　表2.28

排名	城市	得分
1	林芝	94.70
2	丽水	94.37
3	南平	94.34
4	梅州	93.79
5	黔南布依族苗族自治州	92.87
6	黄山	92.50
7	鹰潭	92.35
8	赣州	92.32
9	台州	92.20
10	桂林	91.89

参评地级市在环境改善专题整体表现优良，仅巴音郭楞蒙古自治州表现为红色，昌吉回族自治州的表现为橙色，（图2.58至图2.60）。“生态环境状况指数”是制约大多数城市环境改善专题表现的指标，参评城市中有39个城市表现为红色或橙色，主要集中在一类城市中；该专题下的其余指标表现相对较好，大部分城市表现为绿色。随着我国的发展，我国社会主要矛盾已经转化为人民日益增长的美好生活需要和不平衡不充分的发展之间的矛盾，人民对于生态环境的要求逐渐提高，应始终坚持“绿水青山就是金山银山”的理念，能够帮助城市有效推动经济社会发展与生态环境保护的协调统一，不仅使城市形象有所提升，还能为居民提供更加健康和宜居的生活环境。

参评城市	城市空气质量优良天数比率	生活垃圾无害化处理率	生态环境状况指数	地表水水质优良比例	城市污水处理率	年均 $PM_{2.5}$ 浓度	专题评估
巴音郭楞蒙古自治州	●	●	●	●	●	●	●
包头	●	●	●	●	●	●	●
宝鸡	●	●	●	●	●	●	●
本溪	●	●	●	●	●	●	●
昌吉回族自治州	●	●	●	●	●	●	●
长治	●	●	●	●	●	●	●
常州	●	●	●	●	●	●	●
大庆	●	●	●	●	●	●	●
德阳	●	●	●	●	●	●	●
东莞	●	●	●	●	●	●	●
东营	●	●	●	●	●	●	●
鄂尔多斯	●	●	●	●	●	●	●
佛山	●	●	●	●	●	●	●
海西蒙古族藏族自治州	●	●	●	●	●	●	●
鹤壁	●	●	●	●	●	●	●
湖州	●	●	●	●	●	●	●
黄山	●	●	●	●	●	●	●
嘉兴	●	●	●	●	●	●	●
江门	●	●	●	●	●	●	●
金华	●	●	●	●	●	●	●
晋城	●	●	●	●	●	●	●
荆门	●	●	●	●	●	●	●
酒泉	●	●	●	●	●	●	●
克拉玛依	●	●	●	●	●	●	●
乐山	●	●	●	●	●	●	●
丽水	●	●	●	●	●	●	●
连云港	●	●	●	●	●	●	●
林芝	●	●	●	●	●	●	●
龙岩	●	●	●	●	●	●	●
洛阳	●	●	●	●	●	●	●
南平	●	●	●	●	●	●	●
南通	●	●	●	●	●	●	●
泉州	●	●	●	●	●	●	●
日照	●	●	●	●	●	●	●

参评城市	城市空气质量优良天数比率	生活垃圾无害化处理率	生态环境状况指数	地表水水质优良比例	城市污水处理率	年均 $PM_{2.5}$ 浓度	专题评估
三明	●	●	●	●	●	●	●
绍兴	●	●	●	●	●	●	●
朔州	●	●	●	●	●	●	●
苏州	●	●	●	●	●	●	●
宿迁	●	●	●	●	●	●	●
台州	●	●	●	●	●	●	●
唐山	●	●	●	●	●	●	●
铜陵	●	●	●	●	●	●	●
潍坊	●	●	●	●	●	●	●
无锡	●	●	●	●	●	●	●
湘潭	●	●	●	●	●	●	●
襄阳	●	●	●	●	●	●	●
徐州	●	●	●	●	●	●	●
许昌	●	●	●	●	●	●	●
烟台	●	●	●	●	●	●	●
盐城	●	●	●	●	●	●	●
阳泉	●	●	●	●	●	●	●
宜昌	●	●	●	●	●	●	●
鹰潭	●	●	●	●	●	●	●
榆林	●	●	●	●	●	●	●
岳阳	●	●	●	●	●	●	●
漳州	●	●	●	●	●	●	●
株洲	●	●	●	●	●	●	●
淄博	●	●	●	●	●	●	●

图2.58　一类地级市环境改善专题评估指示板

参评城市	城市空气质量优良天数比率	生活垃圾无害化处理率	生态环境状况指数	地表水水质优良比例	城市污水处理率	年均 $PM_{2.5}$ 浓度	专题评估
安阳	●	●	●	●	●	●	●
白山	●	●	●	●	●	●	●
郴州	●	●	●	●	●	●	●
承德	●	●	●	●	●	●	●
赤峰	●	●	●	●	●	●	●
德州	●	●	●	●	●	●	●
抚州	●	●	●	●	●	●	●
赣州	●	●	●	●	●	●	●

参评城市	城市空气质量优良天数比率	生活垃圾无害化处理率	生态环境状况指数	地表水水质优良比例	城市污水处理率	年均$PM_{2.5}$浓度	专题评估
广安	●	●	●	●	●	●	●
桂林	●	●	●	●	●	●	●
海南藏族自治州	●	●	●	●	●	●	●
邯郸	●	●	●	●	●	●	●
呼伦贝尔	●	●	●	●	●	●	●
淮北	●	●	●	●	●	●	●
淮南	●	●	●	●	●	●	●
黄冈	●	●	●	●	●	●	●
吉安	●	●	●	●	●	●	●
焦作	●	●	●	●	●	●	●
晋中	●	●	●	●	●	●	●
廊坊	●	●	●	●	●	●	●
丽江	●	●	●	●	●	●	●
辽源	●	●	●	●	●	●	●
临沧	●	●	●	●	●	●	●
临沂	●	●	●	●	●	●	●
泸州	●	●	●	●	●	●	●
眉山	●	●	●	●	●	●	●
牡丹江	●	●	●	●	●	●	●
南阳	●	●	●	●	●	●	●
平顶山	●	●	●	●	●	●	●
濮阳	●	●	●	●	●	●	●
黔南布依族苗族自治州	●	●	●	●	●	●	●
曲靖	●	●	●	●	●	●	●
上饶	●	●	●	●	●	●	●
韶关	●	●	●	●	●	●	●
邵阳	●	●	●	●	●	●	●
渭南	●	●	●	●	●	●	●
信阳	●	●	●	●	●	●	●
营口	●	●	●	●	●	●	●
云浮	●	●	●	●	●	●	●
枣庄	●	●	●	●	●	●	●
中卫	●	●	●	●	●	●	●
遵义	●	●	●	●	●	●	●

图 2.59　二类地级市环境改善专题评估指示板

参评城市	城市空气质量优良天数比率	生活垃圾无害化处理率	生态环境状况指数	地表水水质优良比例	城市污水处理率	年均$PM_{2.5}$浓度	专题评估
毕节	●	●	●	●	●	●	●
固原	●	●	●	●	●	●	●
梅州	●	●	●	●	●	●	●
四平	●	●	●	●	●	●	●
绥化	●	●	●	●	●	●	●
天水	●	●	●	●	●	●	●
铁岭	●	●	●	●	●	●	●

图2.60　三类地级市环境改善专题评估指示板

（7）公共空间

在公共空间专题的评估中，得分排名前十的地级市地域分布较为广泛（表2.29）。人口密度较高的城市，由于常住人口数量较多，人均公共空间资源分配相对紧张，导致人均指标数值偏低，这些城市的公共空间供给与居民需求之间的矛盾较为突出，表现较为薄弱。

参评地级市公共空间专题前十位及得分　表2.29

排名	城市	得分
1	林芝	89.39
2	上饶	88.10
3	鄂尔多斯	84.72
4	固原	82.69
5	东营	82.51
6	抚州	81.18
7	德州	80.11
8	赣州	80.05
9	鹤壁	79.29
10	淮南	77.39

参评城市中没有城市面临严峻挑战，表现为红色，有5个城市在公共空间专题评估中面临较大挑战，表现为橙色，分属于二类和三类城市（图2.61至图2.63）。制约地级市公共空间专题表现的主要指标为“人均公园绿地面积”，尽管较2022年有明显提升，但仍需给予一定关注，如何应对城市人口增长带来的公共绿地不足需要关注。构建城市绿地系统，确保绿地的连续性和网络化，可以有效提升建成区绿地面积，改善居民的生活环境。

参评城市	人均公园绿地面积	建成区绿地率	专题评估
巴音郭楞蒙古自治州	●	●	●
包头	●	●	●
宝鸡	●	●	●
本溪	●	●	●
昌吉回族自治州	●	●	●
长治	●	●	●
常州	●	●	●
大庆	●	●	●
德阳	●	●	●
东莞	●	●	●
东营	●	●	●
鄂尔多斯	●	●	●
佛山	●	●	●
海西蒙古族藏族自治州	●	●	●
鹤壁	●	●	●
湖州	●	●	●
黄山	●	●	●

参评城市	人均公园绿地面积	建成区绿地率	专题评估
嘉兴	●	●	●
江门	●	●	●
金华	●	●	●
晋城	●	●	●
荆门	●	●	●
酒泉	●	●	●
克拉玛依	●	●	●
乐山	●	●	●
丽水	●	●	●
连云港	●	●	●
林芝	●	●	●
龙岩	●	●	●
洛阳	●	●	●
南平	●	●	●
南通	●	●	●
泉州	●	●	●
日照	●	●	●
三明	●	●	●
绍兴	●	●	●
朔州	●	●	●
苏州	●	●	●
宿迁	●	●	●
台州	●	●	●
唐山	●	●	●
铜陵	●	●	●
潍坊	●	●	●
无锡	●	●	●
湘潭	●	●	●
襄阳	●	●	●
徐州	●	●	●
许昌	●	●	●
烟台	●	●	●
盐城	●	●	●
阳泉	●	●	●
宜昌	●	●	●
鹰潭	●	●	●
榆林	●	●	●
岳阳	●	●	●
漳州	●	●	●
株洲	●	●	●
淄博	●	●	●

图2.61　一类地级市公共空间专题评估指示板

参评城市	人均公园绿地面积	建成区绿地率	专题评估
安阳	●	●	●
白山	●	●	●
郴州	●	●	●
承德	●	●	●
赤峰	●	●	●
德州	●	●	●
抚州	●	●	●
赣州	●	●	●
广安	●	●	●
桂林	●	●	●
海南藏族自治州	●	●	●
邯郸	●	●	●
呼伦贝尔	●	●	●
淮北	●	●	●
淮南	●	●	●
黄冈	●	●	●
吉安	●	●	●
焦作	●	●	●
晋中	●	●	●
廊坊	●	●	●
丽江	●	●	●
辽源	●	●	●
临沧	●	●	●
临沂	●	●	●
泸州	●	●	●
眉山	●	●	●
牡丹江	●	●	●

参评城市	人均公园绿地面积	建成区绿地率	专题评估
南阳	●	●	●
平顶山	●	●	●
濮阳	●	●	●
黔南布依族苗族自治州	●	●	●
曲靖	●	●	●
上饶	●	●	●
韶关	●	●	●
邵阳	●	●	●
渭南	●	●	●
信阳	●	●	●
营口	●	●	●
云浮	●	●	●
枣庄	●	●	●
中卫	●	●	●
遵义	●	●	●

图2.62　二类地级市公共空间专题评估指示板

参评城市	人均公园绿地面积	建成区绿地率	专题评估
毕节	●	●	●
固原	●	●	●
梅州	●	●	●
四平	●	●	●
绥化	●	●	●
天水	●	●	●
铁岭	●	●	●

图2.63　三类地级市公共空间专题评估指示板

2.4.2 近八年地级市变化趋势分析

2.4.2.1 总体情况

参评城市中有超过八成的地级市表现为步入正轨，有望在2030年实现指示板绿色水平，其余城市在实现2030年目标上具有一定困难。这表明我国在地级市层面整体有实现2030年SDG11相关目标的态势，这不仅需要现在步入正轨的城市保持现有发展态势，而且需要其他改善、停滞以及下降状态的城市及时调整发展策略，优化资源配置，在城市人居环境改善方面尽快取得突破，实现所有城市“不掉队”。

（1）一类地级市

在一类地级市中（图2.64），八年来指示板整体以黄色为主，即距离实现SDG11存在一定差距，且大多数城市近年来分数变化较小。林芝、黄山、酒泉、龙岩、南平、岳阳和株洲7座城市表现较好，指示板常年表现为绿色或近三年为绿色，且稳定保持在步入正轨的发展态势。昌吉回族自治州和榆林表现相对较差，指示板表现常年为橙色，但已经步入正轨的发展态势。从发展趋势来看，有52个城市的发展趋势已经步入正轨，占一类地级市的89.66%，预计在2030年指示板颜色评估为绿色，能够实现SDG11；有3个城市表现为适度改善（嘉兴、朔州、潍坊），2个城市的实现趋势均为停滞（克拉玛依、东莞）；1个城市表现为下降趋势（泉州）。一类地级市2016—2023年落实SDG11得分及排名见附表2.4。

参评城市	2016	2017	2018	2019	2020	2021	2022	2023	实现趋势
巴音郭楞蒙古自治州	●	●	●	●	●	●	●	●	↑
包头	●	●	●	●	●	●	●	●	↑
宝鸡	●	●	●	●	●	●	●	●	↑
本溪	●	●	●	●	●	●	●	●	↑
昌吉回族自治州	●	●	●	●	●	●	●	●	↑
长治	●	●	●	●	●	●	●	●	↑
常州	●	●	●	●	●	●	●	●	↑
大庆	●	●	●	●	●	●	●	●	↑
德阳	●	●	●	●	●	●	●	●	↑
东莞	●	●	●	●	●	●	●	●	→
东营	●	●	●	●	●	●	●	●	↑
鄂尔多斯	●	●	●	●	●	●	●	●	↑
佛山	●	●	●	●	●	●	●	●	↑
海西蒙古族藏族自治州	●	●	●	●	●	●	●	●	↑
鹤壁	●	●	●	●	●	●	●	●	↑
湖州	●	●	●	●	●	●	●	●	↑
黄山	●	●	●	●	●	●	●	●	↑
嘉兴	●	●	●	●	●	●	●	●	↗
江门	●	●	●	●	●	●	●	●	↑
金华	●	●	●	●	●	●	●	●	↑
晋城	●	●	●	●	●	●	●	●	↑
荆门	●	●	●	●	●	●	●	●	↑
酒泉	●	●	●	●	●	●	●	●	↑
克拉玛依	●	●	●	●	●	●	●	●	→
乐山	●	●	●	●	●	●	●	●	↑
丽水	●	●	●	●	●	●	●	●	↑
连云港	●	●	●	●	●	●	●	●	↑
林芝	●	●	●	●	●	●	●	●	↑
龙岩	●	●	●	●	●	●	●	●	↑
洛阳	●	●	●	●	●	●	●	●	↑
南平	●	●	●	●	●	●	●	●	↑
南通	●	●	●	●	●	●	●	●	↑
泉州	●	●	●	●	●	●	●	●	↓
日照	●	●	●	●	●	●	●	●	↑
三明	●	●	●	●	●	●	●	●	↑

参评城市	2016	2017	2018	2019	2020	2021	2022	2023	实现趋势
绍兴	●	●	●	●	●	●	●	●	↑
朔州	●	●	●	●	●	●	●	●	↗
苏州	●	●	●	●	●	●	●	●	↑
宿迁	●	●	●	●	●	●	●	●	↑
台州	●	●	●	●	●	●	●	●	↑
唐山	●	●	●	●	●	●	●	●	↑
铜陵	●	●	●	●	●	●	●	●	↑
潍坊	●	●	●	●	●	●	●	●	↗
无锡	●	●	●	●	●	●	●	●	↑
湘潭	●	●	●	●	●	●	●	●	↑
襄阳	●	●	●	●	●	●	●	●	↑
徐州	●	●	●	●	●	●	●	●	↑
许昌	●	●	●	●	●	●	●	●	↑
烟台	●	●	●	●	●	●	●	●	↑
盐城	●	●	●	●	●	●	●	●	↑
阳泉	●	●	●	●	●	●	●	●	↑
宜昌	●	●	●	●	●	●	●	●	↑
鹰潭	●	●	●	●	●	●	●	●	↑
榆林	●	●	●	●	●	●	●	●	↑
岳阳	●	●	●	●	●	●	●	●	↑
漳州	●	●	●	●	●	●	●	●	↑
株洲	●	●	●	●	●	●	●	●	↑
淄博	●	●	●	●	●	●	●	●	↑

图2.64　一类地级市2016—2023年落实SDG11指示板及实现趋势

（2）二类地级市

在二类地级市中（图2.65），指示板颜色同样以黄色居多。仅郴州连续6年显示为绿色，实现SDG11的趋势表现优良；抚州、泸州、白山、吉安、黔南布依族苗族自治州和上饶6座城市表现较为突出，连续3年及以上评级为绿色；晋中、营口在二类地级市中表现较差，连续五年及以上呈现橙色，但已经步入正轨的发展态势。从实现趋势来看，有37个城市步入正轨，占二类地级市的88.1%；有3个城市表现为适度改善（安阳、淮北、枣庄），临沧的实现趋势表现为停滞；海南藏族自治州表现为下降趋势。二类地级市2016—2023年落实SDG11得分及排名见附表2.5。

城市	2016	2017	2018	2019	2020	2021	2022	2023	实现趋势
安阳	●	●	●	●	●	●	●	●	↗
白山	●	●	●	●	●	●	●	●	↑
郴州	●	●	●	●	●	●	●	●	↑
承德	●	●	●	●	●	●	●	●	↑
赤峰	●	●	●	●	●	●	●	●	↑
德州	●	●	●	●	●	●	●	●	↑
抚州	●	●	●	●	●	●	●	●	↑
赣州	●	●	●	●	●	●	●	●	↑
广安	●	●	●	●	●	●	●	●	↑
桂林	●	●	●	●	●	●	●	●	↑
海南藏族自治州	●	●	●	●	●	●	●	●	↓
邯郸	●	●	●	●	●	●	●	●	↑
呼伦贝尔	●	●	●	●	●	●	●	●	↑
淮北	●	●	●	●	●	●	●	●	↗
淮南	●	●	●	●	●	●	●	●	↑
黄冈	●	●	●	●	●	●	●	●	↑
吉安	●	●	●	●	●	●	●	●	↑
焦作	●	●	●	●	●	●	●	●	↑
晋中	●	●	●	●	●	●	●	●	↑
廊坊	●	●	●	●	●	●	●	●	↑
丽江	●	●	●	●	●	●	●	●	↑
辽源	●	●	●	●	●	●	●	●	↑
临沧	●	●	●	●	●	●	●	●	→
临沂	●	●	●	●	●	●	●	●	↑
泸州	●	●	●	●	●	●	●	●	↑
眉山	●	●	●	●	●	●	●	●	↑
牡丹江	●	●	●	●	●	●	●	●	↑
南阳	●	●	●	●	●	●	●	●	↑
平顶山	●	●	●	●	●	●	●	●	↑
濮阳	●	●	●	●	●	●	●	●	↑
黔南布依族苗族自治州	●	●	●	●	●	●	●	●	↑
曲靖	●	●	●	●	●	●	●	●	↑
上饶	●	●	●	●	●	●	●	●	↑
韶关	●	●	●	●	●	●	●	●	↑
邵阳	●	●	●	●	●	●	●	●	↑
渭南	●	●	●	●	●	●	●	●	↑

城市	2016	2017	2018	2019	2020	2021	2022	2023	实现趋势
信阳	●	●	●	●	●	●	●	●	↑
营口	●	●	●	●	●	●	●	●	↑
云浮	●	●	●	●	●	●	●	●	↑
枣庄	●	●	●	●	●	●	●	●	↗
中卫	●	●	●	●	●	●	●	●	↑
遵义	●	●	●	●	●	●	●	●	↑

图2.65　二类地级市2016—2023年落实SDG11指示板及实现趋势

（3）三类地级市

在三类地级市中（图2.66），指示板颜色主要以橙色和黄色为主。从实现趋势来看，除毕节和四平外，其他三类地级市的实现趋势均步入正轨，拥有良好的实现SDG11的前景。三类地级市2016—2023年落实SDG11得分及排名见附表2.6。

城市	2016	2017	2018	2019	2020	2021	2022	2023	实现趋势
毕节	●	●	●	●	●	●	●	●	↓
固原	●	●	●	●	●	●	●	●	↑
梅州	●	●	●	●	●	●	●	●	↑
四平	●	●	●	●	●	●	●	●	↗
绥化	●	●	●	●	●	●	●	●	↑
天水	●	●	●	●	●	●	●	●	↑
铁岭	●	●	●	●	●	●	●	●	↑

图2.66　三类地级市2016—2023年落实SDG11指示板及实现趋势

2.4.2.2 各专题情况

（1）住房保障

2016—2023年，一类地级市在住房保障专题整体表现以橙色和黄色为主（图2.67），进步最大的城市为岳阳，指示板由黄色转变为绿色，并连续7年保持绿色；2023年有17个城市表现为绿色，相比2016年的22个有所下降。随着城市的发展，应注意住房保障方面的恶化趋势。

二类地级市住房保障专题整体表现以绿色和黄色为主（图2.68）。从发展趋势来看，云浮的得分进步最大，评级由黄色进步为绿色；廊坊在该专题内的表现最差，在2017—2022年连续六年指示板表现为红色，仅在2023年有了一定改善，变为橙色。

三类地级市住房保障专题整体表现较为稳定，未出现明显的变化趋势，评级以绿色为主（图2.69）。其中，绥化表现最好，指示板连续八年为绿色；天水表现相对较弱，但呈现改善之势。

各类地级市2016—2023年住房保障专题得分及排名见附表2.7至附表2.9。

参评城市	2016	2017	2018	2019	2020	2021	2022	2023
巴音郭楞蒙古自治州	●	●	●	●	●	●	●	●
包头	●	●	●	●	●	●	●	●
宝鸡	●	●	●	●	●	●	●	●
本溪	●	●	●	●	●	●	●	●
昌吉回族自治州	●	●	●	●	●	●	●	●
长治	●	●	●	●	●	●	●	●
常州	●	●	●	●	●	●	●	●
大庆	●	●	●	●	●	●	●	●
德阳	●	●	●	●	●	●	●	●
东莞	●	●	●	●	●	●	●	●
东营	●	●	●	●	●	●	●	●
鄂尔多斯	●	●	●	●	●	●	●	●
佛山	●	●	●	●	●	●	●	●
海西蒙古族藏族自治州	●	●	●	●	●	●	●	●
鹤壁	●	●	●	●	●	●	●	●
湖州	●	●	●	●	●	●	●	●
黄山	●	●	●	●	●	●	●	●
嘉兴	●	●	●	●	●	●	●	●
江门	●	●	●	●	●	●	●	●
金华	●	●	●	●	●	●	●	●
晋城	●	●	●	●	●	●	●	●
荆门	●	●	●	●	●	●	●	●
酒泉	●	●	●	●	●	●	●	●
克拉玛依	●	●	●	●	●	●	●	●
乐山	●	●	●	●	●	●	●	●
丽水	●	●	●	●	●	●	●	●
连云港	●	●	●	●	●	●	●	●
林芝	●	●	●	●	●	●	●	●
龙岩	●	●	●	●	●	●	●	●
洛阳	●	●	●	●	●	●	●	●
南平	●	●	●	●	●	●	●	●
南通	●	●	●	●	●	●	●	●
泉州	●	●	●	●	●	●	●	●
日照	●	●	●	●	●	●	●	●
三明	●	●	●	●	●	●	●	●
绍兴	●	●	●	●	●	●	●	●
朔州	●	●	●	●	●	●	●	●

参评城市	2016	2017	2018	2019	2020	2021	2022	2023
苏州	●	●	●	●	●	●	●	●
宿迁	●	●	●	●	●	●	●	●
台州	●	●	●	●	●	●	●	●
唐山	●	●	●	●	●	●	●	●
铜陵	●	●	●	●	●	●	●	●
潍坊	●	●	●	●	●	●	●	●
无锡	●	●	●	●	●	●	●	●
湘潭	●	●	●	●	●	●	●	●
襄阳	●	●	●	●	●	●	●	●
徐州	●	●	●	●	●	●	●	●
许昌	●	●	●	●	●	●	●	●
烟台	●	●	●	●	●	●	●	●
盐城	●	●	●	●	●	●	●	●
阳泉	●	●	●	●	●	●	●	●
宜昌	●	●	●	●	●	●	●	●
鹰潭	●	●	●	●	●	●	●	●
榆林	●	●	●	●	●	●	●	●
岳阳	●	●	●	●	●	●	●	●
漳州	●	●	●	●	●	●	●	●
株洲	●	●	●	●	●	●	●	●
淄博	●	●	●	●	●	●	●	●

图2.67 一类地级市2016—2023年住房保障专题指示板

城市	2016	2017	2018	2019	2020	2021	2022	2023
安阳	●	●	●	●	●	●	●	●
白山	●	●	●	●	●	●	●	●
郴州	●	●	●	●	●	●	●	●
承德	●	●	●	●	●	●	●	●
赤峰	●	●	●	●	●	●	●	●
德州	●	●	●	●	●	●	●	●
抚州	●	●	●	●	●	●	●	●
赣州	●	●	●	●	●	●	●	●
广安	●	●	●	●	●	●	●	●
桂林	●	●	●	●	●	●	●	●
海南藏族自治州	●	●	●	●	●	●	●	●
邯郸	●	●	●	●	●	●	●	●

城市	2016	2017	2018	2019	2020	2021	2022	2023
呼伦贝尔	●	●	●	●	●	●	●	●
淮北	●	●	●	●	●	●	●	●
淮南	●	●	●	●	●	●	●	●
黄冈	●	●	●	●	●	●	●	●
吉安	●	●	●	●	●	●	●	●
焦作	●	●	●	●	●	●	●	●
晋中	●	●	●	●	●	●	●	●
廊坊	●	●	●	●	●	●	●	●
丽江	●	●	●	●	●	●	●	●
辽源	●	●	●	●	●	●	●	●
临沧	●	●	●	●	●	●	●	●
临沂	●	●	●	●	●	●	●	●
泸州	●	●	●	●	●	●	●	●
眉山	●	●	●	●	●	●	●	●
牡丹江	●	●	●	●	●	●	●	●
南阳	●	●	●	●	●	●	●	●
平顶山	●	●	●	●	●	●	●	●
濮阳	●	●	●	●	●	●	●	●
黔南布依族苗族自治州	●	●	●	●	●	●	●	●
曲靖	●	●	●	●	●	●	●	●
上饶	●	●	●	●	●	●	●	●
韶关	●	●	●	●	●	●	●	●
邵阳	●	●	●	●	●	●	●	●
渭南	●	●	●	●	●	●	●	●
信阳	●	●	●	●	●	●	●	●
营口	●	●	●	●	●	●	●	●
云浮	●	●	●	●	●	●	●	●
枣庄	●	●	●	●	●	●	●	●
中卫	●	●	●	●	●	●	●	●
遵义	●	●	●	●	●	●	●	●

图2.68　二类地级市2016—2023年住房保障专题指标板

城市	2016	2017	2018	2019	2020	2021	2022	2023
毕节	●	●	●	●	●	●	●	●
固原	●	●	●	●	●	●	●	●
梅州	●	●	●	●	●	●	●	●
四平	●	●	●	●	●	●	●	●
绥化	●	●	●	●	●	●	●	●
天水	●	●	●	●	●	●	●	●
铁岭	●	●	●	●	●	●	●	●

图2.69　三类地级市2016—2023年住房保障专题指示板

（2）公共交通

2016—2023年，一类地级市公共交通专题评估主要表现为黄色（图2.70）。海西蒙古族藏族自治州、南通、苏州、常州、唐山、徐州和株洲7个城市多年稳定为绿色，但是常州、唐山和株洲得分有下降的趋势，近两年指示板由绿色变为黄色；昌吉回族自治州、南平、三明、酒泉、许昌和林芝6个城市连续多年为橙色或红色，并且没有显著提升，表现较差。从整体上来看，一类地级市公共交通专题得分变化较小，多数城市的评分在稳步上升。

二类地级市八年间公共交通专题表现主要为黄色和橙色（图2.71）。对比2016年和2023的评分，很多城市（以德州、临沂和营口为例）公共交通专题得分显著提升。海南藏族自治州、郴州和邯郸整体水平相对保持良好，临沧和黔南布依族苗族自治州等得分下降明显，需要特别关注。

三类地级市近三年内没有城市表现为绿色（图2.72）。受财政压力等因素的影响，城市公共交通网络发展相比一、二类地级市较为落后，大多数城市得分变化幅度较小。其中天水的表现相对较好，指示板由2016年的橙色进步为黄色。

各类地级市2016—2023年公共交通专题得分及排名见附表2.10至2.12。

参评城市	2016	2017	2018	2019	2020	2021	2022	2023
巴音郭楞蒙古自治州	●	●	●	●	●	●	●	●
包头	●	●	●	●	●	●	●	●
宝鸡	●	●	●	●	●	●	●	●
本溪	●	●	●	●	●	●	●	●
昌吉回族自治州	●	●	●	●	●	●	●	●
长治	●	●	●	●	●	●	●	●
常州	●	●	●	●	●	●	●	●
大庆	●	●	●	●	●	●	●	●
德阳	●	●	●	●	●	●	●	●
东莞	●	●	●	●	●	●	●	●
东营	●	●	●	●	●	●	●	●

参评城市	2016	2017	2018	2019	2020	2021	2022	2023
鄂尔多斯	●	●	●	○	○	○	○	●
佛山	●	●	○	○	○	○	●	○
海西蒙古族藏族自治州	○	○	○	○	●	○	○	○
鹤壁	●	●	●	●	○	○	○	○
湖州	●	●	●	○	○	○	●	○
黄山	●	●	●	○	●	○	○	○
嘉兴	●	●	●	●	●	●	○	○
江门	●	●	●	○	○	○	○	○
金华	○	○	○	○	○	○	○	○
晋城	●	●	●	●	○	●	●	○
荆门	○	○	○	○	○	○	●	○
酒泉	●	●	●	●	●	●	●	○
克拉玛依	○	○	○	○	○	○	●	○
乐山	●	○	○	○	●	●	○	○
丽水	○	○	○	○	○	○	○	○
连云港	○	○	○	○	○	○	○	○
林芝	○	○	●	●	○	●	●	●
龙岩	●	●	●	●	●	●	○	○
洛阳	○	○	○	○	○	○	○	○
南平	●	●	●	●	●	●	●	●
南通	○	○	○	○	○	○	○	○
泉州	○	○	○	○	○	○	○	●
日照	○	○	○	○	○	○	●	○
三明	●	●	●	●	●	●	●	●
绍兴	●	●	●	○	○	●	●	○
朔州	○	○	○	○	○	●	●	●
苏州	○	○	○	○	○	○	○	○
宿迁	○	○	○	○	○	○	○	○
台州	●	●	●	○	○	○	●	●
唐山	○	○	○	○	○	○	○	○
铜陵	○	○	○	○	○	○	○	○
潍坊	●	●	○	○	○	○	●	●
无锡	○	○	○	○	○	○	○	○
湘潭	○	○	○	○	○	○	○	○
襄阳	○	○	○	○	○	○	○	○
徐州	○	○	○	○	○	○	○	○
许昌	●	●	●	●	●	●	●	○

参评城市	2016	2017	2018	2019	2020	2021	2022	2023
烟台	●	●	●	●	●	●	●	●
盐城	●	●	●	●	●	●	●	●
阳泉	●	●	●	●	●	●	●	●
宜昌	●	●	●	●	●	●	●	●
鹰潭	●	●	●	●	●	●	●	●
榆林	●	●	●	●	●	●	●	●
岳阳	●	●	●	●	●	●	●	●
漳州	●	●	●	●	●	●	●	●
株洲	●	●	●	●	●	●	●	●
淄博	●	●	●	●	●	●	●	●

图2.70　一类地级市2016—2023年公共交通专题指示板

城市	2016	2017	2018	2019	2020	2021	2022	2023
安阳	●	●	●	●	●	●	●	●
白山	●	●	●	●	●	●	●	●
郴州	●	●	●	●	●	●	●	●
承德	●	●	●	●	●	●	●	●
赤峰	●	●	●	●	●	●	●	●
德州	●	●	●	●	●	●	●	●
抚州	●	●	●	●	●	●	●	●
赣州	●	●	●	●	●	●	●	●
广安	●	●	●	●	●	●	●	●
桂林	●	●	●	●	●	●	●	●
海南藏族自治州	●	●	●	●	●	●	●	●
邯郸	●	●	●	●	●	●	●	●
呼伦贝尔	●	●	●	●	●	●	●	●
淮北	●	●	●	●	●	●	●	●
淮南	●	●	●	●	●	●	●	●
黄冈	●	●	●	●	●	●	●	●
吉安	●	●	●	●	●	●	●	●
焦作	●	●	●	●	●	●	●	●
晋中	●	●	●	●	●	●	●	●
廊坊	●	●	●	●	●	●	●	●
丽江	●	●	●	●	●	●	●	●
辽源	●	●	●	●	●	●	●	●
临沧	●	●	●	●	●	●	●	●

城市	2016	2017	2018	2019	2020	2021	2022	2023
临沂	●	●	●	●	●	●	●	●
泸州	●	●	●	●	●	●	●	●
眉山	●	●	●	●	●	●	●	●
牡丹江	●	●	●	●	●	●	●	●
南阳	●	●	●	●	●	●	●	●
平顶山	●	●	●	●	●	●	●	●
濮阳	●	●	●	●	●	●	●	●
黔南布依族苗族自治州	●	●	●	●	●	●	●	●
曲靖	●	●	●	●	●	●	●	●
上饶	●	●	●	●	●	●	●	●
韶关	●	●	●	●	●	●	●	●
邵阳	●	●	●	●	●	●	●	●
渭南	●	●	●	●	●	●	●	●
信阳	●	●	●	●	●	●	●	●
营口	●	●	●	●	●	●	●	●
云浮	●	●	●	●	●	●	●	●
枣庄	●	●	●	●	●	●	●	●
中卫	●	●	●	●	●	●	●	●
遵义	●	●	●	●	●	●	●	●

图2.71　二类地级市2016—2023年公共交通专题指示板

城市	2016	2017	2018	2019	2020	2021	2022	2023
毕节	●	●	●	●	●	●	●	●
固原	●	●	●	●	●	●	●	●
梅州	●	●	●	●	●	●	●	●
四平	●	●	●	●	●	●	●	●
绥化	●	●	●	●	●	●	●	●
天水	●	●	●	●	●	●	●	●
铁岭	●	●	●	●	●	●	●	●

图2.72　三类地级市2016—2023年公共交通专题指示板

（3）规划管理

2016—2023年，一类地级市在规划管理专题指示板主要呈现为绿色（图2.73），整体发展趋势向好，接近三分之一的城市连续六年及以上保持为绿色。昌吉回族自治州由2016年表现为橙色到2023年表现为绿色，有显著提升。

二类地级市在该专题表现良好（图2.74），呈现明显的上升趋势，仅3个城市分数出现波动，2023年得分低于2016年得分；八年来没有城市出现红色评级，仅有10个城市评级出现过橙色，有12个城市连续六年及以上保持绿色，其中广安、焦作、泸州、南阳、平顶山、枣庄始终表现为绿色。

三类地级市在规划管理专题指示板主要呈现为黄色，整体表现相对一类城市和二类城市较差，说明经济规模较小的城市规划管理水平普遍较弱，其中绥化、毕节和天水表现良好，由2016年表现为黄色或橙色转变为2022年及2023年连续两年保持绿色（图2.75）。

各类地级市2016—2023年规划管理专题得分及排名见附表2.13至2.15。

参评城市	2016	2017	2018	2019	2020	2021	2022	2023
巴音郭楞蒙古自治州	●	●	●	●	●	●	●	●
包头	●	●	●	●	●	●	●	●
宝鸡	●	●	●	●	●	●	●	●
本溪	●	●	●	●	●	●	●	●
昌吉回族自治州	●	●	●	●	●	●	●	●
长治	●	●	●	●	●	●	●	●
常州	●	●	●	●	●	●	●	●
大庆	●	●	●	●	●	●	●	●
德阳	●	●	●	●	●	●	●	●
东莞	●	●	●	●	●	●	●	●
东营	●	●	●	●	●	●	●	●
鄂尔多斯	●	●	●	●	●	●	●	●
佛山	●	●	●	●	●	●	●	●
海西蒙古族藏族自治州	●	●	●	●	●	●	●	●
鹤壁	●	●	●	●	●	●	●	●
湖州	●	●	●	●	●	●	●	●
黄山	●	●	●	●	●	●	●	●
嘉兴	●	●	●	●	●	●	●	●
江门	●	●	●	●	●	●	●	●
金华	●	●	●	●	●	●	●	●
晋城	●	●	●	●	●	●	●	●
荆门	●	●	●	●	●	●	●	●
酒泉	●	●	●	●	●	●	●	●
克拉玛依	●	●	●	●	●	●	●	●
乐山	●	●	●	●	●	●	●	●
丽水	●	●	●	●	●	●	●	●
连云港	●	●	●	●	●	●	●	●
林芝	●	●	●	●	●	●	●	●
龙岩	●	●	●	●	●	●	●	●
洛阳	●	●	●	●	●	●	●	●

参评城市	2016	2017	2018	2019	2020	2021	2022	2023
南平	●	●	●	●	●	●	●	●
南通	●	●	●	●	●	●	●	●
泉州	●	●	●	●	●	●	●	●
日照	●	●	●	●	●	●	●	●
三明	●	●	●	●	●	●	●	●
绍兴	●	●	●	●	●	●	●	●
朔州	●	●	●	●	●	●	●	●
苏州	●	●	●	●	●	●	●	●
宿迁	●	●	●	●	●	●	●	●
台州	●	●	●	●	●	●	●	●
唐山	●	●	●	●	●	●	●	●
铜陵	●	●	●	●	●	●	●	●
潍坊	●	●	●	●	●	●	●	●
无锡	●	●	●	●	●	●	●	●
湘潭	●	●	●	●	●	●	●	●
襄阳	●	●	●	●	●	●	●	●
徐州	●	●	●	●	●	●	●	●
许昌	●	●	●	●	●	●	●	●
烟台	●	●	●	●	●	●	●	●
盐城	●	●	●	●	●	●	●	●
阳泉	●	●	●	●	●	●	●	●
宜昌	●	●	●	●	●	●	●	●
鹰潭	●	●	●	●	●	●	●	●
榆林	●	●	●	●	●	●	●	●
岳阳	●	●	●	●	●	●	●	●
漳州	●	●	●	●	●	●	●	●
株洲	●	●	●	●	●	●	●	●
淄博	●	●	●	●	●	●	●	●

图 2.73　一类地级市 2016—2023 年规划管理专题指示板

城市	2016	2017	2018	2019	2020	2021	2022	2023
安阳	●	●	●	●	●	●	●	●
白山	●	●	●	●	●	●	●	●
郴州	●	●	●	●	●	●	●	●
承德	●	●	●	●	●	●	●	●
赤峰	●	●	●	●	●	●	●	●
德州	●	●	●	●	●	●	●	●

城市	2016	2017	2018	2019	2020	2021	2022	2023
抚州	●	●	●	●	●	●	●	●
赣州	●	●	●	●	●	●	●	●
广安	●	●	●	●	●	●	●	●
桂林	●	●	●	●	●	●	●	●
海南藏族自治州	●	●	●	●	●	●	●	●
邯郸	●	●	●	●	●	●	●	●
呼伦贝尔	●	●	●	●	●	●	●	●
淮北	●	●	●	●	●	●	●	●
淮南	●	●	●	●	●	●	●	●
黄冈	●	●	●	●	●	●	●	●
吉安	●	●	●	●	●	●	●	●
焦作	●	●	●	●	●	●	●	●
晋中	●	●	●	●	●	●	●	●
廊坊	●	●	●	●	●	●	●	●
丽江	●	●	●	●	●	●	●	●
辽源	●	●	●	●	●	●	●	●
临沧	●	●	●	●	●	●	●	●
临沂	●	●	●	●	●	●	●	●
泸州	●	●	●	●	●	●	●	●
眉山	●	●	●	●	●	●	●	●
牡丹江	●	●	●	●	●	●	●	●
南阳	●	●	●	●	●	●	●	●
平顶山	●	●	●	●	●	●	●	●
濮阳	●	●	●	●	●	●	●	●
黔南布依族苗族自治州	●	●	●	●	●	●	●	●
曲靖	●	●	●	●	●	●	●	●
上饶	●	●	●	●	●	●	●	●
韶关	●	●	●	●	●	●	●	●
邵阳	●	●	●	●	●	●	●	●
渭南	●	●	●	●	●	●	●	●
信阳	●	●	●	●	●	●	●	●
营口	●	●	●	●	●	●	●	●
云浮	●	●	●	●	●	●	●	●
枣庄	●	●	●	●	●	●	●	●
中卫	●	●	●	●	●	●	●	●
遵义	●	●	●	●	●	●	●	●

图2.74　二类地级市2016—2023年规划管理专题指示板

城市	2016	2017	2018	2019	2020	2021	2022	2023
毕节	●	●	●	●	●	●	●	●
固原	●	●	●	●	●	●	●	●
梅州	●	●	●	●	●	●	●	●
四平	●	●	●	●	●	●	●	●
绥化	●	●	●	●	●	●	●	●
天水	●	●	●	●	●	●	●	●
铁岭	●	●	●	●	●	●	●	●

图2.75　三类地级市2016—2023年规划管理专题指示板

（4）遗产保护

2016—2023年，一类地级市在遗产保护专题整体表现欠佳（图2.76），八年间指示板主要表现为红色和橙色，近年来几乎没有进步。有19个城市连续六年及以上表现为红色，仅有林芝和酒泉2个城市连续七年及以上表现为绿色，但酒泉2023年得分也存在略微下降的趋势，未能继续稳定表现为绿色。主要原因为该专题内指标多为人均指标，而经济规模较大的城市往往人口规模也较大，且考查的自然和文化遗产更加偏向城市原有资源禀赋条件，在短时间内往往难以改善。

二类地级市在遗产保护专题表现也并不理想（图2.77），指示板主要表现为橙色和红色，少有绿色，有9个城市连续六年及以上表现为红色。2023年，仅白山1个城市表现良好，评级为绿色。

三类地级市在遗产保护专题指示板以橙色和红色为主（图2.78），没有城市表现为绿色。铁岭表现最差，连续六年评级为红色。尽管三类城市人口相对较少，但由于城市规划管理等能力相对较弱，因此对于遗产的保护方面也没有更好的表现。

各类地级市2016—2023年遗产保护专题得分及排名见附表2.16至2.18。

参评城市	2016	2017	2018	2019	2020	2021	2022	2023
巴音郭楞蒙古自治州	●	●	●	●	●	●	●	●
包头	●	●	●	●	●	●	●	●
宝鸡	●	●	●	●	●	●	●	●
本溪	●	●	●	●	●	●	●	●
昌吉回族自治州	●	●	●	●	●	●	●	●
长治	●	●	●	●	●	●	●	●
常州	●	●	●	●	●	●	●	●
大庆	●	●	●	●	●	●	●	●
德阳	●	●	●	●	●	●	●	●
东莞	●	●	●	●	●	●	●	●

参评城市	2016	2017	2018	2019	2020	2021	2022	2023
东营	●(浅)	●(浅)	●(浅)	●(浅)	●(深)	●(浅)	●(浅)	●(浅)
鄂尔多斯	●(浅)	●(浅)	●(浅)	●(浅)	●(浅)	●(浅)	●(浅)	●(浅)
佛山	●(深)	●(深)	●(深)	●(深)	●(深)	●(深)	●(深)	●(深)
海西蒙古族藏族自治州	●(深)	●(中)	●(中)	●(中)	●(中)	●(深)	●(中)	●(中)
鹤壁	●(中)	●(中)	●(中)	●(中)	●(中)	●(中)	●(中)	●(中)
湖州	●(深)	●(中)	●(中)	●(中)	●(中)	●(中)	●(浅)	●(中)
黄山	●(浅)	●(浅)	●(浅)	●(浅)	●(浅)	●(浅)	●(浅)	●(浅)
嘉兴	●(中)	●(中)	●(中)	●(中)	●(中)	●(中)	●(中)	●(深)
江门	●(深)	●(深)	●(深)	●(深)	●(深)	●(深)	●(深)	●(深)
金华	●(浅)	●(浅)	●(浅)	●(浅)	●(浅)	●(浅)	●(浅)	●(浅)
晋城	●(深)	●(深)	●(深)	●(深)	●(深)	●(深)	●(深)	●(深)
荆门	●(深)	●(深)	●(深)	●(深)	●(深)	●(深)	●(中)	●(中)
酒泉	●(浅)	●(浅)	●(浅)	●(浅)	●(浅)	●(浅)	●(浅)	●(浅)
克拉玛依	●(中)	●(中)	●(中)	●(中)	●(中)	●(中)	●(中)	●(中)
乐山	●(深)	●(中)	●(深)	●(深)	●(中)	●(中)	●(中)	●(中)
丽水	●(浅)	●(浅)	●(浅)	●(浅)	●(浅)	●(浅)	●(浅)	●(浅)
连云港	●(深)	●(深)	●(深)	●(深)	●(深)	●(深)	●(中)	●(中)
林芝	●(中)	●(中)	●(中)	●(中)	●(中)	●(中)	●(中)	●(中)
龙岩	●(浅)	●(浅)	●(浅)	●(浅)	●(浅)	●(浅)	●(浅)	●(浅)
洛阳	●(浅)	●(浅)	●(浅)	●(浅)	●(浅)	●(深)	●(浅)	●(浅)
南平	●(浅)	●(浅)	●(浅)	●(浅)	●(浅)	●(浅)	●(浅)	●(浅)
南通	●(深)	●(深)	●(深)	●(深)	●(深)	●(深)	●(中)	●(中)
泉州	●(中)	●(中)	●(中)	●(中)	●(中)	●(中)	●(中)	●(中)
日照	●(深)	●(深)	●(深)	●(深)	●(深)	●(中)	●(中)	●(中)
三明	●(中)	●(中)	●(浅)	●(浅)	●(浅)	●(浅)	●(浅)	●(浅)
绍兴	●(中)	●(中)	●(浅)	●(中)	●(中)	●(中)	●(中)	●(中)
朔州	●(深)	●(深)	●(深)	●(深)	●(深)	●(深)	●(深)	●(深)
苏州	●(深)	●(深)	●(深)	●(深)	●(深)	●(深)	●(中)	●(中)
宿迁	●(中)	●(中)	●(中)	●(中)	●(中)	●(中)	●(中)	●(中)
台州	●(深)	●(深)	●(深)	●(深)	●(深)	●(中)	●(中)	●(中)
唐山	●(深)	●(深)	●(深)	●(深)	●(深)	●(深)	●(中)	●(中)
铜陵	●(中)	●(中)	●(中)	●(中)	●(中)	●(中)	●(中)	●(中)
潍坊	●(中)	●(中)	●(中)	●(中)	●(中)	●(中)	●(中)	●(深)
无锡	●(深)	●(深)	●(深)	●(深)	●(深)	●(深)	●(中)	●(中)
湘潭	●(深)	●(深)	●(深)	●(深)	●(深)	●(深)	●(中)	●(中)
襄阳	●(中)	●(中)	●(中)	●(中)	●(中)	●(中)	●(中)	●(中)
徐州	●(深)	●(深)	●(深)	●(深)	●(深)	●(深)	●(浅)	●(浅)

参评城市	2016	2017	2018	2019	2020	2021	2022	2023
许昌	●	●	●	●	●	●	●	●
烟台	●	●	●	●	●	●	●	●
盐城	●	●	●	●	●	●	●	●
阳泉	●	●	●	●	●	●	●	●
宜昌	●	●	●	●	●	●	●	●
鹰潭	●	●	●	●	●	●	●	●
榆林	●	●	●	●	●	●	●	●
岳阳	●	●	●	●	●	●	●	●
漳州	●	●	●	●	●	●	●	●
株洲	●	●	●	●	●	●	●	●
淄博	●	●	●	●	●	●	●	●

图2.76　一类地级市2016—2023年遗产保护专题指标板

城市	2016	2017	2018	2019	2020	2021	2022	2023
安阳	●	●	●	●	●	●	●	●
白山	●	●	●	●	●	●	●	●
郴州	●	●	●	●	●	●	●	●
承德	●	●	●	●	●	●	●	●
赤峰	●	●	●	●	●	●	●	●
德州	●	●	●	●	●	●	●	●
抚州	●	●	●	●	●	●	●	●
赣州	●	●	●	●	●	●	●	●
广安	●	●	●	●	●	●	●	●
桂林	●	●	●	●	●	●	●	●
海南藏族自治州	●	●	●	●	●	●	●	●
邯郸	●	●	●	●	●	●	●	●
呼伦贝尔	●	●	●	●	●	●	●	●
淮北	●	●	●	●	●	●	●	●
淮南	●	●	●	●	●	●	●	●
黄冈	●	●	●	●	●	●	●	●
吉安	●	●	●	●	●	●	●	●
焦作	●	●	●	●	●	●	●	●
晋中	●	●	●	●	●	●	●	●
廊坊	●	●	●	●	●	●	●	●
丽江	●	●	●	●	●	●	●	●
辽源	●	●	●	●	●	●	●	●

城市	2016	2017	2018	2019	2020	2021	2022	2023
临沧	●	●	●	●	●	●	●	●
临沂	●	●	●	●	●	●	●	●
泸州	●	●	●	●	●	●	●	●
眉山	●	●	●	●	●	●	●	●
牡丹江	●	●	●	●	●	●	●	●
南阳	●	●	●	●	●	●	●	●
平顶山	●	●	●	●	●	●	●	●
濮阳	●	●	●	●	●	●	●	●
黔南布依族苗族自治州	●	●	●	●	●	●	●	●
曲靖	●	●	●	●	●	●	●	●
上饶	●	●	●	●	●	●	●	●
韶关	●	●	●	●	●	●	●	●
邵阳	●	●	●	●	●	●	●	●
渭南	●	●	●	●	●	●	●	●
信阳	●	●	●	●	●	●	●	●
营口	●	●	●	●	●	●	●	●
云浮	●	●	●	●	●	●	●	●
枣庄	●	●	●	●	●	●	●	●
中卫	●	●	●	●	●	●	●	●
遵义	●	●	●	●	●	●	●	●

图2.77　二类地级市2016—2023年遗产保护专题指标板

城市	2016	2017	2018	2019	2020	2021	2022	2023
毕节	●	●	●	●	●	●	●	●
固原	●	●	●	●	●	●	●	●
梅州	●	●	●	●	●	●	●	●
四平	●	●	●	●	●	●	●	●
绥化	●	●	●	●	●	●	●	●
天水	●	●	●	●	●	●	●	●
铁岭	●	●	●	●	●	●	●	●

图2.78　三类地级市2016—2023年遗产保护专题指标板

（5）防灾减灾

2016—2023年，在防灾减灾专题，各类地级市整体表现良好，绝大多数城市指示板表现为绿色。在所有参评的107个地级市中，共有48个城市连续八年指示板表现为绿色（图2.79至图2.81）。大多数城市评分变化相对较小，但整体呈逐步变好的趋势，仅有小部分城市（如克拉玛依）在2022年和2023年评分出现下降情况。以东营、酒泉等城市为代表的部分城市近年来着重加强防灾减灾基础设施建设，反映在该专题的评分快速提升。

各类地级市2016—2023年防灾减灾专题得分及排名见附表2.19至附表2.21。

参评城市	2016	2017	2018	2019	2020	2021	2022	2023
巴音郭楞蒙古自治州	●	●	●	●	●	●	●	○
包头	○	○	○	○	○	●	●	○
宝鸡	○	○	○	○	○	○	○	○
本溪	○	○	○	○	●	●	●	○
昌吉回族自治州	●	●	●	●	●	●	●	○
长治	○	○	○	○	○	●	○	○
常州	○	○	○	○	○	○	○	○
大庆	○	○	○	○	○	○	○	○
德阳	○	○	○	○	○	○	○	○
东莞	○	○	○	○	○	○	○	○
东营	○	○	○	○	○	○	○	○
鄂尔多斯	●	●	●	●	●	●	●	○
佛山	○	○	○	○	○	○	○	○
海西蒙古族藏族自治州	●	●	●	●	●	●	●	●
鹤壁	○	○	○	○	○	○	○	○
湖州	○	○	○	○	○	○	○	○
黄山	○	○	○	○	○	○	○	○
嘉兴	○	○	○	○	○	○	○	○
江门	○	○	○	○	○	○	○	○
金华	○	○	○	○	○	○	○	○
晋城	○	○	●	●	○	●	○	○
荆门	○	○	○	○	○	○	○	○
酒泉	○	○	○	○	○	○	○	○
克拉玛依	●	●	●	●	○	●	●	●
乐山	○	○	○	○	○	○	○	○
丽水	○	○	○	○	○	○	○	○
连云港	○	○	○	○	○	○	○	○
林芝	●	●	●	●	●	○	●	●
龙岩	○	○	○	○	○	○	○	○
洛阳	○	○	○	○	○	○	○	○
南平	○	○	○	○	○	○	○	○
南通	○	○	○	○	○	○	○	○
泉州	○	○	○	○	○	○	○	○

参评城市	2016	2017	2018	2019	2020	2021	2022	2023
日照	●	●	●	●	●	●	●	●
三明	●	●	●	●	●	●	●	●
绍兴	●	●	●	●	●	●	●	●
朔州	●	●	●	●	●	●	●	●
苏州	●	●	●	●	●	●	●	●
宿迁	●	●	●	●	●	●	●	●
台州	●	●	●	●	●	●	●	●
唐山	●	●	●	●	●	●	●	●
铜陵	●	●	●	●	●	●	●	●
潍坊	●	●	●	●	●	●	●	●
无锡	●	●	●	●	●	●	●	●
湘潭	●	●	●	●	●	●	●	●
襄阳	●	●	●	●	●	●	●	●
徐州	●	●	●	●	●	●	●	●
许昌	●	●	●	●	●	●	●	●
烟台	●	●	●	●	●	●	●	●
盐城	●	●	●	●	●	●	●	●
阳泉	●	●	●	●	●	●	●	●
宜昌	●	●	●	●	●	●	●	●
鹰潭	●	●	●	●	●	●	●	●
榆林	●	●	●	●	●	●	●	●
岳阳	●	●	●	●	●	●	●	●
漳州	●	●	●	●	●	●	●	●
株洲	●	●	●	●	●	●	●	●
淄博	●	●	●	●	●	●	●	●

图2.79 一类地级市2016—2023年防灾减灾专题指标板

城市	2016	2017	2018	2019	2020	2021	2022	2023
安阳	●	●	●	●	●	●	●	●
白山	●	●	●	●	●	●	●	●
郴州	●	●	●	●	●	●	●	●
承德	●	●	●	●	●	●	●	●
赤峰	●	●	●	●	●	●	●	●
德州	●	●	●	●	●	●	●	●
抚州	●	●	●	●	●	●	●	●
赣州	●	●	●	●	●	●	●	●

城市	2016	2017	2018	2019	2020	2021	2022	2023
广安	●	●	●	●	●	●	●	●
桂林	●	●	●	●	●	●	●	●
海南藏族自治州	●	●	●	●	●	●	●	●
邯郸	●	●	●	●	●	●	●	●
呼伦贝尔	●	●	●	●	●	●	●	●
淮北	●	●	●	●	●	●	●	●
淮南	●	●	●	●	●	●	●	●
黄冈	●	●	●	●	●	●	●	●
吉安	●	●	●	●	●	●	●	●
焦作	●	●	●	●	●	●	●	●
晋中	●	●	●	●	●	●	●	●
廊坊	●	●	●	●	●	●	●	●
丽江	●	●	●	●	●	●	●	●
辽源	●	●	●	●	●	●	●	●
临沧	●	●	●	●	●	●	●	●
临沂	●	●	●	●	●	●	●	●
泸州	●	●	●	●	●	●	●	●
眉山	●	●	●	●	●	●	●	●
牡丹江	●	●	●	●	●	●	●	●
南阳	●	●	●	●	●	●	●	●
平顶山	●	●	●	●	●	●	●	●
濮阳	●	●	●	●	●	●	●	●
黔南布依族苗族自治州	●	●	●	●	●	●	●	●
曲靖	●	●	●	●	●	●	●	●
上饶	●	●	●	●	●	●	●	●
韶关	●	●	●	●	●	●	●	●
邵阳	●	●	●	●	●	●	●	●
渭南	●	●	●	●	●	●	●	●
信阳	●	●	●	●	●	●	●	●
营口	●	●	●	●	●	●	●	●
云浮	●	●	●	●	●	●	●	●
枣庄	●	●	●	●	●	●	●	●
中卫	●	●	●	●	●	●	●	●
遵义	●	●	●	●	●	●	●	●

图2.80　二类地级市2016—2023年防灾减灾专题指标板

城市	2016	2017	2018	2019	2020	2021	2022	2023
毕节	●	●	●	●	●	●	●	●
固原	●	●	●	●	●	●	●	●
梅州	●	●	●	●	●	●	●	●
四平	●	●	●	●	●	●	●	●
绥化	●	●	●	●	●	●	●	●
天水	●	●	●	●	●	●	●	●
铁岭	●	●	●	●	●	●	●	●

图2.81　三类地级市2016—2023年防灾减灾专题指标板

（6）环境改善

2016—2023年，在环境改善专题，各类地级市整体表现良好且稳定，绝大多数城市指示板表现为绿色和黄色（图2.82至图2.84）。我国地级市生态环境质量整体呈向好发展的趋势，大部分城市评分得到显著提升。部分城市近年来着重加强环境建设且取得成效，反映在该专题的评分快速提升（如唐山、淄博、许昌、焦作、枣庄、邯郸、四平、绥化等）。

各类地级市2016—2023年环境改善专题得分及排名见附表2.22至附表2.24。

参评城市	2016	2017	2018	2019	2020	2021	2022	2023
巴音郭楞蒙古自治州	●	●	●	●	●	●	●	●
包头	●	●	●	●	●	●	●	●
宝鸡	●	●	●	●	●	●	●	●
本溪	●	●	●	●	●	●	●	●
昌吉回族自治州	●	●	●	●	●	●	●	●
长治	●	●	●	●	●	●	●	●
常州	●	●	●	●	●	●	●	●
大庆	●	●	●	●	●	●	●	●
德阳	●	●	●	●	●	●	●	●
东莞	●	●	●	●	●	●	●	●
东营	●	●	●	●	●	●	●	●
鄂尔多斯	●	●	●	●	●	●	●	●
佛山	●	●	●	●	●	●	●	●
海西蒙古族藏族自治州	●	●	●	●	●	●	●	●
鹤壁	●	●	●	●	●	●	●	●
湖州	●	●	●	●	●	●	●	●
黄山	●	●	●	●	●	●	●	●
嘉兴	●	●	●	●	●	●	●	●

参评城市	2016	2017	2018	2019	2020	2021	2022	2023
江门	●	●	●	●	●	●	●	●
金华	●	●	●	●	●	●	●	●
晋城	●	●	●	●	●	●	●	●
荆门	●	●	●	●	●	●	●	●
酒泉	●	●	●	●	●	●	●	●
克拉玛依	●	●	●	●	●	●	●	●
乐山	●	●	●	●	●	●	●	●
丽水	●	●	●	●	●	●	●	●
连云港	●	●	●	●	●	●	●	●
林芝	●	●	●	●	●	●	●	●
龙岩	●	●	●	●	●	●	●	●
洛阳	●	●	●	●	●	●	●	●
南平	●	●	●	●	●	●	●	●
南通	●	●	●	●	●	●	●	●
泉州	●	●	●	●	●	●	●	●
日照	●	●	●	●	●	●	●	●
三明	●	●	●	●	●	●	●	●
绍兴	●	●	●	●	●	●	●	●
朔州	●	●	●	●	●	●	●	●
苏州	●	●	●	●	●	●	●	●
宿迁	●	●	●	●	●	●	●	●
台州	●	●	●	●	●	●	●	●
唐山	●	●	●	●	●	●	●	●
铜陵	●	●	●	●	●	●	●	●
潍坊	●	●	●	●	●	●	●	●
无锡	●	●	●	●	●	●	●	●
湘潭	●	●	●	●	●	●	●	●
襄阳	●	●	●	●	●	●	●	●
徐州	●	●	●	●	●	●	●	●
许昌	●	●	●	●	●	●	●	●
烟台	●	●	●	●	●	●	●	●
盐城	●	●	●	●	●	●	●	●
阳泉	●	●	●	●	●	●	●	●
宜昌	●	●	●	●	●	●	●	●
鹰潭	●	●	●	●	●	●	●	●
榆林	●	●	●	●	●	●	●	●
岳阳	●	●	●	●	●	●	●	●

参评城市	2016	2017	2018	2019	2020	2021	2022	2023
漳州	●	●	●	●	●	●	●	●
株洲	●	●	●	●	●	●	●	●
淄博	●	●	●	●	●	●	●	●

图2.82　一类地级市2016—2023年环境改善专题指标板

城市	2016	2017	2018	2019	2020	2021	2022	2023
安阳	●	●	●	●	●	●	●	●
白山	●	●	●	●	●	●	●	●
郴州	●	●	●	●	●	●	●	●
承德	●	●	●	●	●	●	●	●
赤峰	●	●	●	●	●	●	●	●
德州	●	●	●	●	●	●	●	●
抚州	●	●	●	●	●	●	●	●
赣州	●	●	●	●	●	●	●	●
广安	●	●	●	●	●	●	●	●
桂林	●	●	●	●	●	●	●	●
海南藏族自治州	●	●	●	●	●	●	●	●
邯郸	●	●	●	●	●	●	●	●
呼伦贝尔	●	●	●	●	●	●	●	●
淮北	●	●	●	●	●	●	●	●
淮南	●	●	●	●	●	●	●	●
黄冈	●	●	●	●	●	●	●	●
吉安	●	●	●	●	●	●	●	●
焦作	●	●	●	●	●	●	●	●
晋中	●	●	●	●	●	●	●	●
廊坊	●	●	●	●	●	●	●	●
丽江	●	●	●	●	●	●	●	●
辽源	●	●	●	●	●	●	●	●
临沧	●	●	●	●	●	●	●	●
临沂	●	●	●	●	●	●	●	●
泸州	●	●	●	●	●	●	●	●
眉山	●	●	●	●	●	●	●	●
牡丹江	●	●	●	●	●	●	●	●
南阳	●	●	●	●	●	●	●	●
平顶山	●	●	●	●	●	●	●	●
濮阳	●	●	●	●	●	●	●	●

城市	2016	2017	2018	2019	2020	2021	2022	2023
黔南布依族苗族自治州	●	●	●	●	●	●	●	●
曲靖	●	●	●	●	●	●	●	●
上饶	●	●	●	●	●	●	●	●
韶关	●	●	●	●	●	●	●	●
邵阳	●	●	●	●	●	●	●	●
渭南	●	●	●	●	●	●	●	●
信阳	●	●	●	●	●	●	●	●
营口	●	●	●	●	●	●	●	●
云浮	●	●	●	●	●	●	●	●
枣庄	●	●	●	●	●	●	●	●
中卫	●	●	●	●	●	●	●	●
遵义	●	●	●	●	●	●	●	●

图2.83　二类地级市2016—2023年环境改善专题指标板

城市	2016	2017	2018	2019	2020	2021	2022	2023
毕节	●	●	●	●	●	●	●	●
固原	●	●	●	●	●	●	●	●
梅州	●	●	●	●	●	●	●	●
四平	●	●	●	●	●	●	●	●
绥化	●	●	●	●	●	●	●	●
天水	●	●	●	●	●	●	●	●
铁岭	●	●	●	●	●	●	●	●

图2.84　三类地级市2016—2023年环境改善专题指标板

（7）公共空间

2016—2023年，在公共空间专题，地级市整体表现较为薄弱（图2.85至图2.87）。一类、二类地级市表现优于三类城市，历年得分表现为绿色、黄色的城市比例较高，但是近几年一小部分城市评分进步幅度非常缓慢，甚至出现评分倒退的现象。而三类地级市虽然整体表现水平较差，但是近几年评分进步幅度较大，专题有望在未来得到明显改善。

各类地级市2016—2023年公共空间专题得分及排名见附表2.25至附表2.27。

参评城市	2016	2017	2018	2019	2020	2021	2022	2023
巴音郭楞蒙古自治州	●	●	●	●	●	●	●	●
包头	●	●	●	●	●	●	●	●
宝鸡	●	●	●	●	●	●	●	●
本溪	●	●	●	●	●	●	●	●
昌吉回族自治州	●	●	●	●	●	●	●	●
长治	●	●	●	●	●	●	●	●
常州	●	●	●	●	●	●	●	●
大庆	●	●	●	●	●	●	●	●
德阳	●	●	●	●	●	●	●	●
东莞	●	●	●	●	●	●	●	●
东营	●	●	●	●	●	●	●	●
鄂尔多斯	●	●	●	●	●	●	●	●
佛山	●	●	●	●	●	●	●	●
海西蒙古族藏族自治州	●	●	●	●	●	●	●	●
鹤壁	●	●	●	●	●	●	●	●
湖州	●	●	●	●	●	●	●	●
黄山	●	●	●	●	●	●	●	●
嘉兴	●	●	●	●	●	●	●	●
江门	●	●	●	●	●	●	●	●
金华	●	●	●	●	●	●	●	●
晋城	●	●	●	●	●	●	●	●
荆门	●	●	●	●	●	●	●	●
酒泉	●	●	●	●	●	●	●	●
克拉玛依	●	●	●	●	●	●	●	●
乐山	●	●	●	●	●	●	●	●
丽水	●	●	●	●	●	●	●	●
连云港	●	●	●	●	●	●	●	●
林芝	●	●	●	●	●	●	●	●
龙岩	●	●	●	●	●	●	●	●
洛阳	●	●	●	●	●	●	●	●
南平	●	●	●	●	●	●	●	●
南通	●	●	●	●	●	●	●	●
泉州	●	●	●	●	●	●	●	●
日照	●	●	●	●	●	●	●	●
三明	●	●	●	●	●	●	●	●
绍兴	●	●	●	●	●	●	●	●
朔州	●	●	●	●	●	●	●	●

参评城市	2016	2017	2018	2019	2020	2021	2022	2023
苏州	●	●	●	●	●	●	●	●
宿迁	●	●	●	●	●	●	●	●
台州	●	●	●	●	●	●	●	●
唐山	●	●	●	●	●	●	●	●
铜陵	●	●	●	●	●	●	●	●
潍坊	●	●	●	●	●	●	●	●
无锡	●	●	●	●	●	●	●	●
湘潭	●	●	●	●	●	●	●	●
襄阳	●	●	●	●	●	●	●	●
徐州	●	●	●	●	●	●	●	●
许昌	●	●	●	●	●	●	●	●
烟台	●	●	●	●	●	●	●	●
盐城	●	●	●	●	●	●	●	●
阳泉	●	●	●	●	●	●	●	●
宜昌	●	●	●	●	●	●	●	●
鹰潭	●	●	●	●	●	●	●	●
榆林	●	●	●	●	●	●	●	●
岳阳	●	●	●	●	●	●	●	●
漳州	●	●	●	●	●	●	●	●
株洲	●	●	●	●	●	●	●	●
淄博	●	●	●	●	●	●	●	●

图2.85　一类地级市2016—2023年公共空间专题指标板

城市	2016	2017	2018	2019	2020	2021	2022	2023
安阳	●	●	●	●	●	●	●	●
白山	●	●	●	●	●	●	●	●
郴州	●	●	●	●	●	●	●	●
承德	●	●	●	●	●	●	●	●
赤峰	●	●	●	●	●	●	●	●
德州	●	●	●	●	●	●	●	●
抚州	●	●	●	●	●	●	●	●
赣州	●	●	●	●	●	●	●	●
广安	●	●	●	●	●	●	●	●
桂林	●	●	●	●	●	●	●	●
海南藏族自治州	●	●	●	●	●	●	●	●
邯郸	●	●	●	●	●	●	●	●

城市	2016	2017	2018	2019	2020	2021	2022	2023
呼伦贝尔	●	●	●	●	●	●	●	●
淮北	●	●	●	●	●	●	●	●
淮南	●	●	●	●	●	●	●	●
黄冈	●	●	●	●	●	●	●	●
吉安	●	●	●	●	●	●	●	●
焦作	●	●	●	●	●	●	●	●
晋中	●	●	●	●	●	●	●	●
廊坊	●	●	●	●	●	●	●	●
丽江	●	●	●	●	●	●	●	●
辽源	●	●	●	●	●	●	●	●
临沧	●	●	●	●	●	●	●	●
临沂	●	●	●	●	●	●	●	●
泸州	●	●	●	●	●	●	●	●
眉山	●	●	●	●	●	●	●	●
牡丹江	●	●	●	●	●	●	●	●
南阳	●	●	●	●	●	●	●	●
平顶山	●	●	●	●	●	●	●	●
濮阳	●	●	●	●	●	●	●	●
黔南布依族苗族自治州	●	●	●	●	●	●	●	●
曲靖	●	●	●	●	●	●	●	●
上饶	●	●	●	●	●	●	●	●
韶关	●	●	●	●	●	●	●	●
邵阳	●	●	●	●	●	●	●	●
渭南	●	●	●	●	●	●	●	●
信阳	●	●	●	●	●	●	●	●
营口	●	●	●	●	●	●	●	●
云浮	●	●	●	●	●	●	●	●
枣庄	●	●	●	●	●	●	●	●
中卫	●	●	●	●	●	●	●	●
遵义	●	●	●	●	●	●	●	●

图2.86　二类地级市2016—2023年公共空间专题指标板

城市	2016	2017	2018	2019	2020	2021	2022	2023
毕节	●	●	●	●	●	●	●	●
固原	●	●	●	●	●	●	●	●
梅州	●	●	●	●	●	●	●	●
四平	●	●	●	●	●	●	●	●
绥化	●	●	●	●	●	●	●	●
天水	●	●	●	●	●	●	●	●
铁岭	●	●	●	●	●	●	●	●

图2.87　三类地级市2016—2023年公共空间专题指标板

第三篇 实践案例

- **中国健康住宅的发展与探索**
  ——以宁夏中房玺悦湾健康住宅项目为例
- **分布式光伏发电技术解决方案支持乡村社区可持续发展**
  ——以浙江省宁波市龙观乡为例
- **既有住区海绵化技术助力城市更新建设**
  ——以北京市海淀区岭南路26号院为例
- **园林博览会新模式助力城市可持续发展**
  ——以第十四届中国（合肥）园林博览会为例
- **开展联合国可持续发展目标地方自愿陈述的临沧实践**
- **乡村振兴背景下的农村人居环境提升和产业带动**
  ——以山东省枣庄市为例

3.1 中国健康住宅的发展与探索
——以宁夏中房玺悦湾健康住宅项目为例

随着全球对可持续发展和健康生活方式的日益重视，健康住宅的理念逐渐从理论走向实践，成为推动社会进步的重要载体。健康住宅是在符合居住功能要求和绿色发展观念的基础上，促进居住者生理、心理、道德和社会适应等多层次健康水平提升的住宅及其居住环境。健康住宅不仅关乎居住者的身心健康，更是实现联合国可持续发展目标的关键一环。2015年，联合国可持续发展峰会上正式通过17个可持续发展目标，可持续发展目标旨在从2015年到2030年间以综合方式彻底解决社会、经济和环境三个维度的发展问题，转向可持续发展道路。SDG3“确保健康的生活方式，促进各年龄段人群的福祉”提出从各个方面减少健康隐患，包括健康住宅所关注的减少空气、水等污染；SDG6“为所有人提供水和环境卫生并对其进行可持续管理”同样关注在日常生活中安全的饮用水，以及水资源的高效利用SDG11“建设包容、安全、有抵御灾害能力和可持续的城市和人类住区”聚焦人居环境，不仅关注居住环境，也对社会环境的发展提出要求，这是健康住宅发展的初衷，也是未来的方向。

当前，我国城市人居环境正面临多重挑战：空气污染、水质污染、噪声污染、温室效应、热岛效应等极端问题严重影响国民身心健康。习近平总书记在党的十九大报告中提出了健康中国战略，战略指出，“没有全民健康，就没有全面小康”。《“健康中国2030”规划纲要》《关于促进健康服务业发展的若干意见》和《关于加快发展养老服务业的若干意见》等相关文件对“健康中国”战略提出了具体要求，统筹布局和加快推进健康产业科技发展，打造经济发展新动能，促进未来经济增长，引领健康服务模式变革，支撑健康中国建设。《国务院关于实施健康中国行动的意见》提出“建设健康环境的部署”，推进健康城市、健康村镇建设。《绿色建筑创建行动方案》明确强调：提高住宅健康性能，结合各地实际，完善健康住宅相关标准，提高建筑室内空气、水质、隔声等健康性能指标，提升建筑视觉和心理舒适性。推动一批住宅健康性能示范项目，强化住宅健康性能设计要求，严格竣工验收管理，推动绿色健康技术应用。进入后疫情时代，住宅面临“科技升级、健康迭代”的新挑战。随着房地产市场进入新常态，房地产企业必须进一步创新商业模式、优化业务结构、升级产品品质，以应对消费者对住宅品质不断提高的要求。面对气候与环境的日益恶化，除了要以可持续发展的眼光看待工业生产活动之外，还应以构建健康人居环境为目标不断改善生存环境品质。国家战略与政策的强力支持推动房地产行业向快向好发展，在构建房地产市场健康发展长效机制的背景下，融入健康住宅理念，提升产品核心竞争力的重要性越发凸显，加大健康住宅研究力度势在必行[1]。

国际上对于“居住与健康”的讨论由来已久，早在20世纪50年代，美国和日本等发达国家已率先进行居住环境对人体健康影响的研究，并试图通过相应技术手段改善居住环境品质，以达到降低使用者某方面健康风险的目标。1988年，世界卫生组织（WHO）首次定义了健康住宅的概念，从此，世界各国对居住与健康相关问题的研究也进入快速发展期。

健康住宅指标应充分体现出住宅给予居住者的归属感、安全感和隐私感，中国早期的健康住宅指标体系按照室内和室外两部分进行划分，这与中国的居住模式存在较大的联系，中国城市住宅多以社区组团的形式出现，社区内部建筑和其他配套设施都属于开发范围之内。随着健康住宅试点项目的实践和相关实态调查研究的开展，健康住宅标准编制组将重点聚焦到居住者的健康体验和生活中常见的健康问题上，力求让住宅的健康性能可感知。“健康促进”旨在加强运动、营养、医疗等健康服务资源与社区环境相融合，是提升居住者心理健康的重要举措。居住者健康水平除受建筑环境影响以外，个人身体素质、生活行为特点、自然环境、家庭环境和社会关系等也是重要的影响因素[2]。

目前已进入商业运作的健康住宅评价方法主要有美国的WELL标准和中国的《健康住宅评价标准》T/CECS 462，其中WELL标准主要是针对建筑运营阶段的评价，中国T/CECS 462分为建筑设计阶段评价和运营阶段评价两部分。WELL将每项指标赋值1分，先决条件和优化两项独立计分后求和。T/CECS 462则是通过广泛的对专家和住户征求建议，通过层次分析法对各项指标赋分或权重。日本健康增进型住宅则是使用健康危害源检查清单方式进行，该类方法主要是通过检查清单来引导居住者形成好的生活习惯，一般不做计分评价。美国国家科学院在1983年提出的健康风险评价“四步法”：危害识别、剂量—反应评估、暴露评价和风险表征，由于该类方法是将污染物与人体接触的剂量与生理器官受损程度直接作关联分析，能够阐释健康危害机理，且具备一定的可验证性，是当前环境健康评价的主流方法。健康风险评价存在情景不确定性、模型不确定性和参数不确定性，人群活动空间、活动强度、环境调节和暴露途径等因素都将决定着暴露剂量计算的准确性（表3.1）。

健康住宅的设计是一种关注人的需求、习惯、心理以及生理特征的设计理念。通过合理的设计，我们可以创造出舒适、安全、便利、健康的住宅环境，让人们在其中感受到家的温馨和幸福。

中华民族的安居之道，自古以来源远流长。中国建筑具有悠久的历史和深厚的底蕴，独具魅力，农业时代就有天人合一的健康居住观，孟子云：“居移气，养移体，大哉居乎！”通过对地理环境和人类生活的研究，来实现人与自然、人与社会的和谐发展。风水讲究整体布局、动静结合、藏风聚气、环境调和、天人合一。自1999年起，国家住宅与居住环境工程技术研究中心联合建筑学、医学、体育学、心理学等领域权威专家，率先开展了居住健康研究，通过多学科、跨部门的开放研究，形成多领域融合的理论体系，并面向不同可支付能力人群，在实践示范中论证

[1] 张磊，田俊平．健康住宅解析[M].北京：中国建筑工业出版社，2023.

[2] 周敏，夏晶晶．以居住者为中心的住宅健康性能要素研究[J].中国住宅设施，2018（4）.

国内外典型健康住宅标准指标分类 **表3.1**

国家	年份	标准/指南	指标分类
中国	2016	健康住宅评价标准T/CECS 462	空间舒适、空气清新、水质卫生、环境安静、光照良好、健康促进
WHO	2017	WHO Housing and Health Guidelines	生活空间拥挤度、室内温度、意外损伤、无障碍性、配套基础设施、其他（含水质、空气质量、噪声、石棉、铅、吸烟、氡等）
美国	2014	The WELL Building Standard	空气、水、营养、光线、健身、舒适性、精神（合计102项指标）
英国	2006	Housing Health and Safety Rating System	生理需求、污染物、心理需求、传染病防护、意外事故防护（合计29项指标）
日本	2013	健康に暮らす住まい设计ガイドマップ	预防、安全；静养、睡眠；入浴、排泄、整理仪容；互动、交流；家务；适应育儿期、适应老龄期、自我表现、运动、美容
德国	2006	Deutsche Gesellschaft f ü r Nachhaltiges Bauen e.V.	生态质量、经济质量、社会质量、技术质量、过程质量、场地质量（6个方面）

和探索，以示范经验不断完善理论体系，二十余年间，已经形成完整的健康住宅技术体系，并向社区、小镇、既有建筑等方向拓展（图3.1）。

2001年，国家住宅与居住环境工程技术研究中心以《健康住宅建设技术要点》为指导，以居住小区为空间载体，采用“设计建造评估、建设过程跟踪、建成环境评价”的全过程管理思路，在全国范围内开展健康住宅试点示范工程建设，建立试点项目建设全过程技术支撑与跟踪管理的实践机制，并以建成环境实测数据和业主满意度调查数据作为住宅健康性能考核的主要依据，以实践经验的总结和积累，不断完善理论研究。

人与建筑和谐共生是住宅建设发展的终极目标。从意识到居住环境与健康的相关问题到计划通过技术手段加以解决，从居住与健康的科学研究到理论与实践相结合，从基于建筑本体环境开展研究到基于居住者体验与健康痛点开展研究，我国健康住宅发展历经二十多年，并趋于成熟。

图3.1 1999—2023年中国健康住宅研究与实践大事记

现阶段，住宅健康性能已成为房地产开发建设领域关注的热点，技术研究特征也从单一技术点向完善系统的体系研究转变。时至今日，健康住宅已进入蓬勃发展期（图3.2）。

图3.2 健康住宅研究历程

健康住宅标准体系既包括了支持设计与建造工作的“技术规程”和支持评价与认证工作的“评价标准”，也包括用于指导相关利益方理解健康理念的“健康指南”和支持相关技术选择的应用技术。

系统协调影响居住健康性能的环境因素和行为因素，保障居住者的健康权益，是建立健康住宅指标体系及其评价标准的目的。同时，指标的选择和量化指标还与最新研究成就、技术发展水平和居民可支付能力相关。因此，健康住宅性能指标体系采取了稳定的一级指标和开放的二级与三级指标。在健康住宅建设技术要点与规程中，我们将健康性能划分为居住环境和社会环境两个一级指标，尽管有一些三级指标的重复，但对于人们理解健康具有清晰的导向。人们不能仅仅关注房子本身，还要关注房子—人—社会三者之间的关系，这才是完整的人居环境。另一方面，基于居住者心理健康需求分类描述的社会环境健康性能往往需要居住环境的支撑，并发生相互影响，或是主从关系，或是循环关系。

健康住宅建设技术体系包括：①以居住者反映强烈的住宅健康影响因素为重点，在广泛的实态调查与分析的基础上建立住区健康影响因素框架体系，并确定指标；②将住区建设的物质环境和非物质环境相结合，关注居民的内心感受，尤其是人际关系、安全感和归属感；③从居住者的健康需求出发，整合可采用的指标及标准资源，运用引证、比对、测试、体验等手段并采纳专门机构的研究成果，形成一个动态的健康住宅量化指标体系，指导项目建设（图3.3）。

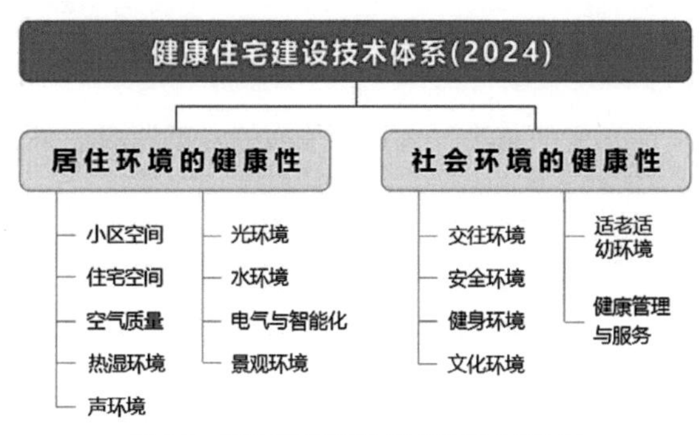

图3.3 健康住宅建设技术体系（2024）

《健康住宅评价标准》T/CECS 462是我国第一部系统描述住宅健康性能评价的标准，2014年启动编制，2017年正式颁布实施，2024年完成修订并实施。六大维度覆盖物理环境健康性、社会环境健康性，20个评价分项，121个评价点[1]。以居住健康痛点为基础，注重定性评价与定量评价相结合，涉及医学、心理学、营养学、人文与社会科学、体育学、建筑学等多种学科（图3.4）。

图3.4 《健康住宅评价标准》T/CECS 462指标体系

2014年，国家住宅与居住环境工程技术研究中心根据《2014年第一批工程建设协会标准制订、修订计划》（建标协字〔2014〕028号）的要求，研究编制《健康住宅评价标准》。跨领域的编制组从一开始就将编制工作的落脚点放在了居住者的健康体验和一些习以为常的现象上。

对健康住宅试点建设工程的实态调查成果、国内外众多研究进展和新闻热点集中度的分析，可以看出关于居住健康，以下现象常常可见。现象一，关于热舒适度。人们非常重视室内的温度、湿度和体表风速等热湿环境指标，但由于这些指标的确定与居住者的主观感受密切相关，所以一般只能给出用于设计控制的目标值，却不能形成统一的感知指标，也无法形成一致的评价指标。现象二，关于细颗粒物$PM_{2.5}$。作为全球的新闻热点，人们对室内空气质量给予了空前的关注。将交通等环境噪声影响与提升室内空气品质结合起来，形成了一个巨大的新风产品市场，一些开发企业也相继开发出了可实现恒温恒湿和清新空气的住宅。现象三，关于给水排水卫生安全。人们对水质安全的关注造就了桶装水、直饮水和净水设备的庞大市场，却把卫生间返臭味和厨房串味等现象归结为“住宅通病”，从而忽视了排水系统卫生安全极其严重的健康损害问题。同样属于水环境的中水，入户使用的安全问题还没有引起管理者的足够重视。现象四，关于噪声。噪声不仅来源于如交通、施工等室外环境，还包括建筑供水设施或变电设备的低频震动噪声、卫生间排水系统噪声、冰箱或水池循环泵的噪声等。许多研究表明，持续噪声，尤其是持续性的低频噪声的健康损害远远高于室外非连续的短暂噪声，如雨水管噪声。现象五，关于天然采光。无论是设计师还是购房者，对住宅日照时数的关注总是自然的，因为这是政府的强制要求。调查显示，人们往往忽视天然采光质量与人工照明质量，尤其是儿童照明质量和老年人照明安全。现象六，关于户型。人们对得房率的关注远远超过了对空间安全、空间尺度、空间私密及户外交往空间的关注，造成了公共空间健康要求的缺失，“自扫门前雪”的邻里现象普遍。这些现象说明，目前人们对健康的理解还停留在维持健康这个基本层面上。事实上，我们的住宅产品还

[1] 健康住宅评价标准T/CECS 462—2017. [S] .北京：中国计划出版社，2017.

不能完全满足这个基本需求。

从国际发展的趋势而言，健康促进才是最终的目标，包括城市、乡村、社区和建筑等层面。而在社区层面，邻里交往与主动交往环境，健身设施与促进健身环境，医疗卫生与在宅养老环境，住区公共食堂与营养膳食指导，社区种植支持与农业教育，食品溯源与食品安全，以及与居住者一起开展的健康创新等，对于促进健康的意义重大，将会成为健康住宅的重要方面。

因此，根据居住者健康体验或健康痛点，从居住健康需求层次理论角度出发，可将住宅的健康性能归类为六大体系：空间舒适、空气清新、用水卫生、环境安静、光照良好、健康促进。以人们对健康的关注度与敏感度，清晰表达了居住环境提升人体健康的途径，以便于使用者清楚地认识、理解，进而转化为自我的健康行动，包括居住环境改善和生活方式提升。

历经20年的研究与实践，已确定住宅全生命周期所涵盖的居住与健康性能指标及实施措施。总体来看，系统的协调、管理影响居住环境健康性能的环境、行为、服务等因素，为居住者提供全方位的健康保障，是建立健康住宅建设体系和评价体系的最终目的。同时，健康指标的确立还与最新的科研成果、行业技术发展和人们的可支付能力有关。

为将设计师和开发商主导的健康住宅建设惯例转化为以居住者的健康体验为导向的建设本质，引导和鼓励人们选择健康住宅，2019年起，国家住宅与居住环境工程技术研究中心与国家住宅科技产业技术创新战略联盟联合启动HiH（Health in Habitat）健康标识（住宅）评价工作。HiH健康标识（住宅）评价是以《健康住宅评价标准》T/CECS 462为基本依据，以计划、在建和已建成的住宅项目为评价对象，以提升住宅项目健康性能为目的的系统性评价工作，具有机构权威性、技术系统性、操作灵活性、成果针对性以及推广全面性。截至2023年12月31日，全国已有51个项目分别获得全项或专项的HiH健康标识（住宅），我国健康住宅理念与技术的推广速度得到进一步提升。HiH健康标识（住宅）评价工作流程依据《HiH健康标识（住宅）评价管理办法》制定，由国家住宅与居住环境工程技术研究中心健康住宅建设办公室（简称“健康办”）于2020年5月开始执行（图3.5）。

申报单位在开始申报前，应与“健康住宅建设办公室”充分沟通，对评价工作、流程等进行全面了解，并针对自身需求，确定评价模式、评价范围。“健康办”在收到申报单位提交的申报资料后，将对申报资料的完整性、真实性等进行审核，审核通过以后将以书面形式通知申报单位，并于签订协议后，正式启动受理申报程序。健康办将组织相关专业技术专家，对申报单位提交技术资料的内容深度、技术合理性、可行性等，按照《健康住宅评价标准》进行审核，使申报项目具备专家评价的条件。具备专家评价条件的申报项目，健康办将提请国家住宅与居住环境工程技术研究中心健康住宅专家委员会对项目进行专家评价，评价专家根据技术资料，以《健康住宅评价标准》为基本依据，对申报项目的技术指标进行核实、测算，评估其科学性、合理性，进行综合论证，最终给出评价结论。

通过专家评价的申报项目，根据《HiH健康标识（住宅）评价管理办法》的规定，由国家住宅与居住环境工程技术研究中心和国家住宅科技产业技术创新战略联盟向申报项目颁发与评价结论相对应的“HiH健康标识（住宅）”（图3.6、图3.7）。

图3.5　HiH健康标识（住宅）评价模式与阶段

图3.6　HiH健康标识（住宅）

图3.7　HiH健康标识

在20年的健康住宅理论与实践研究过程中，催生出众多优秀的项目案例。获得HiH健康标识（住宅）的项目中，“宁夏中房玺悦湾”全面系统地凸显了健康住宅的性能。

宁夏中房玺悦湾项目位于宁夏回族自治区银川市金凤区，依托用地先天优势，将自然景观引入社区空间，真正做到自然环境与人工空间的有机融合。项目在规划初期认真贯彻健康住宅理念，精细化关怀是项目的核心原则，通过生活的角度体验、观察和发现居住者的需求，建立、健全多方位的服务和反馈渠道，便于广泛收集项目有关客户需求方面的提升空间，推进项目和谐、有序、健康发展。项目在规划体系、景观体系、套型体系、精装体系、科技体系、建材选用、精细化管理、智能化体系、健康可持续等方面尽力做到最好，为居住者营造出十分细腻的健康居住空间[1]。项目于2020年12月通过综合评价，获得全项铂金级HiH健康标识（住宅），这也是自

[1] 刘佳帅，胡文硕，左龙，等.基于HiH健康标识评价模式的健康住宅设计探索——以宁夏中房玺悦湾项目为例[J].建设科技，2023（7）.

HiH健康标识（住宅）评价工作开展以来，全国首个获得铂金级标识的项目（图3.8）。

图3.8　宁夏中房玺悦湾健康住宅项目

空间舒适。在住区户外空间的整体规划结构方面，住宅错列分布，便于在住区内形成通风廊道；楼间距大，一层日照时间保证3小时以上。住区引入天然水系，总体温度、湿度舒适，以水系将整个小区分隔成南北区并通过桥连接，围绕水系进行业态布局——低层、多层、高层、住区商业依次展开，低、多、高层住宅组团依次布置，相对分开且互有联系。整个住区内部设计需考虑不同人群需求，特别是儿童和老年人，所以儿童及老年活动中心等使用空间位于中心位置。

空气清新。在污染源控制方面，卫生间使用深水封地漏，连接普通地漏的管道应设P或S型存水弯，其水封深度不低于50mm。不自带水封的卫生器具均应加设存水弯，且存水弯的水封高度不能低于50mm；自带水封的器具无需设置存水弯。存水弯宜带检查口。选用可循环、可回用、可再生的建材，不得选用对人体健康有害的建材（建材供应商应提供建材中有害物质含量的检测报告）。施工单位在室内装修过程中，不得使用苯、工业苯、石油苯、重质苯及混合苯等稀释剂、溶剂，不得采用有机溶剂清洗施工用具。主要建筑材料和机械设备都须达到设计技术标准后方能订货，货到后还须进行严密的抽样检查，确认是否合格后方能使用。当需要更换其他代用材料时，应征得建设单位和设计方同意后可更换材料，以确保工程质量。住宅装修采用土建装修一体化设计与施工的方式。

用水卫生。在给水水质卫生方面，所需生活热水由安装在厨房的分户式燃气热水器和分户式太阳能热水器提供所得，热水器的额定出水温度为60℃，属于闭式系统，末端出水温度不低于50℃，即时出水。在给水排水系统建设与维护方面，各类给水排水管道和设备设置明确清晰的标识，防止误接、误饮、误用。对于管道维护，如公共吊顶内等有可能结露的部位，给水管道需设置20mm厚防结露保温层，选用耐腐蚀、耐久性好的管材和管件，管道外壁加强防腐，降低管道漏损率。住宅3层以下由市政水压直接供给，而3层以上通过不锈钢水箱和变频水泵方式来供水。生活水箱内设置水质净化消毒装置，输送管道选用密闭性好的阀门设备以及耐腐蚀、耐久性好的管材、管件，从而避免饮用水的二次污染。所有卫生间淋浴器设置恒温混水阀。

环境安静。在室内声环境评价方面，住宅分户墙全部采用200mm厚混凝土剪力墙，并且每面增加18mm厚抹灰石膏找平层，计权隔声量与粉红噪声频谱修正量之和（Rw+C）为55dB（大于50dB）。卧室、起居室地面面层为木地板，厨房、卫生间地面面层为瓷砖，结合新风系统和地暖管排布，新风管垫层填充结构为65mm厚发泡混凝土。室内楼层板暗敷橡胶隔声减噪垫，楼板的隔声量为52.1dB，满足高要求标准。

光照良好。“天然采光”要求人们应适当暴露在自然光环境中，不仅可以增加住宅室内外自然信息的交流、强化生理节律、改善室内卫生环境和调节居住者的心情，而且天然采光还能提升公共空间邻里交往的环境质量，降低人们在地下室的恐惧感，提高安全体验和空间使用频率。根据模拟计算，住宅居室窗台面受太阳反射光连续影响时间均不超过30min，住区所有大进深的起居室或卧室75%以上面积的采光系数不小于2%（采光指标满足起居室、卧室、厨房的采光系数大于2%，卫生间大于1%），同时要加强太阳反射光防护，避免光污染。精装修图纸上预留有窗帘盒，所有住宅均预留电动窗帘插座，并配置智能网关，方便后期配置窗帘控制系统进行眩光防护，手动控制窗帘可以起到同样的作用。住宅外墙材质采用真石漆等质感涂料，色彩柔和，无反光现象。所有楼梯间均采用天然采光。

健康促进。在住区入口设置共享的公共交往空间，位于城市会客厅。城市会客厅具备快递、邮箱、等候、休憩和交谈、会客等功能，且单元门禁位置设置合理。住宅首层有单元门厅，充分利用门厅作为人们交往的空间。住区内会所设置文化活动室、棋牌室、阅览室、艺术培训室、室内体育活动场所、老年人与儿童室外活动场地。儿童活动区和老年人活动区范围内的无障碍设施完善，设有避雨、遮阳、座椅等措施，且遮阳或避雨面积不小于活动场地面积的20%，场地铺装符合环保、防滑和防摔伤要求的材料。住区内营造优美的绿化环境，确保最不利地块的绿地率至少为35%，选择抗病虫害、无毒、无花粉污染且近人处不种植带针刺的适种植物。

健康住宅是一种强调居住者健康和福祉的住宅建设理念。它不仅仅关注住宅的物理结构和外观设计，更注重住宅内部环境对人体健康的影响。随着人们生活水平的提高和健康意识的增强，健康住宅的理念逐渐受到重视，人们感知住宅健康的方式也随之改变。健康住宅的发展是时代发展的必然趋势，健康住宅是人民美好生活的载体，体现住宅建设精细化、人本化、科学化可持续发展的理念，为居住者营造安全、舒适、便利、活力、和谐、智能的高品质住宅和社区[1]。

健康住宅是人民实现健康美好生活的空间载体，“以人为本”的核心价值是健康住宅建设技术体系与其他建设技术体系最明显的不同。我国虽已有二十余年健康住宅研究基础，但是受经济发展条件、人民认知程度、研究专业壁垒等因素影响，健康住宅理论研究与发展相较国外还有明显差距。面对政策经济环境变化、健康住宅发展加速、理论研究基础薄弱、居住健康需求升级、现行体系亟待改进等问题，我们更应明确健康住宅发展路径，提出更符合我国社会经济发展与国民健康需求痛点的健康住宅建设技术体系，对完善健康住宅研究的理论创新与实践创新、提供健康住宅研究与发展的思路、推进我国健康住宅产业向好向快发展、迎合新时代的健康住宅新需求、提升人民健康福祉，具有理论与现实意义。

[1] 胡文硕.理想的家——中国健康住宅研究与实践[J].城市住宅，2021（6）.

3.2 分布式光伏发电技术解决方案支持乡村社区可持续发展
——以浙江省宁波市龙观乡为例

在全球气候变化风险日益加剧的今天，推动绿色能源转型、实现可持续发展已经成为国际社会的普遍共识。联合国《变革我们的世界：2030年可持续发展议程》(以下简称《2030年可持续发展议程》)明确将能源问题设置为一项独立的发展目标，提出要"确保人人获得负担得起、可靠和可持续的现代能源"(SDG7)，并围绕现代能源服务的供应程度、可再生能源在全球能源结构中比例、能源效率提升，通过国际合作促进清洁能源的研究、技术开发和投资，发展中国家的能源服务等内容制定了到2030年的具体行动目标[1]。

推动实现经济适用的清洁能源这一可持续发展目标，可对多项可持续发展目标及其子目标的落实产生积极影响。能源产业与经济社会发展息息相关，推进清洁能源应用和能源治理体系转型可对生物多样性保护、土地利用、基础设施建设、人居环境、医疗服务、生产和消费模式转型、就业和经济发展、伙伴关系搭建等领域产生积极影响。例如，根据《跟踪可持续发展目标7：能源进展报告》[2]，2022年，全球约有250万户家庭通过太阳能家庭系统和小型太阳能照明系统获得了电力供应，约4.9亿人通过离网太阳能系统解决方案获得了电力服务。相较电网建设，分布式电源发电系统为偏远和人口稀少地区的电力供应提供了灵活性高、建设周期短、可根据当地用能需求开展合理投资建设的替代方案。此外，分布式系统在农业生产和小微企业中的应用有助于增加农村社区居民收入、提高生产力、改善生活质量和居住环境、促进新兴就业和经济增长。由此可见，在落实SDG7的进程中，可有效推动SDG1、SDG3、SDG8、SDG11、SDG13、SDG15等目标的实现。

中国政府始终致力于推动清洁能源治理体系建设，积极落实《2030年可持续发展议程》。2016年发布的《中国落实2030年可持续发展议程国别方案》承诺，到2030年，实现价廉、可靠和可持续的现代化能源服务在中国的全面覆盖，非化石能源占一次能源消费比重达到20%左右，推进基于生态文明建设的低碳、绿色城镇化发展，建设清洁低碳，安全高效的现代能源体系。

中国作为世界最大的发展中国家和最大的能源消费国，持续优化能源结构，积极推进现代能源体系建设。2012年以来，在能源安全新战略的引领下，中国在能源消费、能源供给、能源技术和能源体制等领域不断推进，同时全方位加强国际合作，《国务院关于促进光伏产业健康发展

[1] 联合国. 2015. 变革我们的世界：2030年可持续发展议程，A/RES/70/1 [R]，联合国.

[2] IEA，IRENA，UNSD，World Bank，WHO. 2024. Tracking SDG 7：The Energy Progress Report [R]. World Bank，Washington DC.

的若干意见》（国发〔2013〕24号）、《太阳能发展"十三五"规划》[1]等相关政策陆续出台，明确了发展光伏等新能源产业对调整能源结构、推进能源生产和消费革命、促进生态文明建设的重要意义。2020年，"力争2030年前实现碳达峰、2060年前实现碳中和"的"双碳"目标提出；2022年，党的第二十次全国代表大会报告明确要求"加快规划建设新型能源体系"；2023年，中央经济工作会议对深入推进生态文明建设和绿色低碳发展作出了部署，要求"加快建设新型能源体系，加强资源节约集约循环高效利用，提高能源资源安全保障能力"。以节约资源和保护环境为导向，在新发展理念的指导下，中国能源供需格局和治理体系不断演变，非化石能源产业高速发展。根据《"十四五"现代能源体系规划》[2]，"十三五"时期，我国非化石能源消费比重达到15.9%，煤炭消费比重下降至56.8%，非化石能源发电装机容量稳居世界第一。国家统计局发布的国民经济和社会发展统计公报显示[3]，2023年，天然气、水电、核电、风电、太阳能发电等清洁能源消费量占能源消费总量比重由2014年的16.9%上升到26.4%。清洁能源生产进入高比例、大规模发展阶段，为推动形成绿色发展方式和生活方式奠定了良好的基础，中国逐渐成为全球清洁能源领域的领跑者。

作为一种重要的绿色电力来源，太阳能光伏装机量逐渐成为全球重要的新增可再生电力来源，也是中国能源政策的重要组成部分。

根据国际能源署发布的《2023年可再生能源报告》[4]，2023年，全球可再生能源新增装机容量达到507GW，同比增长近50%，增速为过去20年来的最高纪录。其中，太阳能光伏新增装机容量占到了全球新增容量的四分之三，表明了太阳能在可再生电力发展中的主导地位。同时，报告显示，中国在促进全球太阳能光伏电力发展方面作用尤为显著，2023年其新增装机容量与2022年全球太阳能光伏新增装机总量相当。据预测，未来五年可再生能源电力容量的新增将持续增长，太阳能光伏和风能新增装机容量将占全部可再生能源新增装机容量的96%，到2028年全球新投入运营的可再生能源装机容量中中国占比将接近60%。

中国在全球可再生能源领域的增长态势与中国政府在财政补贴、税收优惠、技术创新、市场准入等领域长期坚持的支持政策举措密切相关。2013年，国务院发布了《关于促进光伏产业健康发展的若干意见》（国发〔2013〕24号），围绕产业布局、技术创新、市场机制、建设管理等领域提出了要求，为太阳能开发和光伏产业的健康发展提供了政策支持，逐步使中国成为全球最大的光伏市场和制造基地。同年，财政部下达《关于分布式光伏发电实行按照电量补贴政策等有关问题的通知》（财建〔2013〕390号），确立了对分布式光伏发电的财政补贴政策，极大

[1] 注："十三五"时期为2016至2020年。

[2] 注："十四五"时期为2021至2025年。

[3] 国家统计局.2015.中华人民共和国2014年国民经济和社会发展统计公报[R/OL].（2015-02-29）[2024-07-25] https：//www.stats.gov.cn/sj/zxfb/202302/t20230203_1898704.html.
国家统计局.2024.中华人民共和国2023年国民经济和社会发展统计公报[R/OL].（2024-02-29）[2024-07-25] https：//www.stats.gov.cn/sj/zxfb/202402/t20240228_1947915.html.

[4] 国际能源署. 2024，Renewables 2023[R/OL]. [2024-07-25] https：//www.iea.org/reports/renewables-2023.

地激发了市场活力，促进了分布式光伏发电的普及。2014年，国家能源局发布了《关于进一步落实分布式光伏发电有关政策的通知》（国能新能〔2014〕406号），进一步明确了落实机制、配套措施和工作机制等问题，进一步推进了光伏发电的多元化发展，推动了光伏应用向用户侧的延伸。2016年，国家能源局发布了《太阳能发展“十三五”规划》，明确了“十三五”期间太阳能到2020年底的具体开发利用目标和重点任务，为中国光伏产业的长远发展指明了方向。2018年，国家发展改革委、财政部、国家能源局联合发布了《关于2018年光伏发电有关事项的通知》（发改能源〔2018〕823号），对光伏发电的补贴政策进行了调整，推动了光伏产业向市场化、高质量发展转型，促进了光伏行业的健康可持续发展。2021年，国务院发布了《2030年前碳达峰行动方案》，提出了实现碳达峰的目标和路径，指出要推进“光伏发电多元布局”“采用‘光伏+储能’等模式，探索多样化能源供应”“推广光伏发电与建筑一体化应用”，体现了光伏发电在绿色发展中的关键作用。同年，国家发展和改革委员会、国家能源局等九部门联合发布了《“十四五”可再生能源发展规划》，明确了“十四五”期间可再生能源发展的目标和任务，光伏发电作为可再生能源的重要组成部分，将继续得到政策支持和市场推动。

此外，中国还积极参与国际合作，如2015年在巴黎举行的联合国气候变化大会上，中国承诺到2030年非化石能源占一次能源消费比重达到20%左右，这进一步彰显了中国在推动全球可再生能源发展中的决心和责任。这些政策文件的出台，不仅为光伏产业提供了强有力的政策支持，促进了产业规模的快速扩张和技术的持续进步，也充分体现了我国不断推动能源体系优化的决心，为中国在全球可再生能源领域中的领导地位奠定了基础。

中国太阳能资源丰富，光伏发电在阳光充足的农村地区发展潜力巨大。随着国家乡村振兴战略的持续推进，太阳能光伏发电在乡村地区的应用逐渐普及，有效改善了农村能源结构，优化了人居环境，促进了当地经济和生态环境的双重发展。

2014年，国家能源局、原国务院扶贫开发领导小组办公室联合发布了《关于实施光伏扶贫工程工作方案》，决定利用6年时间开展光伏发电产业扶贫工程，并对分布式光伏和光伏农业等工作作出了具体部署。随后，光伏扶贫被确定为十大精准扶贫工程之一，相关政策如《光伏扶贫电站管理办法》《关于公布可再生能源电价附加资金补助目录（光伏扶贫项目）的通知》（财建〔2018〕25号）和《智能光伏产业发展行动计划（2018—2020年）》等相继出台，为光伏扶贫项目的有序推进提供了坚实的政策支撑。

2018年，《中共中央 国务院关于实施乡村振兴战略的意见》进一步明确了推动农村基础设施升级和可再生能源开发的方向，光伏发电与乡村振兴的结合迎来了新的发展机遇。在这一过程中，各地区根据村民居住条件和实际发展需要，不断创新光伏扶贫模式，不仅保障了贫困地区的电力供应，还为村民创造了收入和就业机会，为实现联合国可持续发展目标，特别是关于无贫穷（SDG1）和经济适用的清洁能源（SDG7）的目标提供了有力支撑。

截至2020年，全国光伏扶贫电站累计装机容量达到26.36GW，惠及近6万个贫困村、415万贫困户，每年可产生发电收益约180亿元，相应安置公益性岗位125万个，村级光伏扶贫电站资产确权给村集体，平均每个村每年可稳定增收20万元以上[1]。中国现行标准下9899万农村贫困人口全部脱贫，832个贫困县全部摘帽，12.8万个贫困村全部出列，区域性整体贫困得到解决，提前10年实现联合国《2030年可持续发展议程》中消除极端贫困的目标。

随着光伏技术的持续提升和政策的不断优化，农村地区光伏发电的应用场景不断拓展，形成了渔光互补、农光互补、林光互补、牧光互补等多样化的模式。这些模式不仅提高了土地利用效率，还有效推进了农业科技化，实现了农民增收，促进了农村经济的多元化发展和宜居宜业的和美乡村建设。2021年，国家能源局、农业农村部和国家乡村振兴局联合出台的《加快农村能源转型发展助力乡村振兴的实施意见》进一步强调了农村地区能源绿色转型发展的重要性，对巩固拓展脱贫攻坚成果、促进乡村振兴，实现碳达峰、碳中和目标和农业农村现代化具有重要意义。据国家能源局统计，截至2023年9月，全国户用分布式光伏累计装机容量突破1亿kW，农村地区户用分布式光伏累计安装户数已超过500万户，带动有效投资超过5000亿元[2]。这些数据不仅展示了光伏发电在推动乡村振兴中的重要作用，也彰显了其在实现国家能源战略和可持续发展目标中的巨大潜力。

在宏观政策的支持下，城市和地区也在积极探索如何通过应用光伏技术支持乡村振兴战略与宜居宜业和美乡村建设，并涌现出许多典型案例。其中，浙江省宁波市龙观乡率先建成全国第一个整村屋顶采用建筑光伏一体化技术产品全覆盖的村庄，在有效提升当地能源自给能力的同时，推动了地方经济、社会的可持续发展。

龙观乡位于浙江省宁波市海曙区，面积73km^2，下辖10个行政村。其中，李岙村为龙观乡行政村之一，村域面积3.8 km^2，全村共有362户、826名村民，是龙观乡第一个建设农村户用屋顶光伏电站的行政村[3]。李岙村环境优美，生态资源丰富，但因地处四明山区峡谷地区，交通不畅，产业基础较为薄弱，2010年前还是典型的山区贫困村，全村近三分之一的民房属于危房，基础设施较差，2013年村集体年收入仅3000元[4]。2012年底，李岙村抓住新农村建设的机遇，启动了总投资1亿余元的整村拆建项目[5]。2013年，在推进拆旧村、建新村工程的同时，村集体积极寻求致富增收途径，由村集体股份经济合作社筹资投资600万元，对新村屋顶实施“整村规划、一体安装、集中并网、统一运维”，利用新村民居、公共建筑屋顶铺设光伏板建设村级分布式寓建光伏电站，做到投资光伏电站与新村建设同步设计施工和竣工验收，保证项目25年稳定运行。

[1] 国务院新闻办公室. 2020. 国务院新闻办就能源行业决战决胜脱贫攻坚有关情况举行发布会[R/OL]. https://www.gov.cn/xinwen/2020-10/19/content_5552484.htm.

[2] 国家能源局. 2023. 我国户用光伏装机突破1亿千瓦覆盖农户超过500万[N/OL].(2023-11-14)[2024-7-29]. http://www.nea.gov.cn/2023-11/14/c_1310750360.htm.

[3] 吴晓鹏，王幕宾. 2022. 光伏产业带来“阳光红利”[N/OL].(2022-11-25)[2024-07-29] http://zjrb.zjol.com.cn/html/2022-11/25/content_3605175.htm.

[4] 海曙新闻网. 2024. 喜报！龙观乡这项工作入选全国典型案例[N/OL].(2024-07-03)[2024-07-29] http://www.haishu.gov.cn/art/2024/7/3/art_1229100592_58997633.html.

[5] 张浩呈，郑轶文. 2019. 敢想敢干的村支书洪国年：带领村民 共奔幸福路[N/OL].(2019-06-04)[2024-07-29] https://epaper.zjgrrb.com/html/2019-06/04/content_2668040.htm.

李岙村寓建光伏电站建设项目分二期规划建设。第一期工程装机年发电量为30万kW·h，于2015年12月建成并网发电，2017年12月二期工程建成，两期工程合计总装机年发电量60万kW·h。李岙村成为宁波市首个也是全国第一个建成光伏建筑一体化（Building Integrated Photovoltaics，BIPV）技术产品全覆盖的行政村。项目建成后，村民每月每户可享受50kW·h免费用电，每年创造上网收益60多万元，收益由村集体和村民共享。到2016年5月，李岙村全面完成5.8万m^2农房改造，建成联排别墅247套、多层90套[1]。分布式光伏电站支持李岙村实现产能、用能、节能一体化，带动村集体和村民收入快速增长，2020年，李岙村集体经济年收入跃升至200万元，村民年人均收入突破4万元[2]。

经过十余年的发展，2024年，李岙村分布式光伏电站项目被国际能源署太阳能供热制冷委员会（IEASHC TCP）收录为太阳能社区规划应用的示范案例[3]。该实践展示了科学规划与分布式光伏技术在中国乡村社区提升能源自给能力、促进地方经济发展和环境保护方面的有效性，为全球范围内的太阳能社区发展提供了实证支持（图3.9、图3.10）。

李岙村的分布式光伏系统采用BIPV技术，研发光伏瓦替代传统建材，整村居住建筑与公共建筑均安装有光伏组件和集成系统，在保证村集体年投资收益和村民每户每月免费用电50度前

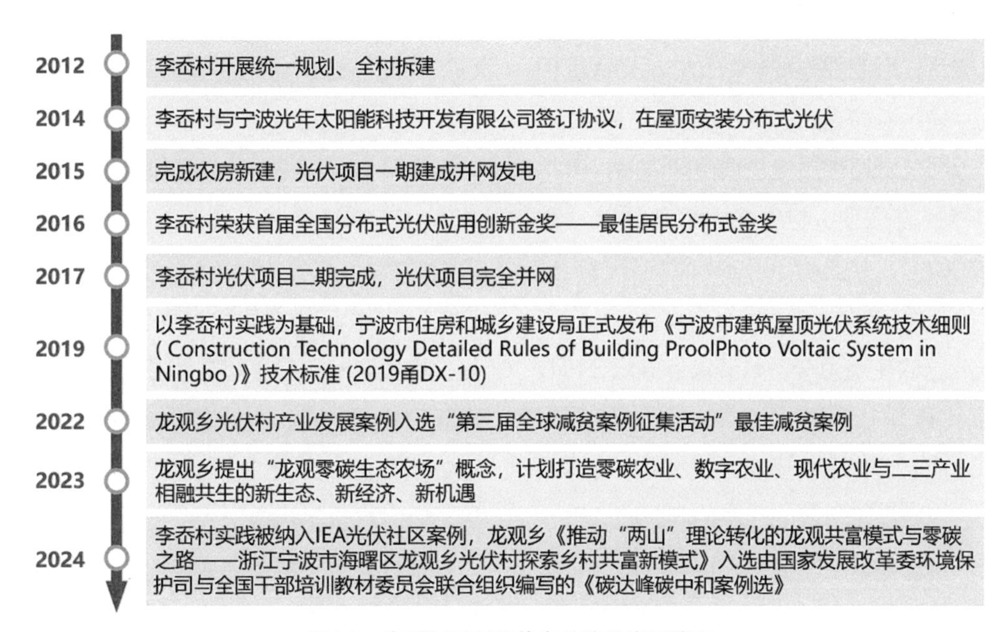

图3.9　李岙村屋顶光伏电站建设发展情况

[1] 宁波市海曙区人民政府.2021. 海曙龙观乡李岙村入选“绿水青山就是金山银山”浙江十五年探索与实践典型案例[R/OL]. [2024-07-39]. http：//www.haishu.gov.cn/art/2021/1/22/art_1229116290_58933816.html.

[2] 吴晓鹏，王幕宾. 2022. 光伏产业带来“阳光红利”[N/OL].（2022-11-25）[2024-07-29] http：//zjrb.zjol.com.cn/html/2022-11/25/content_3605175.htm.

[3] 国际能源署太阳能社区规划项目组. 2024. 如何在新建和既有太阳能社区中整合太阳能策略？（How to integrate active and passive solar strategies in New and Existing Solar Neighborhoods?[R/OL] [2024-07-31]. https：//task63.iea-shc.org/case-studies.

图3.10　李岙村分布式屋顶光伏系统应用场景示意

提下，确定每户光伏瓦安装面积与发电功率，经济、环境、社会效益显著。

李岙村光伏系统由晶硅光伏组件、逆变器、控制器及其他配件组成，研发晶硅光伏瓦、配套瓦、边瓦、脊瓦等组件替代传统琉璃瓦，建材形式与建筑融合，形制规范统一。此外，光伏瓦相比传统瓦片使用寿命更长，防水、隔热性能效果更好，房屋居住舒适性更佳。项目建成后，李岙村362户村民家屋顶、村委会大楼等建筑，替代瓦片2200m^2，共安装600多kW的分布式光伏电站，每年发电量60多万kW·h。

清洁能源的使用为李岙村节省标准煤216t，减少二氧化碳排放598t、二氧化硫排放18t、碳粉尘163t[1]。光伏瓦片还能减少从室外传导到室内的热量，减少了村民的空调使用时间，进一步降低了环境影响。在李岙村光伏电站建设每年为村集体增收60万元的基础上，2018年以来李岙村每年将45万元预算用于村公共事业建设与村民福利改善，设立了民生“阳光基金”，用于奖励村民子女上学、入伍，补贴红白喜事，以及困难群众帮扶。2019年，李岙村成立村旅游经济合作社，整合全村自然资源与人文资源，大力开发乡村旅游业，“寓建光伏”品牌形象进一步促进了乡村旅游发展，光伏项目的经济、社会和生态效益显著（图3.11）。

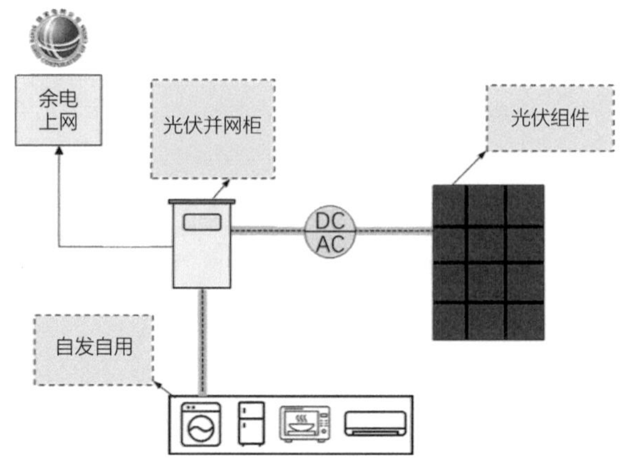

图3.11　李岙村光伏系统示意

李岙村在新村规划设计中充分考虑了太阳能资源的利用效率。李岙村建筑整体朝南，设计有效降低了周围山体对规划用地内日照环境的影响，为屋顶光伏系统的运行营造了良好的日照环境。

在户型设计方面，为确保自然光照的最大化，主要卧室和起居室布置在建筑南侧。南侧开窗面积较大，而北侧则相对较小，不仅引入了充足的自然光，还在冬季利用了被动式太阳能加热，同时减少了热量流失。此外，北侧不设入户门，有效避免了冬季主要风向带来的冷风直接影响室内温度，进一步降低了热损失。建筑二层卧室外设置有阳光房，有利于冬季捕获太阳热量，夏季则可通过设置遮阳帘和可开启的窗户有效调节室内温度，利于通风散热。这种设计既体现了对季节变化的适应性，也展示了建筑设计在节能

[1] 海曙新闻网．2024．喜报！龙观乡这项工作入选全国典型案例[N/OL].（2024-07-03）[2024-07-29] http：//www.haishu.gov.cn/art/2024/7/3/art_1229100592_58997633.html.

和太阳能利用方面的灵活性。

在建筑表面利用方面，李岙村民居建筑统一设计为坡屋顶，而公共建筑则以平屋面为主，公共建筑通过支架架设光伏板，确保光伏板以最佳角度接收太阳能，从而最大化发电效率。这种差异化的设计策略，既考虑了居住建筑与公共建筑的不同需求，也充分利用了各自的结构特点，实现了光伏系统的优化配置（图3.12、图3.13）。

图3.12　李岙村日照环境示意

图3.13　李岙村住宅二层阳光房实景

以李岙村村级“寓建光伏”分布式光伏电站建设为样板，龙观乡同光伏技术企业深度合作，结合大路、龙谷、雪岙三个新村建设规划，通过采用不同的投资融资模式和技术应用开展了“寓建光伏”建设试点项目，持续积累农村分布式光伏推广建设的实践经验。

大路村毗邻李岙村，是继李岙光伏村建成之后，第二个结合新村建设、规划建造“寓建光伏”全覆盖的行政村。为解决村集体经济组织筹资难的问题，大路村采取了民企投资共享的投资模式，大路村在村集体和村民不出资金的前提下，民营光伏技术企业通过引进第三方共同投资建设的方式利用新村屋顶安装智能光伏电站。龙谷村、雪岙村的光伏项目建设则通过引入国央企投资的方式进行了规模化开发。其中，龙谷村创新采用了薄膜发电技术，通过采用碲化镉薄膜玻璃平板电池代替传统烧结琉璃瓦的光电建筑一体化的光伏系统，建成了新村屋顶全覆盖的全国首个薄膜电池光伏村。雪岙村的光伏项目建设结合新村改造升级同步进行。

与李岙村采用村集体筹资建设的方式不同，大路、龙谷和雪岙三个光伏村的建设均采用了引入第三方投资、政府给予光伏政策补贴支持的合同能源管理模式。该融资模式下，村集体和村民不出资，在投资回收期内享受固定分红，投资回收期满后，发电利润村和投资方四六分成，合同到期后电站归村集体所有。通过探索打造集规划设计、投资运营、安装施工、运维管理为一体的综合服务体系，龙观村逐渐形成了分布式光伏项目与一、二、三产业联动的路径，有效激发了村庄的发展活力，形成了支撑乡村振兴的龙观模式。至2022年底，龙观乡10个行政村光伏普及率达到100%，光伏村占比达40%，装机容量5300kW，年发电量达530万kW · h[1]。

结合清洁能源应用和生态环境禀赋，龙观乡还率先开展了乡镇级的生态产品价值实现和林

[1] 吴晓鹏，王幕宾. 2022. 光伏产业带来“阳光红利”[N/OL].（2022-11-25）[2024-07-30] http：//zjrb.zjol.com.cn/html/2022-11/25/content_3605175.htm.

业碳汇交易试点工作。2021年底，龙观乡启动了全国首个生物多样性友好乡镇试点项目，作为乡镇级代表参加了联合国《生物多样性公约》第十五次缔约方大会COP15第一阶段会议平行论坛。2022年，龙观乡总结归纳生物多样性保护和可持续利用的阶段性成果——“四明秘境，多彩龙观”自主承诺，经审核筛选后收录在CBD COP15（《生物多样性公约》缔约方大会第十五次会议）官方数据库中[1]。同年，龙观乡发布了中国首个生物多样性友好乡镇地方标准成果——《生物多样性友好乡镇规划指南》，并于2024年出台《宁波市海曙区龙观乡生物多样性友好行动计划（2024—2026）年》，提出到2026年，乡域实现分布式光伏建制村全覆盖，建成若干个融合地方特色的生态产业示范地。

以李岙村整村屋顶光伏电站建设为BIPV技术实现路径样板，浙江省龙观乡在乡村光伏社区建设方面的实践表明，通过政策支持、技术创新和融资模式的综合运用，光伏建筑一体化技术的有效推广促进了乡村的能源转型，有效提升了农村居民的生活质量，为农村地区的可持续发展注入了新动能。

浙江省乡村光伏社区建设的实践充分展现了光伏技术在推动地方经济发展、改善居民生活质量以及促进环境可持续性方面的重要作用。BIPV光伏建筑一体化方案在乡村地区的创新和集成应用不仅优化了能源消费结构，还为乡村带来了经济增长的新途径。龙观乡通过建设、管理模式的创新，使村民与企业等社会力量形成合力，共同推进了清洁能源的共建共用共享，使清洁能源转型目标与乡村振兴紧密结合，为乡村地区的可持续发展提供了新的思路和实践路径。在全球范围内实现净零排放目标的过程、2030年可持续发展目标亟待加快落实的背景下，龙观乡的具体实践也为全球范围内的能源转型和气候变化应对提供了有益参考。

[1] 宁波市海曙区人民政府.

3.3 既有住区海绵化技术助力城市更新建设
——以北京市海淀区岭南路26号院为例

海绵城市是践行生态文明城市建设的有效抓手，老旧建筑小区作为城市中重要功能区，也是海绵城市源头区，对雨水径流削减和污染物控制具有重要意义。联合国2030可持续发展目标11提出“建设包容、安全、有抵御灾害能力和可持续的城市和人类住区”。国际上针对雨洪管理提出了低影响开发（Low Impact Development，LID）、水敏感城市设计、可持续排水系统等理念。我国在2013年基于生态文明战略提出了海绵城市理念。海绵城市建设是一种综合性的城市发展策略，它通过模拟自然生态系统的功能，增强城市对水资源的吸纳、蓄渗和净化能力，提高城市的抵御自然灾害能力，从而提升城市的生态韧性和可持续性。

随着经济文化水平的不断提高，我国人民对居住生活的需求也在不断提高，但老旧建筑小区建设时间长、居住环境差、生活品质低的特点较为显著，已逐步成为百姓生活的痛点，也成为社会资源均等化、公正化推进的绊脚石。但当前老旧建筑小区改造缺乏整体设计先行理念，在改造对象、改造范围、民众参与度以及改造方法均存在不足，亟须相应的研究来解决。以助力老旧小区“旧貌换新颜”，为城市发展补短板、添动力，使发展更平衡更充分，让居民享受社会发展成果。近些年的海绵城市建设经验告诉我们，传统的老旧建筑小区海绵化改造存在建设前设计不精准、建设中施工简单粗暴，以及建设后维护管理不便等问题，作为工程建设的前端，设计上的不足直接影响建设质量和效果。因此，当前急需一套因地制宜、技术可行的改造设计方法与理论，来指导国内老旧建筑小区海绵化改造的推进。

自2013年起，政府在推动海绵城市建设方面采取了一系列重要举措和政策，旨在通过增强城市对雨水的自然积存、渗透和净化能力，提升城市防洪防涝能力，改善水资源管理，并促进生态环境的可持续发展。2013年，在中央城镇化工作会议上，习近平总书记指出：“在提升城市排水系统时，优先考虑更多利用自然力量排水，建设自然积存、自然渗透、自然净化的‘海绵城市’”。2015年国务院办公厅关于推进海绵城市建设的指导意见（国办发〔2015〕75号）“通过海绵城市建设，最大限度地减少城市开发建设对生态环境的影响，将70%的降雨就地消纳和利用。到2020年，城市建成区20%以上的面积达到目标要求；到2030年，城市建成区80%以上的面积达到目标要求。”

为深入推进落实海绵城市建设，国务院、住房城乡建设部、财政部、水利部等多部门出台一系列政策，旨在推动城市建设的可持续发展，解决城市面临的洪涝灾害、水资源短缺以及生态环境恶化等问题。《国务院办公厅关于加强城市内涝治理的实施意见》（国办发〔2021〕11号）指出根据建设海绵城市、韧性城市要求，因地制宜、因城施策，提升城市防洪排涝能力，用统筹的方式、系统的方法解决城市内涝问题。在城市建设和更新中，积极落实“渗、滞、蓄、净、用、排”等措施，建设改造后的雨水径流峰值和径流量不应增大。要提高硬化地面中可渗透面积比例，因地制宜使用透水性铺装，增加下沉式绿地、植草沟、人工湿地、砂石地面和自然地面等软性透水地面，建设绿色屋顶、旱溪、干湿塘等滞水渗水设施。优先解决居住社区积水内涝、雨污水管网混错接等问题，通过断接建筑雨落管，优化竖向设计，加强建筑、道路、绿地、景观水体等标高衔接等方式，使雨水溢流排放至排水管网、自然水体或收集后资源化利用（表3.2）。

海绵城市建设相关政策摘要 **表3.2**

颁布时间	颁布主体	政策名称	内容摘要
2013年10月	国务院	《城镇排水与污水处理条例》	……建设雨水收集利用设施，削减雨水提高城镇内涝防治能力
2014年2月	住房和城乡建设部	《住房和城乡建设部城市建设司2014年工作要点》	大力推行低影响开发建设模式，加快研究建设海绵型城市的政策措施
2014年11月	住房城乡建设部	《海绵城市建设技术指南》	指导城市规划、排水、道路交通、园林等有关部门指导和监督海绵城市建设有关工作
2014年12月	财政部	《关于开展中央财政支持海绵城市建设试点工作的通知》	编制海绵城市建设专项规划，贯彻实施新型城镇化战略和水安全战略有关要求，实现自然积存、自然渗透、自然净化的城市发展方式
2015年4月	财政部、住房城乡建设部、水利部	《2015年海绵城市建设试点城市名单》	根据财政部、住房城乡建设部、水利部《关于开展中央财政支持海绵城市建设试点工作的通知》（财建〔2014〕838号）和《关于组织申报2015年海绵城市建设试点城市的通知》（财办建〔2015〕4号），财政部、住房城乡建设部、水利部于近期组织了2015年海绵城市建设试点城市评审工作
2015年4月	国务院	《关于印发水污染防治行动计划的通知》（即“水十条”）	全面加强配套管网建设。强化城中村、老旧城区和城乡结合部污水截流、收集。现有合流制排水系统应加快实施雨污分流改造，难以改造的，应采取截流、调蓄和治理等措施。新建污水处理设施的配套管网应同步设计、同步建设、同步投运。除干旱地区外，城镇新区建设均实行雨污分流，有条件的地区要推进初期雨水收集、处理和资源化利用
2015年7月	住房城乡建设部办公厅	《海绵城市建设绩效评价与考核办法（试行）》	为推进城市生态文明建设，促进城市规划建设理念转变，科学评价海绵城市建设成效，依据住房城乡建设部《海绵城市建设技术指南》，制定本办法
2015年8月	水利部	《水利部关于印发推进海绵城市建设水利工作的指导意见》	综合考虑城市地形地貌、降水径流……合理确定海绵城市建设水利工作的目标、指标和对策措施，推动城市发展与水资源水环境承载力相协调
2015年10月	国务院新闻办公室	推进海绵城市建设和简政放权有关政策例行吹风会	提出推进海绵城市建设五项要求；通过海绵城市建设，将70%的降雨就地消纳和利用，到2020年，城市建成区20%以上的面积要达到海绵城市目标要求；到2030年，城市建成区80%以上的面积要达到目标要求

续表

颁布时间	颁布主体	政策名称	内容摘要
2015年10月	国务院办公厅	《国务院办公厅关于推进海绵城市建设的指导意见》	坚持生态为本、自然循环。充分发挥山水林田湖等原始地形地貌对降雨的积存作用，充分发挥植被、土壤等自然下垫面对雨水的渗透作用，充分发挥湿地、水体等对水质的自然净化作用，努力实现城市水体的自然循环
2015年12月	中央城市工作会议		要提升建设水平，建设海绵城市
2016年1月	住房城乡建设部	《海绵城市建设国家建筑标准设计体系》	主要内容包括：五大领域及相关基础设施的建设、施工验收及运行管理
2016年2月	中共中央 国务院	《中共中央 国务院关于进一步加强城市规划建设管理工作的若干意见》	提出推进海绵城市建设，建设海绵城市
2016年2月	国务院	《关于深入推进新型城镇化建设的若干意见》	提出在城市新区、各类园区、成片开发区，推进海绵城市建设
2016年2月	国家发展改革委、住房城乡建设部	《印发城市适应气候变化行动方案》	提出：推进海绵城市建设，增强城市海绵能力
2016年2月	财政部办公厅、住房城乡建设部办公厅、水利部办公厅	《2016年海绵城市建设试点城市申报指南》	第二批海绵城市申报拉开序幕
2016年3月	住房城乡建设部	《海绵城市专项规划编制暂行规定》	要求各地结合实际，抓紧编制海绵城市专项规划，于2016年10月前完成草案
2016年3月	十二届全国人大四次会议	《中华人民共和国国民经济和社会发展第十三个五年规划纲要》	提出“加强城市防洪防涝与调蓄，公园绿地等生态设施建设，支持海绵城市发展，完善城市公共服务设施”

北京市海淀区海绵城市建设小区改造工程是一项针对现有小区进行的综合性生态和基础设施改善项目。通过对绿地、铺装以及管网进行改造增强雨水的渗透、收集和再利用能力，从而提升城市的生态韧性和环境友好性，进一步提升城市环境、缓解水资源短缺、改善城市基础设施。

为贯彻落实北京市政府办公厅《关于推进海绵城市建设的实施意见》(京政办发〔2017〕49号)，加快海淀区海绵城市建设，提高城市韧性和宜居性，结合区域实际情况，北京市海淀区制定了编制《北京市海淀区海绵城市专项规划》(以下简称《规划》)及《海淀区“十四五”期间海绵城市建设计划》(以下简称《计划》)。

《规划》指导海淀区海绵城市建设工作，将海绵城市理念贯彻到城市规划和建设的全过程中，综合采取“渗、滞、蓄、净、用、排”等措施，最大限度地减少城市开发建设对生态环境的影响，将75%的降雨就地消纳，实现“小雨不积水，大雨不内涝，水体不黑臭”的综合目标。到2020年底，城市建成区20%以上的面积达到目标要求；到2030年底，城市建成区80%以上的面积达到目标要求。

北京市海淀区海绵城市建设指标分为六类十二项，以年径流总量控制率、年径流污染控制率、地表水功能区达标率、雨水资源利用率和生态岸线比例等五项指标作为海绵城市建设重点指标。通过水安全保障规划、水环境改善规划、水生态修复规划、水资源利用规划和水文化发展规划五个部分，提出系统规划方案，以“项目储备、示范先行、制度把控、全区推进”为原则，分两个五年建设节点，推进海绵城市建设工作。制定《海淀区推进海绵城市建设工作方案》，确定工作目标和工作任务，制定工作联席会议制度，实现规划引领、技术支撑、全方位管控、全社会共建共享，推动海绵城市工作的规范化、标准化、制度化，保障海绵城市建设工作的长效推进。

《计划》包括海绵型建筑与小区改造、海绵型道路与广场改造、海绵型公园与绿地改造，以及浅山雨水资源收集与利用工程，共涉及四大类型项目。其中，海绵型建筑与小区改造项目，按照改造难易程度，分年度完成，主要建设内容为绿地、道路竖向调整，组织降雨径流，人行道、停车场、广场透水铺装改造，改造下凹式绿地，增设雨水溢流口，改造雨水管等措施。

“十四五”期间海淀区海绵城市建设项目主要包括68个海绵型建筑与小区改造项目、61个海绵型道路与广场改造项目以及14个浅山雨水资源收集与利用工程，共计143项工程，计划逐年分项完成。通过汇总住建、园林、水务等部门未来五年计划项目，叠加至各排水管控分区，项目共涉及108个排水管控分区。经测算，若108个排水管控分区全部达标，可实现城市建成区63%的面积达标，远远高于设定的建设目标，考虑到经济投入效益及海淀区建设实际情况，从可实施的角度进行有效筛选，选择尽可能少的排水分区，满足建成区面积总和达到68.55km^{2}即可。经测算，若住建、园林、水务等部门未来五年计划建设项目涉及的46个未达标排水分区实现达标建设，即可新增建成区达标面积69.62km^2，便可完成到2025年建成区50%以上面积达标的任务，实现海淀区全区共计101个排水分区达到建设标准，建成区达标面积共计达到116.22km^2，建成区达标比例为50.5%，满足“十四五”海淀区海绵城市建设目标。

海淀区位于北京城区西部和西北部，介于北纬39°53'—40°09'，东经116°03'—116°23'，东与西城区、朝阳区相邻，南与丰台区毗连，西与石景山区、门头沟区交界，北与昌平区接壤。海淀区地处暖温带半湿润半干旱大陆性季风气候区，冬季受蒙古高压和西伯利亚寒流的影响，寒冷干燥，盛行西北风；夏季受大陆低压和太平洋高压的影响，高温多雨，盛行东南风。年际间降水量变化大，降水分配极不均匀，多年年平均降水量为525.4mm。降雨集中于夏季的6~9月，占全年降水的81.35%；冬季的12~2月份降水量最少。

根据地理位置及土壤成分特点，可分成山区、南部平原及北部平原土壤特征分区。平原区地表岩性主要有黏性土夹砾石、粉性土、上部粉性土下部砂卵砾石和粉细砂，各类地表岩性的渗透系数详见表3.3。

海淀平原区主要表层土渗透系数　表3.3

序号	地表岩性	渗透系数（m/d）
1	黏性土夹砾石	0.2~1
2	粉性土	0.1~0.5
3	上部粉性土，下部砂卵砾石	5~10
4	粉细砂	1~5

海绵城市建设强调规划引领、生态优先、安全为重、因地制宜、统筹建设的原则。老旧建筑小区海绵化改造是进一步保障居民安全感、提高居民幸福感、增强居民获得感的重要途径。

人既是海绵城市建设的执行者也是受益者，其在海绵城市建设中处于核心位置。老旧建筑小区的海绵化改造应将“居民意愿”放在首要位置，通过问卷调查、现场走访，将居民参与程度分为“高、中、低”三个层级，以此制定需求呼应，选择设计不同的技术措施（图3.14、图3.15）。

图3.14　现场调研及问卷调查

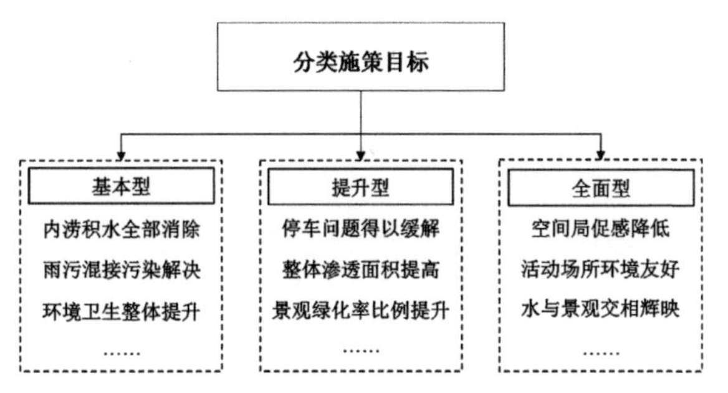

图3.15　分类施策目标确定

基于老旧建筑小区的居民改造意愿、改造资金额度、下垫面绿地率、环境卫生条件、室外排水系统现状以及地下空间开发强度等六个方面出发，按照分类施策方法，划分为基本型、提升型、全面型，将设计从简单的“菜单式”计划，变为“基本菜单+特色菜单”的精准方案。三种类型从定量角度分别对三种类型下的技术指标，分别为居民改造意愿、改造配套资金、小区绿化条件、整体环境卫生、小区排水系统、地下空间利用情况等进行赋值，将每种改造类型的指标赋值进行累加，根据累加结果确定每种改造类型下指标赋值的边界范围（图3.16）。

分类改造设计流程按照“本底调研—问题识别—条件分析—目标确定—分类施策划分—整体改造规划与设计”执行。首先，通过本底调研对改造老旧建筑小区的室外环境进行摸排，包括居民改造意愿、改造资金、本底条件、现状资料等，识别关键问题，分析改造条件；其次，制定改造目标，结合本底条件划分改造类型，即基

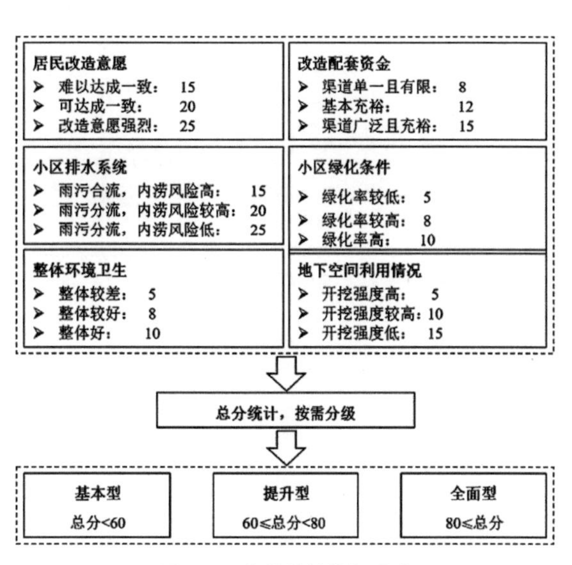

图3.16　分类设计指标确定

本型、提升型和全面型，并落实指标分解；再次，根据小区竖向高程、排水系统分布基础条件，进行整体海绵设施改造规划布局，相应划分的改造类型；最后，选择适宜的改造技术措施，设计技术设施的大小、水力坡度、工艺流程等设计参数（图3.17）。

建筑与小区作为城市雨水渗、滞、蓄、净、用的主体，对实现源头流量控制和污染物削减具有重要作用。老旧建筑小区海绵化改造，应优先采取雨落管断接、透水铺装、雨水蓄用、生物滞留设施等措施，提高老旧建筑小区的雨水积存和蓄滞能力；改变道路排水路径，增强道路绿化带对雨水的消纳功能；提高非机动车道、人行道、停车场、庭院等区域透水铺装占有率，并结合雨

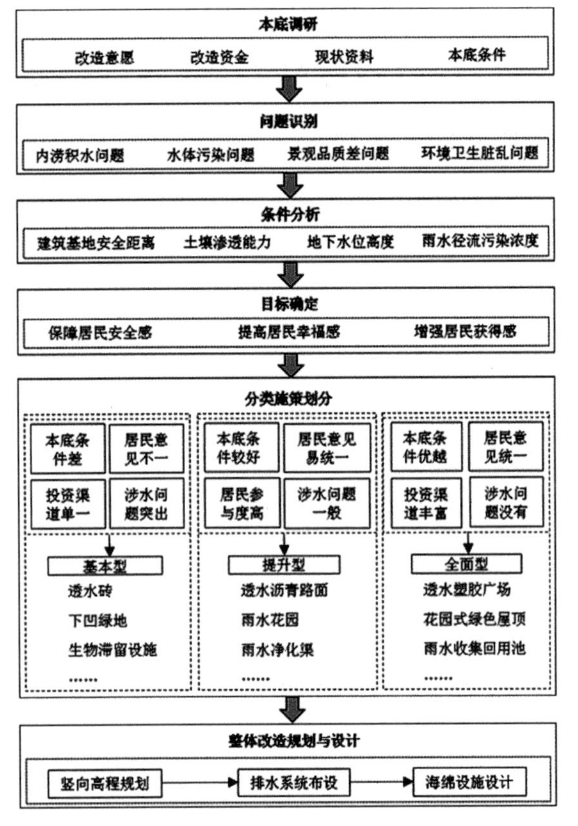

图3.17　分类设计流程图

水管进行收集、净化和利用，减轻对市政排水系统的压力，满足小区排水防涝要求；实施雨污分流，控制初期雨水污染，排入水体的雨水经过岸线净化（图3.18）。

截至2024年5月，建设计划中2022年度已完工小区为10个，其中，岭南路26号院作为2023年海淀区重要民生事实项目，集中解决群众“急难愁盼”问题。岭南路26号院东邻核工业第二研究设计院小区，北邻岭南路，共计3栋住宅楼，小区总面积约0.96万m^2。小区内部现状高程特点为北侧整体略高于南侧区域，整体高程大致在53.7m~56.5m，绿地高程大多和道路相同，局部有平整的活动场地以及停车区域，整体地势较平坦（图3.19~图3.22）。

改造前小区内不透水铺装面积占比较大，路面损坏严重，绿地高程与道路标高关系不满足海绵要求，不具备调蓄及渗透的功能；同时排水管网建设及运维状况不佳，部分区域未设置雨水口，存在无组织排水和低洼点积水等问题。小区内存在有下沉庭院，据当地居民反馈，当发生暴雨时庭院内雨水均由东侧雨水井内的污水提升泵进行排水，排水效果不显著，存在排水时间缓慢

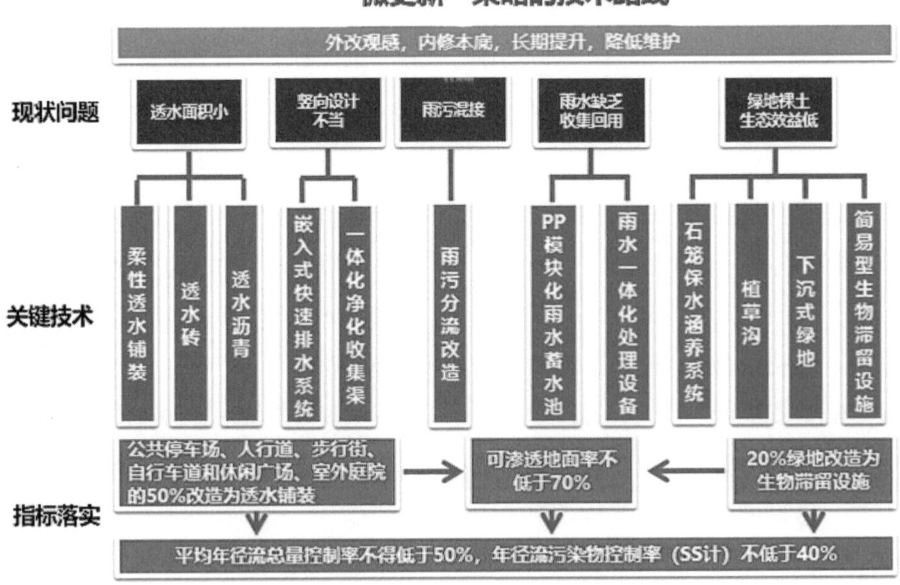

图3.18　老旧建筑小区海绵化改造技术路线示意

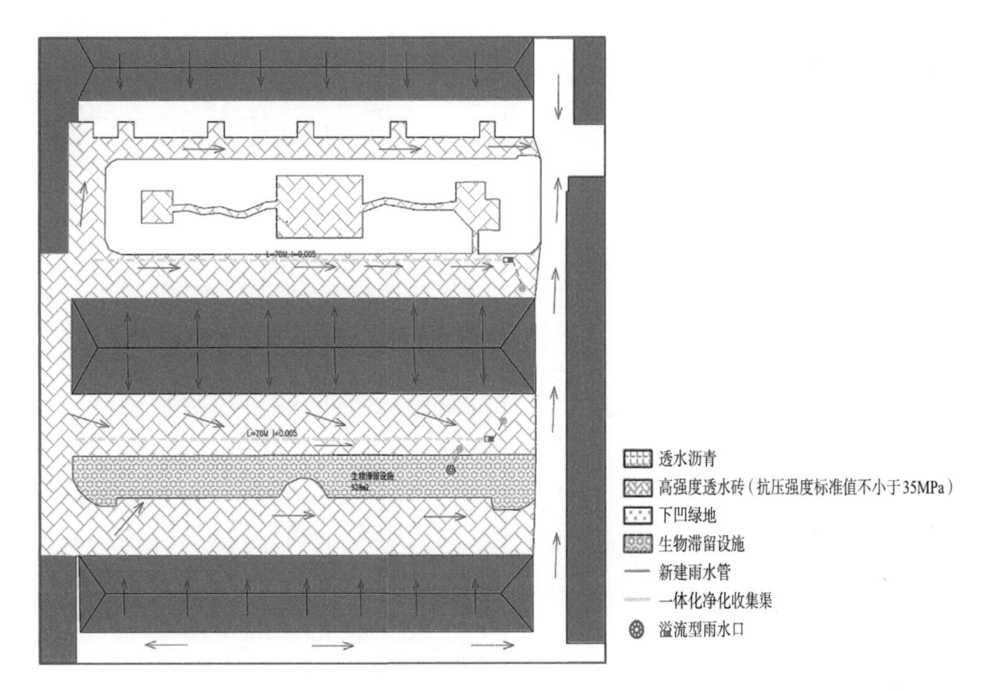

图3.19　海淀区岭南路26号院海绵改造方案图

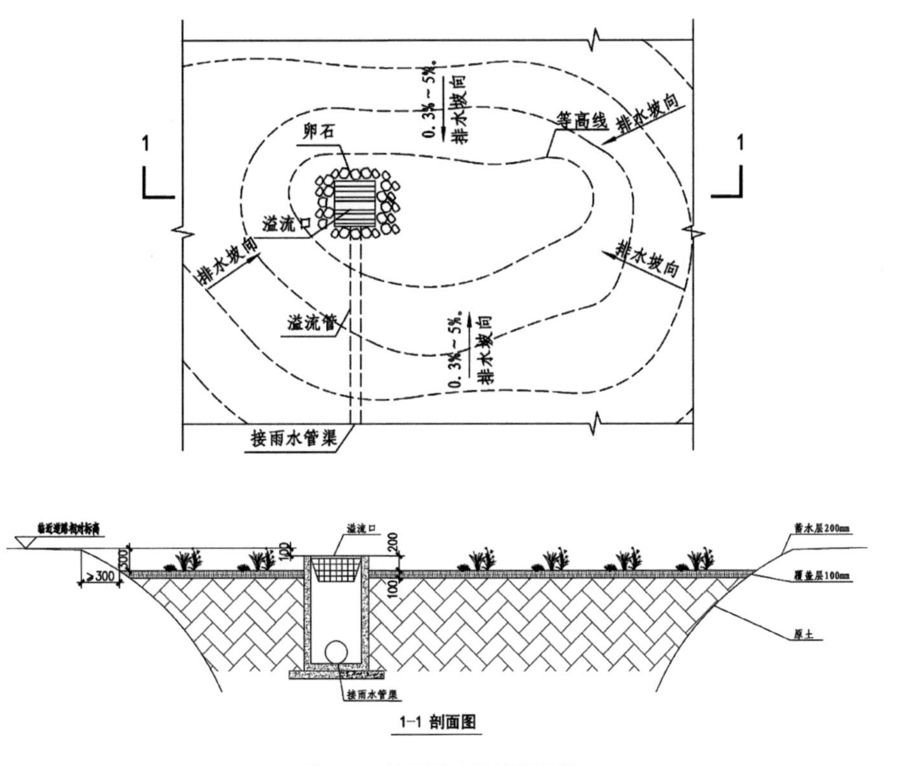

图3.20　简易型生物滞留设施

的问题。对于此，结合地勘报告及现场实际情况，对下沉庭院雨水排水缓慢的问题进行了研究，通过对现有的汇水面积、雨水管、提升泵等数据参数进行核算，最终确定了问题的原因。原设计并没有根据规范要求对小区的下沉庭院区域选用50年的设计重现期，导致雨水管管径过小，

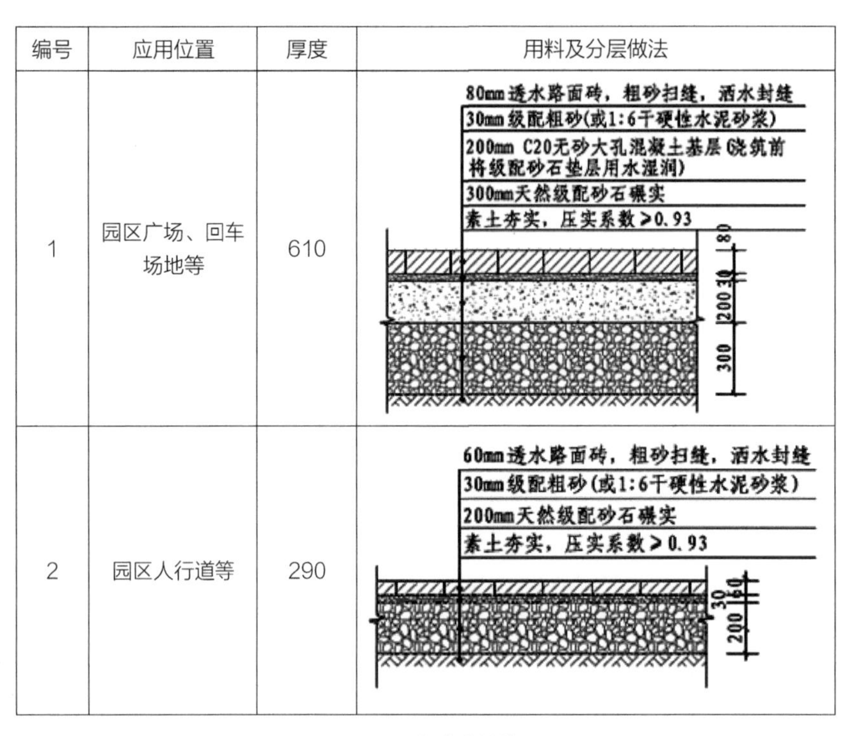

编号	应用位置	厚度	用料及分层做法
1	园区广场、回车场地等	610	80mm透水路面砖，粗砂扫缝，洒水封缝 30mm级配粗砂(或1:6干硬性水泥砂浆) 200mm C20无砂大孔混凝土基层(浇筑前将级配砂石垫层用水湿润) 300mm天然级配砂石碾实 素土夯实，压实系数≥0.93
2	园区人行道等	290	60mm透水路面砖，粗砂扫缝，洒水封缝 30mm级配粗砂(或1:6干硬性水泥砂浆) 200mm天然级配砂石碾实 素土夯实，压实系数≥0.93

图3.21　透水砖路结构图

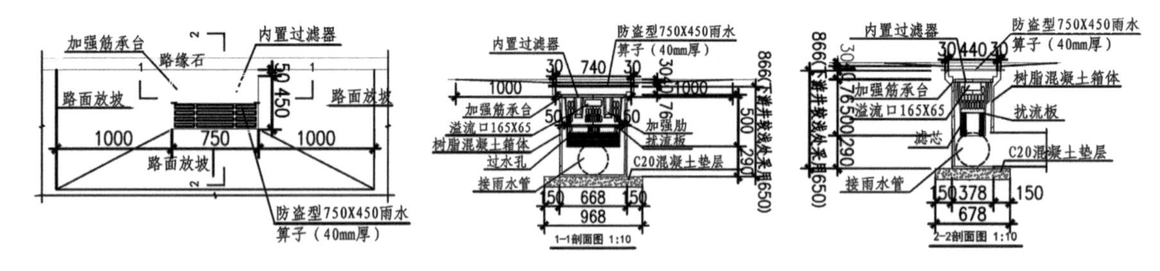

图3.22　面源污染处理器结构图

造成排水缓慢。通过对该区域的流量进行计算，原有雨水提升泵参数满足50年的设计重现期标准，所以在本次项目中，新建一条雨水收集渠（71m）平行于现有雨水管线路由，增加下沉庭院的雨水排水能力，解决老百姓的实际问题。3号楼北侧另建设一条雨水收集渠（71m）解决路面积水问题。

此外，项目还通过更换透水砖（2524m^2）、建设生物滞留设施（528m^2）、面源污染处理器（2座）等海绵措施，收集汇水区域内屋面、人行道、停车位雨水径流。设计达到平均年径流总量控制率50%以上、年径流污染总量削减率（以悬浮物SS计）40%以上，满足《北京市海淀区海绵城市专项规划》等指标要求。并且通过对生物滞留设施的建设，提升小区景观效果；通过雨水组织，消除小区内的积水点，提升居民出行的便利性和安全性。

小区内现状绿地内植物长势较差，大部分绿地存在地表土裸露现象。绿化植物种类及层次单一，植物多为高大乔木，缺乏观赏性灌木及地被植物，整体缺少季相变化及层次感，景观风貌及生态功能较差。改造通过对小区绿地内现状植物进行梳理，对现状长势良好植物予以保留，对部分搭配杂乱、无序生长的植物进行合理移除或修剪，补植观赏性灌木及地被植物。新补植地被植物选用种植成本低、生命力强且耐粗放管理的乡土植物，尽可能减少前期投入和后期维护费用，创建节约型绿地。

改造地被植物品种按照观花与观叶相结合、耐阴与耐涝兼顾的原则选择。植物配置以复层结构为主，主要有耐湿耐旱的灌木、草本、地被植物组成，充分体现群落之美。例如，耐阴性强且维护成本低的观赏性地被：崂峪苔草、细叶芒等；耐水湿的观赏性地被品种：鸢尾、马蔺、红蓼等；结合现状树情况，局部补充花石榴、大叶黄杨等观花、常绿灌木，丰富植物层次。

老旧小区往往是韧性城市建设中的薄弱环节，不同于一般新建小区项目，老旧小区的海绵化改造存在更大的难度。改造设计过程中，要对每一个小区改造项目实行“一区一策”的解决方案，合理确定小区海绵化改造措施，真正让老旧小区有“面子”也有“里子”。

改善城市生态环境，提升居民生活质量。岭南路26号院海绵改造项目的建设符合《北京市海淀区海绵城市专项规划》的要求，顺应城市新时期发展的需要，通过完善雨水系统，提高城市居住区排水安全，改善城市生态环境，提升居民生活质量（图3.23）。

图3.23　生物滞留设施改造前后对比图

充分协调与征求街道、社区、物业及居民各方意见，解决重点积水问题。自《计划》批复以来，多次协调相关街道、社区及物业负责人，组织现场调研、测量，摸清小区本底问题，多渠道了解历史遗留水问题，融合海绵城市理念提出相关排水问题的综合解决方案，并通过多轮征求意见达成一致意见，并对技术方案签字确认，为工程的落地实施提供了有利条件（图3.24、图3.25）。

图3.24　透水铺装改造前后对比图

图3.25　透水沥青改造前后对比图

满足最新技术规范要求，符合海绵城市建设理念。项目按照海绵城市地方标准《海绵城市建设设计标准》DB11/T 1743—2020确定建设指标与内容，规范和系统化推进小区海绵化改造工程建设，坚持系统谋划、灰绿结合、蓄排统筹的原则，做到技术先进、经济合理、安全可靠。

项目按照对城市生态环境影响最低的开发建设理念，在城市建成区内保留或恢复足够的生态用地，控制城市不透水面积比例，促进雨水的积存、渗透和净化，最大限度地保护城市原有生态系统，留有足够空间涵养水源。在海绵城市建设过程中，能统筹自然降水、地表水和地下水的系统性，协调给水、排水等水循环利用各环节。随着小区海绵化改造工程的陆续建成，既可以有效改善建成小区既有生态环境，同时又通过既有排水设施提升改造，改善区域抵御洪涝灾害能力，为建设美好安全的城市创造条件。根据海绵城市的建设要求，结合雨洪管理进行相应的道路、绿地、管线设计，依托绿地系统统筹考虑雨水收集方式，充分发挥绿地对雨水的吸纳净化滞留功能，并利用多种收集处理方式，从源头进行控制，通过生物滞留设施延缓雨水径流，以低影响开发的技术手段，减小对环境的冲击，进而实现真正意义上的海绵城市。以问题为导向，在解决小区现有排水问题，实现小区内部雨污分流，完善小区雨污水排水体系，合理减轻下游市政道路排水干管排水压力，逐步提升区域整体排水能力。部分小区存在雨水调蓄设施只建未用的现象，以低影响开发为重要技术手段，提高现有雨水利用设施的利用率，通过完善利用体系从而实现雨水源头的有效收集与利用。

3.4 园林博览会新模式助力城市可持续发展
——以第十四届中国（合肥）园林博览会为例

近年来，中国城镇化水平持续提升，2023年底中国城镇化率已达到66.16%，预计至2035年后将达到峰值75%~80%。未来中国的可持续发展将有赖于富有活力的城市可持续发展。而中国城市经过改革开放40余年的快速发展，城市问题逐渐显现，必须从空间快速增长转向高质量发展，由大规模增量建设转为存量提质改造和增量结构调整并重。为解决城市问题，《中共中央关于制定国民经济和社会发展第十四个五年规划和2035年远景目标的建议》明确提出实施城市更新行动，将城市更新作为我国推动城市高质量发展的重要抓手和路径。城市更新是实现土地节约集约利用、城市发展转型、城市功能完善、城市品质提升和历史文化传承的战略选择，也将是中国城市可持续发展的重要依托。联合国《变革我们的世界：2030年可持续发展议程》的十七项可持续发展目标有多项与城市直接相关，例如，确保健康的生活方式，促进各年龄段人群的福祉（SDG3），促进持久、包容和可持续经济增长（SDG8），为城市提供抵御灾害能力的基础设施，特别是城市中的绿色基础设施（SDG9），建设包容、安全、有抵御风险能力和可持续的城市和人类住区（SDG11），尤其是SDG11.7“到2030年，向所有人，特别是妇女、儿童、老年人和残疾人，普遍提供安全、包容、无障碍、绿色的公共空间”，这些目标均将依赖城市更新得以实现。

为科学开展城市更新，国家相关部门相继出台了《关于在实施城市更新行动中防止大拆大建问题的通知》《关于开展第一批城市更新试点工作的通知》《关于扎实有序推进城市更新工作的通知》《关于开展城市更新示范工作的通知》等系列政策，从国家层面为城市更新工作提供支撑和指导。全国各地就城市更新行动开展了积极的实践探索，涌现了一批优秀的案例。2024年1月，住房城乡建设部公布了第一批城市更新典型案例，第十四届中国（合肥）园博园（以下简称合肥园博会）作为重要城市更新类型名列其中。合肥园博会是中国国际园林博览会（以下简称园博会）制度自设立以来首个以城市更新模式建设的园博会，既是新时期园博会转型发展的新路径，也是园博会响应城市高质量发展战略，助力城市可持续发展的重要探索。

园博会作为城市绿色基础设施，是城市发展与人居环境改善的重要抓手。近30年来，中国政府不断完善园博会的建设与管理，依托园博会引领城市发展、激发城市活力、提升城市品牌，园博会已经成为新时代生态文明、美丽中国建设的自觉行动。

国际上的园博会是在公园产生后逐渐发展起来的，1809年比利时举办了欧洲第一次大型园艺展，从此形成了园林展览的初步观念。德国于1887年和1896年分别在德累斯顿和汉堡举办了国际园林展，将专业展示、商业利益以及公众的活动结合在一起，这一传统从20世纪一直延续下来。经过多年的发展，园林展强调的不仅仅是园林展本身，同时着眼于展览对社会、对城市发展的积极影响，园博会已成为推动当代城市发展和环境建设的重要契机[1]。

我国的园博会创办于1997年，是由主管城市园林绿化工作的住房城乡建设部（原建设部）发起并与地方政府共同主办的博览会。创办之初，其主要目的扩大国内外园林绿化行业交流与合作，展示园林绿化新成果，传播园林文化和生态环保理念，引导技术创新。随着城镇化水平的提升和创办经验的积累，园博会作为城市事件与城市发展日益同频，园博会建设为城市留下了各种主题的展览馆、综合娱乐中心、公共绿地、广场等永恒纪念，这些永久保留的高品质生态环境对完善城市绿地系统、促进城市新区发展、改善城市结构具有明显的支撑作用，使城市环境优美宜人，从而吸引人才、吸引投资、促进城市的可持续发展。举办园博会已经成为高品质生态环境支撑高质量发展的典型模式，其建设过程在推进城市空间布局完善、加快城市基础设施建设、推动城市生态环境改善、促进产业结构转型升级、进一步促进区域经济的融合等方面形成了宝贵经验。众多城市借力园博会引领城市发展、激发城市活力、提升城市品牌，园博会发挥出的协同城市功能、推动城市发展的积极作用，受到城市园林绿化行业的广泛重视和社会各界的普遍认可。

截至2023年，我国已在大连、南京、上海、广州、深圳、厦门、济南、重庆、北京、武汉、郑州、南宁、徐州、合肥举办了14届园博会，因社会经济、城市特征、发展阶段的不同，每届园博会的建设都各具特色，但作为城市建设工作缩影的园博会无一例外地反映了当时城市发展的重点和关注点。园博会的发展恰逢我国城镇化扩张、协调发展和高质量发展的三个历史阶段，在不同时期园博会选址、主题和建设模式等各方面的转变，充分反映了园博会关注城市需求和推动城市发展的特质。

一是园博会选址经历了从中心城区向城市郊区，又重返中心城区的转变，符合我国城市发展的空间变化特征。早期园博会功能简单、面积小，在中心城区现有公园内举办；在城镇扩张期，园博会作为带动新区发展的引擎，多选址于城市新城开发区或城市周边待建设区；步入城镇化较快发展的中后期，园博会成为中心城区城市更新的新动力，选址贴近社区和市民生活圈。

二是园博会主题从“城市与花卉”到“生态优先 百姓园博”，不仅仅是园博会从行业宣传走向百姓生活，更深层次体现了园博会突破行业交流的功能定位，进一步关注和满足百姓日益增长的美好生活需求。

三是园博会展览内容从最初的园林花卉专项展览，到园林建设最新成果的展览，到目前的城市建设和城市发展新理念、新技术、新成果的展览。园博会的内涵不断外延，地位日益提高，园博会的定位由行业交流逐步转向城市盛会。

四是园博会建设形式从借用现有展览设施临时性搭建展览场地，到将会展与新公园建设结合起来，到目前利用生态修复和城市更新的方式来重新激活城市空间活力。园博会已经成为解决城市问题，促进城市高质量发展的有效手段和发力点。

五是园博会展后利用方式从拆除展览设施恢

[1] 王向荣.关于园林展[J].中国园林，2006(1)：19-24.

复原公园功能，到作为城市公园，再到成为功能复合的城市公共开放空间，展现了城市已经实现了从“面向建设”到“面向运营”转变。

六是主管部门对园博会的管理日益规范，从2007年第一次出台园博会的申办办法到2020年第四次修订管理办法，管理内容从申办审批逐步完善为包括指导思想、建设要求、展览内容、申办筹备、展后利用以及管理职责等全方位的顶层设计，反映了城市现代化治理能力的提升。

园博会历经近30年发展，始终紧跟时代主旋律，不断进行自我完善和更新。但在面对当下的新形势和新要求，仍需客观审视园博会发展实践中存在的问题，不断总结经验创新发展（图3.26）。

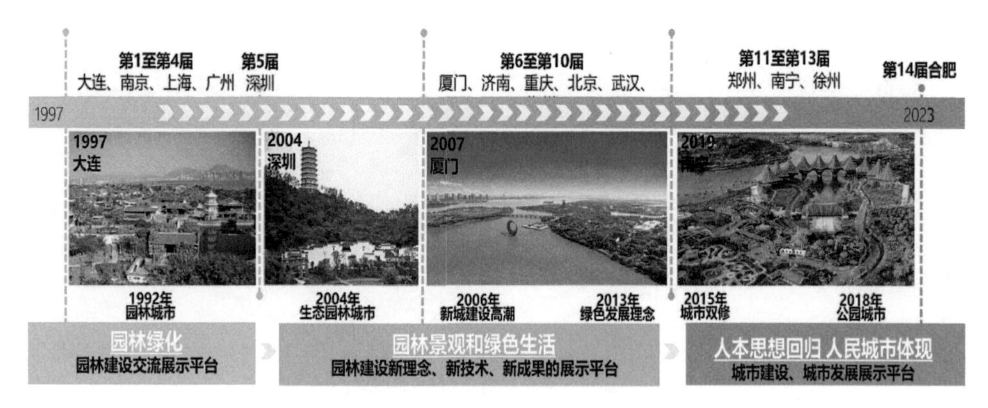

图3.26　园博会发展历程

2020年住房城乡建设部修订并印发了《中国国际园林博览会管理办法》[1]，从城市整体发展的角度，在指导思想、园区选址、资源利用、建设方式、展览内容和展后利用等方面对园博会作出了新要求。以合肥园博会为代表的城市更新型园博会应运而生，成为新时期园博会响应城市高质量发展战略，助力城市可持续发展的重要探索。

2020版《中国国际园林博览会管理办法》（以下简称《管理办法》）是文件的第四次修订，《管理办法》明确了“园博会是以习近平新时代中国特色社会主义思想为指导，贯彻落实新发展理念和以人民为中心的发展思想，坚持生态优先，推动城市高质量发展，不断满足人民群众对美好环境与幸福生活的向往，促进美丽城市建设，提高园林城市建设水平，综合展示国内外城市建设和城市发展新理念、新技术、新成果的国际性展会”。

在中国城市发展由大规模增量建设转为存量提质改造和增量结构调整并重的高质量发展阶段，《管理办法》首次提出“园博园场馆建设应充分利用改造存量建筑，新建展馆要考虑后续利用，严格控制规模”“园博园选址要尽可能在城市建成区或周边，贴近社区和市民生活圈。园博园的绿地、水系要成为城市整体绿地系统、水系统的有机组成部分”等建设要求。《管理办法》从城市整体发展的角度，运用统筹思维将园博会建造与城市联系更加紧密，提出了园博会在生态、系统、节约、服务、可持续发展的新方向，也为园博会进入城市更新领域探索提供了政策保障。

[1] 住房和城乡建设部.《中国国际园林博览会管理办法》[R/OL].北京.（2020-03-06）. https://www.mohurd.gov.cn/gongkai/zhengce/zhengcefilelib/202003/20200312_244380.html.

2013年5月29日，服务了36年的合肥骆岗机场完成了最后的使命，留下3km长的跑道、13.5万m^2的停机坪、含航站楼在内的160余栋老旧建筑以及合肥人的无数情感和记忆。但本着退役不退休的原则，从2013年开始，合肥市委市政府就着手探讨合肥骆岗机场地块的活化利用，最终确定以城市更新的方法建设合肥园博园，将最好的资源留给人民。

合肥园博园面积3.23km^2，距离老城区7.5km，距离巢湖6km，是内接老城外连巢湖的关键节点，也是合肥新城市发展中心和骆岗生态公园组成部分。场址内多样的用地类型、深厚的基址底蕴和丰富的建筑遗存，为园博园建设工作带来了挑战，但也为富有魅力的城市更新带来了机遇。

中国城市建设研究院有限公司领衔的规划设计团队，以“生态优先 百姓园博”为主题，以城市更新为手段，聚焦城市绿色空间开放共享，围绕“强生态、补服务、惠百姓、留记忆、增科技”的建设目标，营造具有时代特征、活力持续的“专家群众都满意，行内行外都说好，展期展后都有人气”的园博会，探索形成城园相融背景下园博园带动城市更新的合肥模式。面对合肥园博会建设与城市更新的结合，重点要解决好四方面的问题：一是园博会与城市发展战略的目标衔接；二是园博会短期展览与城市空间的功能结合；三是大尺度多功能场地更新对绿色开放共享的需求满足；四是传统工作模式面对多元任务和需求的方法转变（图3.27）。

合肥园博会是我国首个城市更新型园博会，在增强城市生态基础、补齐服务短板、改善百姓民生、保留城市记忆和增加科技亮点等方面进行了积极的探索，创新园博会运营模式，以高品质生态环境融入多元业态共同支撑城市高质量建设，实现了城市可持续发展的应有之义。

图3.27　合肥园博园实景俯瞰

在“高质量发展”背景下，以城市可持续发展为指引，合肥园博会的城市更新超越单纯的物质空间改善，实现城市综合品质的提升，涵盖从基础设施完善、产业转型升级、经济可持续增长到社会包容和公平正义、文化认同和传承创新、人居环境改善和公共服务提升等多维愿景。

生态优先，山水林湖城和谐共荣。

《合肥市国土空间总体规划（2021—2035年）》中构建了以“一湖一岭一带”为核心的市域生态安全格局，园博园位于合肥“九龙攒珠”经典格局的“巢湖——十五里河生态廊道”上，是城市重要的生态节点。如何让硬化面积达到31%的城市机场保证生态廊道的联通性，发挥重要生态服务功能，是场地规划面临的第一个问题。

转变思路，变“拆改留”为“留改拆用”。开展全园生态评估和建筑评估，识别具有重要生态功能和文化价值的遗存物，保留场地可利用的植物、建筑和场地。普查全园植物，为每株木本植物建立“一图一表”，形成合肥园博园现状乔木保护档案，将全园乔木分为“留、改、移、伐”4种保留利用方式，最终保留乔木7713株，移栽乔木1037株。通过保留现状植被自然演替、增加覆土绿化、提升立体绿化等一系列措施，重构全园绿色基底。

蓝绿联通，营造融合一体的生态空间。延续合肥开放共享的城市基因，充分利用穿园而过的水系、道路，连通园博园与城市蓝绿空间廊道，以点带面实现全市域范围内生态空间系统格局的健全和完善。尊重场地“西北高、东南低”的自然地形，保持十五里河重要支流许小河的河道形态与功能，构建自然积存、自然渗透、自然净化的生态雨水系统，集中收集园区和周边市政道路的雨水径流排至许小河，实现园区内外水网联通。面对与园博园相邻相交的四横三纵的外部交通系统，保留现状道路绿化原有乔木、更新地被层，建立园内绿道体系与园区内外道路绿廊的串联。

生境营造，丰富城市生物多样性。收集合肥的鸟类、兽类、昆虫类名录，明确目标动物，采用因地制宜的修复理念，根植场地现状营建园博绿地生态系统。采用近自然的设计手法、选择乡土植物结合丰富的地形骨架构建稳定的植物群落，营造山、谷、坡地、河流、湿地等多样的生物栖息环境，让自然做功，将机场旧址打造为回归自然的生态乐园，为园博园助力城市生物多样性保护奠定基础。

经过更新，硬化面积占比达31%的城市旧机场变身蓝绿空间面积占比75%的城中园博，城市闲置土地变身回归自然的生态乐园。城园融合有效地完善了城市蓝绿空间体系，联通了城市生态网络体系，形成的生态绿核对城市生态系统服务具有显著的提升作用（图3.28、图3.29）。

图3.28　生态修复后的生态园林展区

图3.29　雨天滞蓄径流、晴天百姓活动的跑道草坪

功能融合，展期展后服务百姓生活。

合肥在传承经典的“环城公园”建设模式基础上，国土空间规划提出在城市内部依托十五里河、南淝河等主要河流，串联重要节点，打造城市新“翡翠项链”的构想，通过沿新“翡翠项链”周边开展城市更新，融入发展新活力，成为未来城市最靓丽的风景线。

规划先行，前瞻落实土地性质。园博园在规划设计之初就充分考虑用地性质对建设、运营的限制和要求，在保证园博园公益属性不变的前提下，把建筑密集的城市更新展区中72.61hm^{2}用地整体规划为商业服务设施+公共管理和公共设施+绿地（B+A+G）的混合用地，并同步对老旧建筑采用兼容性思路改造，为展后发展新业态、新场景、新功能打下良好基础。

以终为始，顺畅衔接功能转换。基于空间分析总体形成“三区一馆”+城市展园的空间格局，制定分区更新策略，力求实现展期、展后两个时期空间与功能的对位衔接。明确展期城市园博、展后百姓公园的功能定位，保证实现城市生态功能、园博展览功能、片区服务功能。百姓舞台展区利用机场跑道和停机坪，保持战略留白，展期搭建百姓舞台，以大型全国园艺展为主体，策划百姓花园、航空科技、大众体育等互动性参与性的主题活动，展后化身城市开放共享空间，弹性多元合理利用；生态园林展区围绕密林坑塘的保护和废弃地的修复，展期结合山水地形塑造，实施以安徽地方园林、生境再造、海绵理水为主题的生态园林展示，展后化身城市公园供合肥市民使用；城市更新展区保留机场遗址的空间形态和街巷肌理，展期聚展陈、促更新，构建由街区、景区、展园组成的城市更新活力再生的核心展区，展后作为园博小镇成为服务滨湖科学城乃至包河区的城市特色功能街区；骆岗机场航站楼在展期改造为城市建设馆，全面展示合肥城市规划建设发展的历史、现状和未来，展后作为城市公共文化设施继续使用。

作为城市公共开放空间，合肥园博园释放了绿色空间、建筑空间、广场空间，提供与百姓需求和市场环境相匹配的持久活力和动力。合肥园博园在空间上不设围墙、运营上不卖门票，开园即实现人民共享，展期设置了永久、临时、应急共享三大类停车场，共计6万余个停车位，展后保留9000个永久停车位，极大地方便了百姓入园。顺畅的功能转换、完备的设施建设和多元的活动场景，为合肥园博会的长久运营提供了持续的生命力（图3.30、图3.31）。

保留记忆，聚焦城市地方文脉传承。

保留场地和环境，延续城市传统风貌。合肥骆岗机场启用于1977年11月，为加快安徽经济发展发挥了积极作用，饱含了无数合肥人的感情和记忆。合肥园博会在改造中“以留为主，

图3.30　免费开放的城市中心公园绿地

图3.31　合肥园博会百花园实景

改、拆、增为辅”，完整保留了骆岗机场航站楼、跑道、停机坪和雪松大道，最大程度保护了机场办公区和宿舍区的植物和街巷的传统格局，承载着合肥人三十多年记忆的城市历史在这里延续，老机场的传统风貌成为本届园博会的重要亮点。

活化利用历史建筑，让历史文化和现代生活融为一体。基于现状建筑评估的基础上，通过单层加固、单层改建、多层框架加固、多层砖混结构加固和多层改建扩建等方式，保留和改造15.1万m^2建筑，实现了不新建一座场馆的目标。在改造中机场航站楼保留原始天际线仅做立面材质更新，活化利用为城市建设主题的园博园主展馆，大机库改造为多功能共享空间，80余栋机场办公楼、宿舍区和电影院等老建筑改造成园博小镇，融汇了“食住行游购娱”一体的服务体验，在园博园里发挥综合服务功能。

塑造文化交流窗口，深化文明交流互鉴。合

肥园博会城市展园邀请了包括国内多次申办或举办过园博会、与合肥地缘关系紧密、中部长三角、港澳台地区、安徽省内等城市，以及参与“一带一路”合作倡议国家代表城市与合肥友好城市，共国内31个城市、国际7个城市参展。展示内容从城市历史文化和风貌保护、城市设计、城市历史文化保护与传承，到城市双修，展示人居环境建设和城乡社区治理的经验做法，展示美丽宜居、绿色生态、文化传承、智慧创新、安全韧性新型城市建设。

建展一体，共塑园博全域展览空间。城市展园结合留存建筑集中集约布局，围绕本届园博会主题，突破传统集锦式展园展陈方式，以城市为背景梳理“展园”，遗存建筑为“馆”，城市展园为“园”，城市发展中绿色生态、城市更新、百姓生活等新技术、新成果为“展”，馆、园、展一体共塑园博全域展览空间。合肥园博会以建带展、以展促建的建展融合模式，进一步提振了合肥园博会所承载的城市间、行业间交流互促和园林文化与生态环保的展示功能（图3.32、图3.33）。

图3.32　承载乡情的安徽地方园

韧性智慧，完善提升城市基础设施。

为营造稳定、可持续且经济实用的城市绿色空间，在项目之初，设计团队从服务人民群众实际生活的需求出发，系统性考虑市政基础设施

图3.33　航站楼改造的城市展览馆

的供给能力和服务质量，构建水、环卫、信息等全方位覆盖人民群众需求的市政基础设施体系。结合园区规划布局，多措并举，采用5G、人工智能等新技术、新产品，提高各类市政基础设施系统的运行效率，夯实园区展期、展后的日常运转保障基础。

平急结合，增强城市的安全和韧性。一方面，本着“适度超前”原则，合理预测园区市政基础设施负荷需求，综合考虑未来的发展需求，充分满足园区后续“去园博化”的利用需求，为区域未来功能转化为公园广场用地、商业服务设施用地、公共管理服务用地所增长的市政负荷需求预留弹性空间。另一方面，着重考虑市政基础设施的防灾减灾应急能力、极端条件下的抗逆能力和快速恢复能力，构建“多源供给”“多路保障”“系统调配”“应急安全”灵活调配的市政服务供给体系，深入挖掘系统自适应性，强化园区市政基础设施体系韧性，增强抗风险能力。

蓝绿灰融合，功能与景观并重的海绵体。充分利用原有的水系布局，系统化制定源头海绵方案、补水系统方案、水质保障方案、行泄通道应急管控方案设计，充分利用场地山水重构，实施一体化海绵城市解决方案。集园区雨水组织、景观水量保障、管渠排口净化与山水空间塑造、城市生境营造进行一体化设计，实现土方平衡、防洪排涝、雨水收集、生态补水功能的协调统一，真正实现园区的低影响开发。

“绿色+智慧”，提供高效率管理与高品质游览体验。通过“智慧大脑”，实现集成、融合和协同应用，赋能园区安全高效管理和公众服务系统便捷。基于园区全部植被数据库，开展植物监测、维护与管理；通过游客APP、微信小程序，为游客提供线下、线上全方位的服务，提升市民幸福感。大量投入的科技智慧应用，使合肥园博会成为展现合肥科技实力、“科里科气”城市特质的重要名片（图3.34）。

图3.34　区域雨洪调蓄空间结合园林景观

运营先行，多业态支撑园博永续。

如何让园博会“永不落幕”，是历届园博会承办城市面临的最大问题，也是园博会持续高质量发展的首要问题。

运营前置，紧扣功能完成规划设计。合肥园博会秉持“规划设计、功能业态、商业运营”三位一体的规划策略，按照“小管办+大公司”建设运营体制，坚持运营前置，组建空间运营管理公司全过程参与规划、设计、建设等工作，基于展后使用需求前置，对接功能布局、针对性设计，将展后明晰性能要求作为设计基本条件，给业态布置提供功能空间，为展后园博园持续高效使用奠定基础。

多元业态融入高品质环境。根据运营需求，制定了“10%首店品牌+40%本土品牌提升+50%知名品牌”的招商策略，并根据商户要求在设计阶段量身定制建筑方案、装修方案。凭借专业运营公司本土项目运营成功经验和大量优质企业招商资源，积极引入大量新业态、大流量、黑科技企业等80多家商户入驻，形成酒店、餐饮、文创、运动、娱乐、研学六大商业业态群，推动构建科技文化商业集聚区，将园博园打造成为合肥市“文化创意、科技创新”为特色的多功能地标街区。园区企业利用园博园的优质环境和经营流量获得意想不到的经济收益和品牌价值。为入园群众提供高层次、多样化的社会服务，实现生态效益、社会效益和经济效益的有机统一，保证了园博会的永续发展（图3.35、图3.36）。

图3.35　导入创意设计、数字媒体、智能服务等新型文化业态的骆岗机场

图3.36　融汇了“食住行游购娱”一体服务体验的园博小镇

合肥骆岗机场基于本地独特的区位条件与场地资源禀赋优势，依托园博会建设的政策要求，响应城市更新的发展战略，有效完善城市基础设施建设、推动闲置土地价值转化、提升城市人居环境品质。其成功案例为其他城市的城市更新实

践提供了有益的经验，也为落实城市可持续发展做出了积极探索。

合肥市以举办园博会为契机落实城市发展战略，以盘活闲置土地、激发城市活力、完善城市功能为目的，利用城市更新、生态修复、科技创新为抓手实施园博建设，使沉寂已久的骆岗机场焕发了新的生机与活力，保持城市可持续发展。合肥园博园的建设极大提升了百姓的获得感、幸福感，取得了显著的生态效益、社会效益和经济效益。

合肥园博会在2023年9月到12月展览期间接待游客632万人次，上榜2023年国庆假期国内热门旅游目的地TOP20，单日最高40万人，外省游客超19%。合肥园博园精心策划了包括地方戏曲展演、全国盆景展、徽商银行2023合肥马拉松暨全国马拉松锦标赛（第五站）、百米长卷绘园博、百项非遗进园博、中国大学生方程式系列赛等一系列活动，社会各界积极参加并给予高度赞赏，远期活动仍将持续策划，让合肥园博园永远有变化，打造未来可持续的新园博。截至2024年8月，合肥园博会累计接待游客1200余万人次，目前游客人数仍在持续增长，标志着合肥园博园已经成为合肥文旅"新地标"、城市"新名片"，更彰显了合肥骆岗机场城市更新的成功。

此外，在项目中根据住房城乡建设部要求形成的总体设计师统筹机制、"1+N"设计总承包管理模式，以及风景园林师协调跨专业团队合作机制的创新也为其他城市园博会建设和城市更新提供了有益的经验和启示。

3.5 开展联合国可持续发展目标地方自愿陈述的临沧实践

2015年9月联合国可持续发展峰会通过的《变革我们的世界：2030年可持续发展议程》（以下简称《2030年议程》）的执行期已过半，有效的后续落实和评估框架能够帮助各国推动和跟踪议程的执行进展。通过定期开展进展评估和监测，可以帮助各国和地区及时发现和解决落实过程中的问题和挑战，优化政策选择。此外，后续落实和评估机制还有助于促进国际交流与合作，加强各国和各城市在可持续发展领域的经验分享和交流互鉴。

作为后续落实和评估工作的一部分，《2030年议程》鼓励成员国“在国家和国家以下各级定期进行包容性进展评估，评估工作由国家来主导和推动”（第79段）。此外，《2030年议程》提出联合国可持续发展高级别政治论坛（UN High-Level Political Forum on Sustainable Development，HLPF）将支持包括地方政府在内的群体和其他利益攸关方参与落实和评估工作，报告其对议程执行工作做出的贡献（第89段）。这种自上而下和自下而上相结合的方式有助于促进多层次的治理和地方参与。

自2016年以来，各成员国开始向HLPF提交国别自愿陈述报告（Voluntary National Review，VNR），以分享和交流各国落实可持续发展目标（Sustainable Development Goals，SDGs）的情况和经验。随着可持续发展议程的逐步推进，城市和地区的可持续发展工作逐步受到重视，世界各地的地方政府也正在通过地方自愿陈述报告（Voluntary Local Review，VLR）的形式对地方落实可持续发展目标的情况进行评估，以VNR框架为基础，从体制机制、SDGs与地方发展目标的政策一致性、支持地方可持续发展目标实现的良好做法，分享各种案例研究和知识等角度来描述各地方政府的努力。

作为衔接全球目标和地方实践的桥梁，地方自愿陈述被越来越多的地方政府用作一种推进可持续发展目标实施本地化、规划、执行以及后续落实和评估的工具。

城市和人类住区处于落实可持续发展目标、应对全球发展挑战的最前沿。城市是经济增长和创新的引擎，是实现《2030年议程》和可持续发展目标的关键[1]。城市也面临着住房紧张、基本服务匮乏、气候变化冲击、日益严重的不平等等诸多复杂的挑战。城市除了致力于探索实现可持续发展目标11之外，由于其政策特权、公共投资以及与公民密切联系等属性，在大多数SDGs中都发挥着重要的作用。如果没有地方和区域政府的参与和协调，可持续发展目标提出的169项子目标中的约62%将无法实现[2]。在经合组织（OECD）国家，大多数城市和区域政府参与制定了对可持续发展和人民福祉至关重要的政策，涵盖水资源、住房、交通、基础设施、土

[1] 联合国秘书长安东尼奥·古特雷斯在2023年世界城市日上的致辞。

[2] OECD. 2020. A Territorial Approach to the Sustainable Development Goals-Synthesis report.

地利用和气候变化等领域，还贡献了经合组织地区公共投资总额的近60%[1]。

地方行动是实现2030年议程的关键。联合国成员国在2019年可持续发展目标峰会政治宣言[2]中强调了地方行动的关键作用，承诺将增强城市、地方当局和社区的权能以推进落实《2030年议程》。联合国秘书长安东尼奥·古特雷斯（Antonio Guterres）在启动可持续发展目标"行动十年"计划[3]时强调，地方行动是三个层面之一。他呼吁，如果我们要推进《2030年议程》，就必须"创造一个有利的环境，最大限度地发挥城市和地方当局的潜力"[4]，体现了对多层次治理形式的需求。相关研究同时表明城市不是一个独立的实体，而是嵌套在各种规模的治理中[5]。

为了展示地方层面的跟进全球议程的进展情况，越来越多的地方政府正在开展地方自愿陈述（Voluntary Local Review，VLR）工作。VLR是地方和区域政府自愿发起，以联合国《2030年议程》17项可持续发展目标评估为基本要素的过程，旨在加速地方实现可持续发展目标的进展，促进和传播地方政府的创新行动。2018年，自纽约和三个日本城市（北九州、下川和富山）在纽约举行的联合国可持续发展高级别政治论坛（HLPF）上正式发布首批VLR以来，越来越多的城市紧随其后开展VLR实践。截至2023年10月，全球共有34个国家的124个城市/地区向联合国递交了地方自愿陈述报告。中国已有广州、义乌、扬州等城市提交了地方自愿陈述报告。

VLR最初被地方政府用于自愿评估地方在实现2030年议程方面的进展和成就，随着多年来世界各地开展VLR实践的深入，不同的联合国机构、智库和研究中心进行了一系列研究并制定了支持VLR进程的具体指导方针，VLR也逐渐发展为一种工具，用以揭示相互关联关系、促进地方措施的制定、执行、监测和评估考虑到可持续性的多个维度[6]。开展VLR的过程被证实为具有变革性的作用，为地方层面实施可持续发展目标的不同方面提供支持。VLR作为评估和监测城市落实可持续发展目标进程的实践，是对《2030年议程》后续落实和评估工作的直接支撑。开展地方自愿评估工作有助于城市和区域促进可持续发展目标的本地化，展示地方政府的治理能力和可持续发展意志[7]；也有助于增强地方汇聚创新资源、促进经济社会协调发展，对其他

[1] OECD. 2020. A Territorial Approach to the Sustainable Development Goals-Synthesis report.

[2] The United Nations. 2019.（A/RES/74/4）Political Declaration of the High-Level Political Forum on Sustainable Development Convened under the Auspices of the General Assembly 第27（e）段。

[3] 可持续发展目标"行动十年"计划发起于2020年，指实现2030年承诺的期限仅剩十年，全球正在开展雄心勃勃的行动——动员更多政府、民间社会和企业，并呼吁所有人共同致力于实现"全球目标"。

[4] Antonio Guterres. Remarks at the High-Level Political Forum on Sustainable Development[R/OL].[2019-09-24]. https：//www.un.org/sg/en/content/sg/speeches/2019-09-24/remarks-high-level-political-sustainable-development-forum.

[5] Bulkeley，H.，& Betsil，M.Rethinking sustainable cities：Multilevel governance and the 'urban' politics of climate change[J]. Environmental Politics，2005，14（1）：42-63.

[6] European Commission，Joint Research Centre（JRC）.European Handbook for SDG Voluntary Local Reviews-2022 Edition[Z]. 2022.

[7] UN-DESA，Global Guiding Elements for Voluntary Local Reviews（VLRs）of SDG implementation.

区域形成辐射带动作用，有效促进国家和联合国可持续发展目标的落实工作。此外，强有力的后续落实和评估框架可以为城市制定面临挑战的决策提供信息，以便更好地使政策适应不断变化的环境[1]。

中国是全球最早、也是最积极地响应联合国《2030年议程》的国家之一，也是首批参加国别自愿陈述的国家之一；同时，中国政府非常重视《2030年议程》在地方层面的落实。2016年4月，中国政府向联合国递交了《落实2030年可持续发展议程中方立场文件》，表明了坚定可持续发展路线、认真推进落实《2030年议程》的中方立场；2016年7月首次参加了联合国国别自愿陈述；随后，《中国落实2030年可持续发展议程国别方案》于同年9月发布，将可持续发展议程的落实与中国国家中长期发展规划进行了对接，提出了包括建设国家可持续发展议程创新示范区在内的方案举措。2016年12月，国务院印发了《中国落实2030年可持续发展议程创新示范区建设方案》，提出了围绕落实2030年可持续发展议程，以地方为实施主体，以实施创新驱动发展战略为主线，在全国建设10个左右国家可持续发展议程创新示范区，为国内同类地区可持续发展发挥示范带动效应，为其他国家落实《2030年议程》提供中国经验。2021年7月，我国第二次参加了联合国国别自愿陈述，系统梳理了5年来中国落实《2030年议程》的经验做法，就全面落实《2030年议程》，推动构建人类命运共同体提出了展望。

作为国家可持续发展议程创新示范区的11个城市目前尚未以VLR的形式进行进展评估。临沧市有意愿作为第一个开展VLR工作的创新示范区城市，向全球分享临沧市在实现可持续发展目标方面的进展、经验、成就和挑战。

临沧市是中国边疆多民族欠发达地区的典型代表，是中国政府在《中国落实2030年可持续发展议程国别方案》中提出的“推进中国落实2030年可持续发展议程创新示范区建设”这一重要举措的载体之一。临沧市位于云南省的西南部，与缅甸交界，边境线长约300km。地处澜沧江与怒江之间，因濒临澜沧江而得名，总面积2.36万km^2，辖1区7县，截至2023年10月，共有945个行政村（社区），总人口225.80万人，其中少数民族人口99.15万人，居住有24个民族。临沧市是南方丝绸之路和茶马古道上的重要节点，是中国经缅甸直通印度洋最便捷的陆上通道，国家重要的清洁能源基地，世界茶树地理起源中心和栽培起源中心。

2019年5月6日，国务院批复了云南省人民政府和科技部《关于临沧市创建国家可持续发展议程创新示范区的请示》，同意临沧市以“边疆多民族欠发达地区创新驱动发展”为主题建设临沧市国家可持续发展议程创新示范区（以下简称创新示范区），为落实《2030年议程》提供实践经验。为推进相关工作，临沧市在联合国、中国政府和云南省相关政策的基础上，依据临沧市的实际情况，将《2030年议程》与本地已有的中长期发展规划相结合，出台了《临沧市可持续发展规划（2018—2030年）》和《临沧市国家可持续发展议程创新示范区建设方案（2018—2020年）》《临沧国家可持续发展议程创新示范区建设方案（2021—2025年）》两期建设方案，

[1] Ortiz-Moya，F.，Tan，Z.，and Kataoka，Y. 2023. State of the Voluntary Local Reviews 2023：Follow-up and Review of the 2030 Agenda at the Local Level. Institute for Global Environmental Strategies.

明确了临沧市的发展定位和行动路线，设定了可量化的指标体系，并建立了支撑创新示范区建设的保障机制。

临沧市开展VLR旨在为本地加速实现可持续发展目标提供有益参考，并向国际社会分享临沧在落实《2030年议程》的经验和进展。临沧市作为我国沿边开放、对外展示的重要窗口，在边境经济开放合作、脱贫攻坚与乡村振兴、绿色产业推进、民族团结等方面取得了显著的成就，为讲好边疆多民族欠发达地区创新驱动发展的中国故事积累了大量可复制、可推广的经验素材。以VLR编制研究为载体，临沧市可在联合国可持续发展目标的语境下系统评估可持续发展工作推进情况，为创新示范区下一阶段的建设发展提供决策支持；梳理临沧市可持续发展实践举措，展示临沧市政府的治理能力和可持续发展意志；凝练具有针对性、可读性、科学性和延展性的典型经验，形成可复制、可推广的可持续发展云南样板；拓展国际合作与交流链条，有效发挥临沧市国家可持续发展议程创新示范区的示范效应，并向国际社会进行宣传推广。

2021年9月，云南省科技厅组织了临沧市国家可持续发展议程创新示范区建设预评估工作，与会评估专家提出了临沧尽快启动VLR编制的建议，临沧市市长接受了建议并承诺尽快启动相关工作。随后，临沧市人民政府与中国可持续发展研究会、中国建设科技集团股份有限公司开展了关于报告编制的对接工作。2022年8月，云南省科学技术厅在国家可持续发展议程创新示范区科技专项（科技支撑可持续发展）中设立了“联合国可持续发展目标临沧市地方自愿陈述报告编制研究”项目，受临沧市人民政府委托，由中国建设科技集团股份有限公司、中国可持续发展研究会、临沧市可持续发展创新中心组成的编制研究组正式启动了该项工作。

历时一年多的时间，经过编制策划、目标筛选、资料收集、实地调研、报告编写、意见征求、报告提交等七个主要阶段，2023年11月，《联合国可持续发展目标临沧市地方自愿陈述报告》（以下简称《报告》）由临沧市人民政府和云南省科学技术厅向全社会正式发布（图3.37、图3.38）。

临沧市开展地方自愿陈述工作得到了中国21世纪议程管理中心和云南省科学技术厅的关心和支持，临沧市相关政府机构积极参与了这一过程：临沧市科学技术局、临沧市可持续发展创新

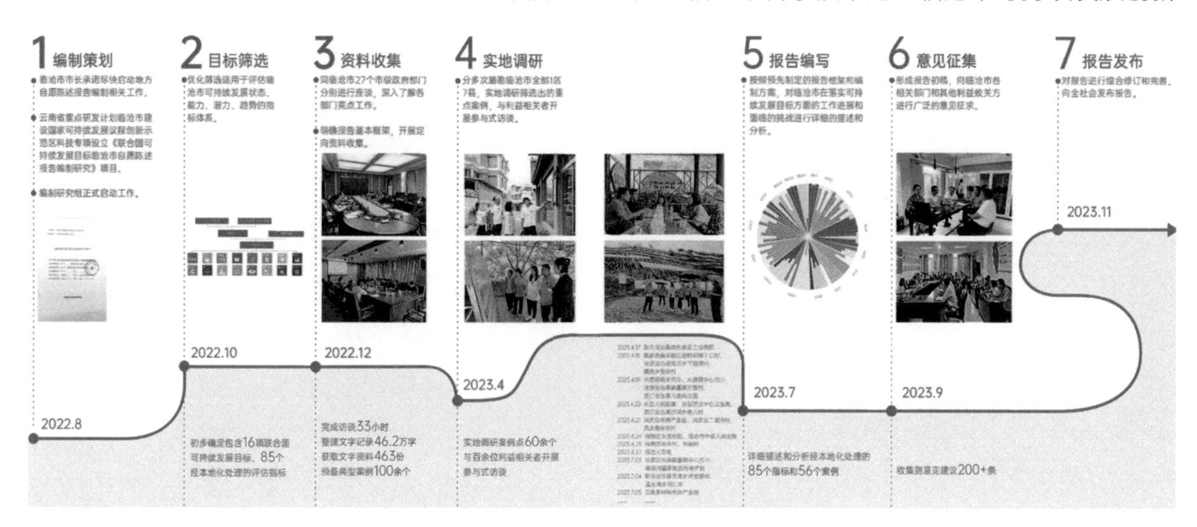

图3.37 《报告》编制研究流程示意

图3.38　2023年11月，《联合国可持续发展目标临沧市地方自愿陈述报告》在临沧正式发布

中心直接推动了本报告的编制；35个市政府部门和8个县（区）的人民政府积极支持了数据收集和案例分享工作；中国可持续发展研究会、中国建设科技集团股份有限公司、国家住宅与居住环境工程技术研究中心等机构的专家受邀对VLR的编制研究给予了技术支持。此外，此项工作还收到了联合国人居署中国办公室、联合国开发计划署驻华代表处、联合国环境规划署、联合国工业发展组织等机构代表的关心（图3.39）。

基于联合国可持续发展目标的国际通用语境和符合临沧发展经验的本土叙事需求，编制研究组确定了临沧市地方自愿陈述报告的基本框架和内容，并以此为统领开展后续工作。

图3.39 《联合国可持续发展目标临沧市地方自愿陈述报告（2023）》； *The Implementation of the UN Sustainable Development Goals*：*Lincang's Voluntary Local Review 2023*

在开展工作之初，编制研究组参照联合国经济和社会事务部（UNDESA）提出的《可持续发展目标落实情况自愿地方评估全球指导要素》、联合国亚洲及太平洋经济社会委员会（ESCAP）提出的《关于地方自愿陈述报告亚太区域导则》，以及中国政府2021年发布的《中国落实2030年可持续发展议程国别自愿陈述报告》的结构和要素；梳理国内外已发布VLR的特点和形式，结合符合临沧发展经验的本土叙事方式，确定了临沧市VLR报告的基本框架、特点和篇幅。临沧市VLR报告想要传达的重点信息包含：符合国际语境，突出临沧本地特色，内容覆盖面广（全面评估所有SDGs、视角多），体现多方参与，注重实践经验的总结凝练，可读性强、利于宣传推广等。

《报告》围绕临沧市推进可持续发展理念、落实《2030年议程》和《中国落实2030年可持续发展议程国别方案》的工作进展展开，以联合国可持续发展目标体系为基础，回顾了临沧市为达成可持续发展愿景所制定的政策、目标、项目和经验，评估了2017年以来在实现各项可持续发展目标及其具体指标方面的探索、进展和挑战。

报告分为七个章节：第一章“导言”对临沧的区位、资源、人口等情况和报告的编制背景及目的进行了介绍；第二章“编制方法与筹备进程”介绍了报告的编制原则、流程、责任机构、数据来源和在评估可持续发展目标进展情况中所应用的评估方法；第三章“政策和有利环境”描述了临沧市在可持续发展领域所建立和营造的治理体系；第四章“重点任务执行进展”围绕临沧市为实现可持续发展目标所确定的四大重点任务，评估了可持续发展指标的阶段性完成情况，描述了各项任务的主要内容、重点行动、工程及其进展和亮点；第五章“可持续发展目标评估”以联合国《2030年议程》中提出的各项目标和指标体系为基础，分别展示了临沧市在所涉及的16项可持续发展目标进展方面的标准化评估结果，并介绍了各可持续发展目标的代表性案例；第六章“主要经验”对临沧市的可持续发展路径和执行手段进行了思考，总结了临沧市在推进可持续发展过程中的主要经验和创新做法；第七章“展望未来”对临沧市未来的图景进行了描述，提出致力于建设一个健康、繁荣、包容、有活力的临沧。

《报告》编制研究主要遵循可信、参与、可读、行动四大原则，通过定性和定量相结合的方式，力求真实、全面地反映临沧市在落实可持续发展目标方面的工作进展、形成的经验和面临的挑战。

以框架为依据和目标，编制研究组对收集到的临沧可持续发展政策体系、相关专项规划、各部门工作总结、统计数据等资料进行了梳理和分类，对照临沧市VLR基本框架，考虑涉及SDGs的覆盖度和均衡度确定了需要补充的内容，制定了后续的访谈和实地调研计划（图3.40）。

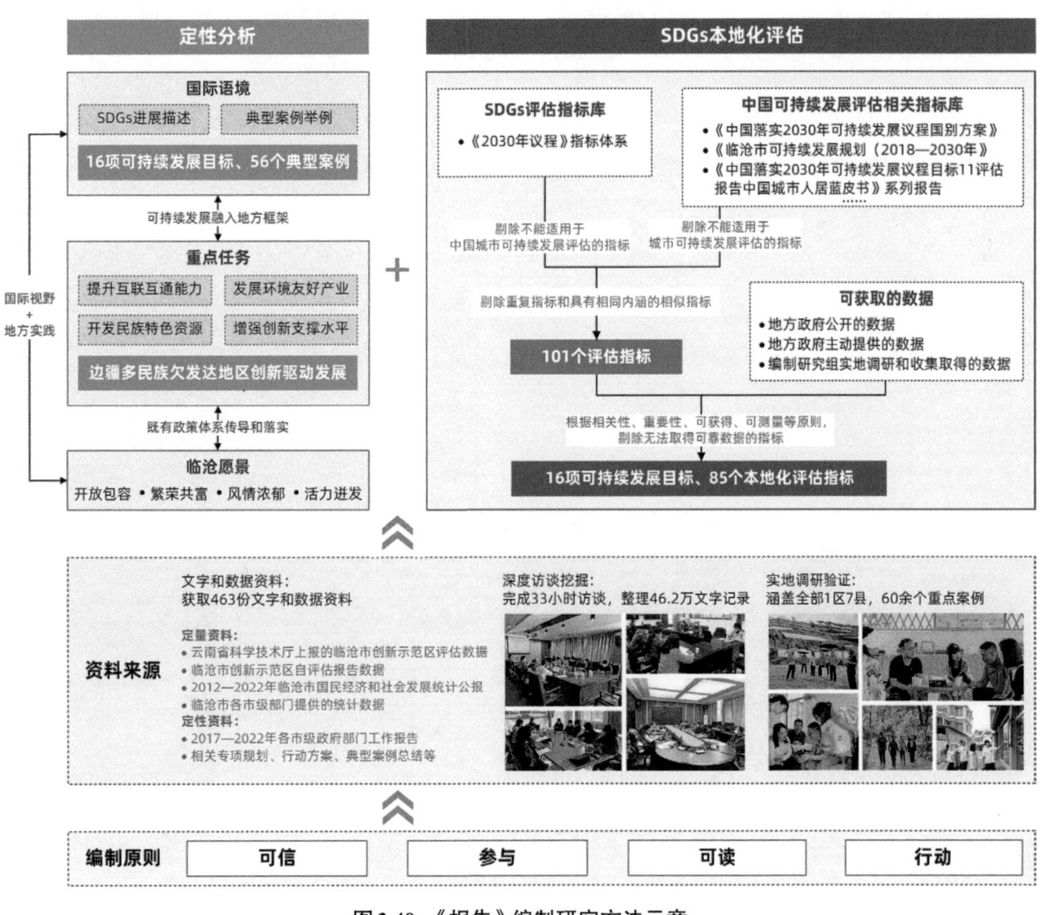

图3.40 《报告》编制研究方法示意

可信：多样性数据来源和严格的验证过程，为真实、全面评估SDGs提供支撑

临沧市开展首次VLR的目的之一旨在整体展示临沧市落实可持续发展目标的进程，因而需要广泛地针对临沧所涉及的16项SDGs（除SDG14“水下生物”不涉及）开展评估。为支撑全覆盖的SDGs评估，需要协调多方资源开展相关资料收集。编制研究过程收集了大量的定性和定量数据，定性资料经过实地调研和与利益相关方的验证，确保了信息的可信性和准确性；定量数据的引用标注了出处，确保读者可追溯信息来源。

除公开发布的资料外，2022年12月，编制研究组开展了报告资料收集和案例准备工作，与临沧市27个相关市级政府部门分别开展座谈交流，了解不同领域的工作亮点、典型经验等。后续针对重点领域开展定向资料收集，获取文字资料463份，包括年度工作报告、专项规划、行动方案、典型案例总结、统计数据等；同时预备了100余个典型案例。随后，为验证案例真实性和最新建设成效，2023年4月至7月，编制研究组实地调研了60余个案例点，与百余位利益相关者开展了参与式访谈，及时了解案例真实情况。在编写阶段，编制研究组对临沧市现有的政策体系与数据资源进行了跨部门、跨层级的系统梳理（图3.41、图3.42）。

在定性分析方面，编制研究组汇总整理了相关资料，对照预先制定的报告框架，系统梳理了临沧市落实可持续发展目标的愿景、策略、行动。具体来看，描述了中国、云南省、临沧市各级政府协作落实可持续发展形成的机制，梳理了临沧市落实可持续发展目标的本地化工作、计划和为达成可持续发展愿景所制定的政策体系、保障机制、重点领域、行动工程等，介绍了“提升互联互通能力”“发展环境友好产业”“开发民族特色资源”“增强创新支撑水平”四项重点任务领域的主要内容、行动进展和工作亮点，分享了已取得一定成效的每项SDG的代表性案例。

时间		对接部门	调研访谈需求：
12月15日上午	1	临沧市科技局、政府办、外事办	工作座谈
12月15日下午	1	科技局	围绕创新示范区建设工作推进、进展成效，可持续发展经验模式等主题开展访谈
16日上午（周五）	2	临沧市发展和改革委	围绕绿色产业发展、基础设施建设、沿边开发开放、国际合作等主题开展访谈
16日下午（周五）	3	临沧市工业和信息化局	围绕产业体系构建、重点产业发展、产业园区建设、工业节能减排等主题开展访谈
16日上午（周五）	4	临沧市自然资源和规划局	围绕国土空间规划、自然资源开发利用等主题开展访谈
16日下午（周五）	5	临沧市生态环境局	围绕生态环境建设、污染防治等主题开展访谈
19日上午（周一）			整理资料
19日下午（周一）	6	临沧市投资促进局	围绕促进招商引资、优化投资环境、推进重点产业等主题开展访谈
19日下午（周一）	7	临沧市乡村振兴局	围绕脱贫攻坚和乡村振兴、农村人居环境整治等主题开展访谈
20日上午(周二)	8	临沧市商务局	围绕对外贸易、边境经济合作区建设、通关便利化建设等主题开展访谈
20日下午(周二)	9	临沧市金融办	围绕金融支持政策、对缅跨境贸易合作等主题开展访谈
20日上午(周二)	10	临沧市农业农村局	围绕一县一业示范创建、高原特色农业基地建设、美丽乡村建设、农业科技创新等主题开展访谈
20日下午(周二)	11	临沧市农垦局	围绕绿色食品产业发展、促进乡村振兴、农场企业化改革等主题开展访谈
21日上午(周三)	12	临沧市文化和旅游局	围绕民族文化保护传承、文化和旅游业发展、公共文化服务建设等主题开展访谈
21日上午(周三)	13	临沧市民族宗教委	围绕少数民族团结与发展、民族地区脱贫攻坚、边境小康村建设等主题开展访谈
21日下午(周三)			整理资料
22日上午(周四)	14	临沧市交通运输局	围绕中缅大通道建设、综合交通建设等主题开展访谈

时间		对接部门	调研访谈需求：
22日下午(周四)	15	临沧市水务局	围绕水利工程建设、水资源开发利用、城乡供水保障等主题开展访谈
22日上午(周四)	16	临沧市住房和城乡建设局	围绕城乡住房保障、沿边城镇带建设、人居环境提升等主题开展访谈
22日下午(周四)	17	临沧市应急管理局	围绕防灾减灾建设等主题开展访谈
23日上午(周五)	18	临沧市林业和草原局	围绕林草资源保护利用、林草产业发展、生态扶贫等主题开展访谈
23日上午(周五)	19	临沧市委宣传部	围绕文化事业发展、民族文化传承、宣传教育、对外交流等主题开展访谈
26日上午(周一)			整理资料
26日下午(周一)	20	临沧市民政局	围绕社会救助、养老服务、儿童福利保障、基层治理等主题开展访谈
26日下午(周一)	21	临沧市体育教育局	围绕促进教育公平、教育体育改革和发展、职业教育发展等主题开展访谈
27日上午(周二)	22	临沧市医疗保障局	围绕医疗保障制度建设、医疗扶贫、医保公共服务等主题开展访谈
27日上午(周二)	23	临沧市卫健委	围绕医疗保障服务、健康服务业发展、疫情防控等主题开展访谈
27日下午(周二)	24	临沧市妇女联合会	围绕妇女儿童发展和能力提升等主题开展访谈
27日下午(周二)	25	临沧市残疾人联合会	围绕残疾人服务保障、残疾人扶贫、残疾人关爱等主题开展访谈
28日上午(周三)	26	临沧市人力资源和社会保障局	围绕促进就业创业、人才发展、城乡社会保障等主题开展访谈
28日上午(周三)	27	市场监督管理局	围绕推进地理标志保护、培育优势企业等主题开展访谈
28日下午(周三)	28	临沧市司法局	围绕法制建设、法律服务等主题开展访谈
28日下午(周三)	29	临沧市组织部	围绕基层组织建设、人才建设、边防建设等主题开展访谈
……		……	

图3.41　与相关政府部门开展座谈交流和定向资料收集

2023.4.17 耿马傣族佤族自治县绿色食品工业园区

2023.4.18 镇康县南伞镇红岩村刺树丫口村
沧源佤族自治县班洪乡下班坝村、糯良乡贺岭村

2023.4.19 永德县城关完小、永康镇中心完小
沧源佤族自治县勐董镇芒摆村、双江拉祜族佤族布朗族傣族自治县乌龙茶庄园

2023.4.20 云县人民医院、云县茂兰中心卫生院
双江拉祜族佤族布朗族傣族自治县沙河乡景亢村

2023.4.21 凤庆县核桃产业园、凤庆县二道河村、凤庆县安石村

2023.4.24 临翔区玉龙社区、临沧市中级人民法院

2023.4.25 临翔区南本村、南信村

2023.4.27 临沧火车站

2023.7.03 沧源佤族自治县勐董镇中心完小、南滚河国家级自然保护区

2023.7.04 耿马傣族佤族自治县孟定镇芒团村、班幸社区
大湾塘村、清水河 口岸、边合区缅甸大学生创业园

2023.7.05 云县新材料光伏产业园、爱华镇永胜村农牧光伏

2023.7.06 凤庆县城、凤庆县勐佑镇勐佑村

2023.7.07 小湾水电站、澜沧江周边、云县坚果种植基地

2023.7.08 临翔区玉龙社区养老服务中心、忙畔社区电商扶贫车间、章嘎社区、青华社区

2023.7.09 临翔区博尚镇碗窑村、勐准村

2023.7.10 小道河国有林场、临沧高新区

…… ……

图3.42 开展实地考察和参与式访谈

在定量评估方面，可持续发展目标作为整体的参考框架虽然在很大程度上适用于指导地方层面解读、明确可持续发展愿景，但可持续发展评价指标体系作为一种政策导向的度量工具，存在描述性不足、偏离关键领域、难以套用到不同发展阶段的评估区域等问题[1]，并不直接适用临沧这样的边疆多民族欠发达地区城市。因此，编制研究组在临沧市既有可持续发展指标体系的基础上对《2030年议程》提出的17项可持续发展目标、169个子目标和231项具体指标进行了本地化“转译”与语境转换，将临沧市可持续发展的进展现状与可持续发展目标框架进行了拓展匹配，筛选了具备相关性、重要性、可获得、可测量的指标，构建了适用于临沧、包含16项SDGs、85个评估指标的临沧市可持续发展评估指标体系。跨部门收集汇总的2017~2022年指标数据经标准化处理后，能够科学定量展示临沧市各项SDGs的进展和状态及需要引起特别关注的方面，为监测、评估临沧市落实可持续发展目标进程提供具有针对性的技术手段（图3.43）。

参与：跨部门统筹协调和多利益攸关方参与，提供多角度信息和视角，促进可持续发展知识传播

开展VLR是一项系统工作，需要统筹协调多方资源。为提升地方自愿陈述报告的参与度并打破信息壁垒，编制研究组与临沧市人民政府相关机构、本土企业、民间组织、专家学者和本地居民等120多个机构代表和个人进行了深度参与式访谈。多利益相关者的参与为《报告》提供了多角度的信息和视角，为《报告》的评估分析和案例解读提供了重要参考，保证了《报告》的

[1] 彭舒，陈军，任惠茹，等.面向SDGs综合评估的指标本地化方法与实践[J].地理信息世界，2022，29(4)：48-55.

图3.43　临沧市可持续发展目标评估结果和指示板示意

整体性和代表性。此外，《报告》的编制加深了不同利益相关团体之间的沟通，为加速实现临沧可持续发展的共同愿景，加强落实《2030年议程》的目标和价值观提供了重要桥梁。

此外，临沧在开展VLR的过程中强调“不让任何一个人掉队”，数百位当地居民与利益相关方的直接参与，为《报告》提供了详实的本土知识，体现了临沧市全社会对可持续发展事业的关切与支持。同时，编制研究过程中的访谈交流也有助于公众可持续意识的形成与传播。案例和访谈对象的选择覆盖边疆、民族、欠发达等特殊类型地区，关注妇女儿童、老年人和残疾人等特定群体的社会权益和发展情况，展现了对社会公正和文化多样性的重视（图3.44、图3.45）。

可读：基于国际通用语境和本土叙事方式，生动、可视化呈现数据和信息

为确保内容易于理解，《报告》避免过度使用专业化或复杂的术语，采用面向大众的通俗语言进行编写；考虑国内传播和国际交流的需求，编写形成中、英文两个版本。《报告》基于联合国可持续发展目标的国际通用语境和符合临沧发展经验的本土叙事方式，划分为不同的章节和段落，采用清晰的结构和排版，使不同背景的读者能够相对轻松地浏览和理解报告内容。此外，运用图表、图像等辅助工具，更直观地呈现数据和

图3.44　多样化的参与视角

图3.45　百余位当地居民和利益攸关方提供了支持

信息，增加了报告的可读性和吸引力，希望为国内同类型地区和国际社会呈现一份看得见、讲得清、读得懂的临沧地方自愿陈述报告，吸引更多读者关注边疆多民族欠发达地区创新驱动发展的“临沧经验”。

在《报告》的主体部分，第四章“重点任务执行进展”通过颜色划分不同重点任务领域，按照“发展思路、重点任务分解和建设成效、行动和工程进展”的结构进行介绍。第五章“可持续发展目标评估”使读者既能掌握总体进展评估结果，又能直观了解某一项SDG的进展情况。总体进展结果采用玫瑰图和指示板的图表形式，直观地展示临沧市各项SDGs的进展、状态以及需要引起特别关注的方面；分项展示SDG的进展情况时，采用相同的结构，即国际、中国、临沧应对，SDG进展一览信息图、数据分析、实践案例进行编排，使得复杂的信息呈现保持一致且系统，也便于分析和对比不同SDG之间的进展情况（图3.46~图3.48）。

行动：注重经验总结和凝练，推动以行动为导向的可持续发展实践

开展VLR的目标之一是支持临沧为落实可持续发展目标采取行动。《报告》基于SDGs的进展评估，结合具体实践经验，通过对数据和资料的梳理分析，讨论了临沧市在落实SDGs方面的工作成效，报告收集预备案例100余个，详细描述和分析案例56个，报告所收集的实践案例被证实具有可行性，为临沧市凝练可复制、可推广的实践样板提供了依据。由于无法在《报告》中详细描述典型案例，编制研究组同期编写了《临沧市可持续发展典型案例集（2023）》，围绕提升互联互通能力、发展环境友好产业、开发民族特色资源、推进美丽家园建设、保障改善民生福祉、增强创新支撑水平等六个方向，相对立体、丰满地构建出了一个向全国、全球讲述可持续发展临沧故事的素材库。

同时，《报告》成果为临沧市辨识提升潜力、明晰应对策略提供了基础。临沧鼓励利益相关方

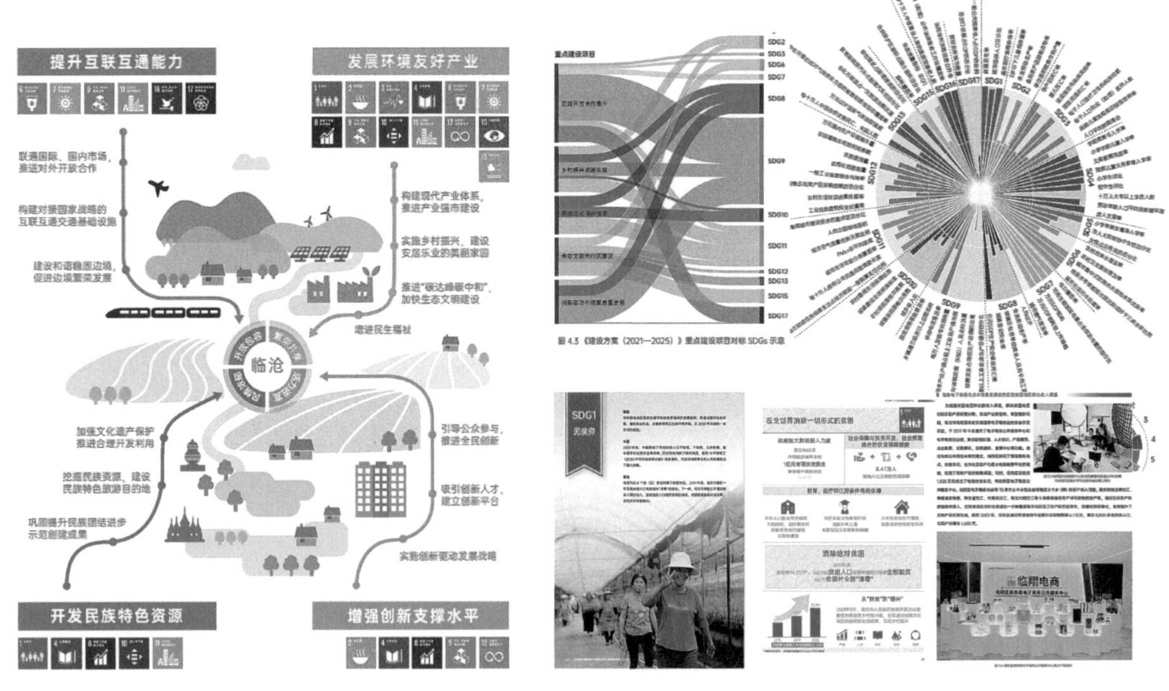

图3.46　可视化呈现内容信息

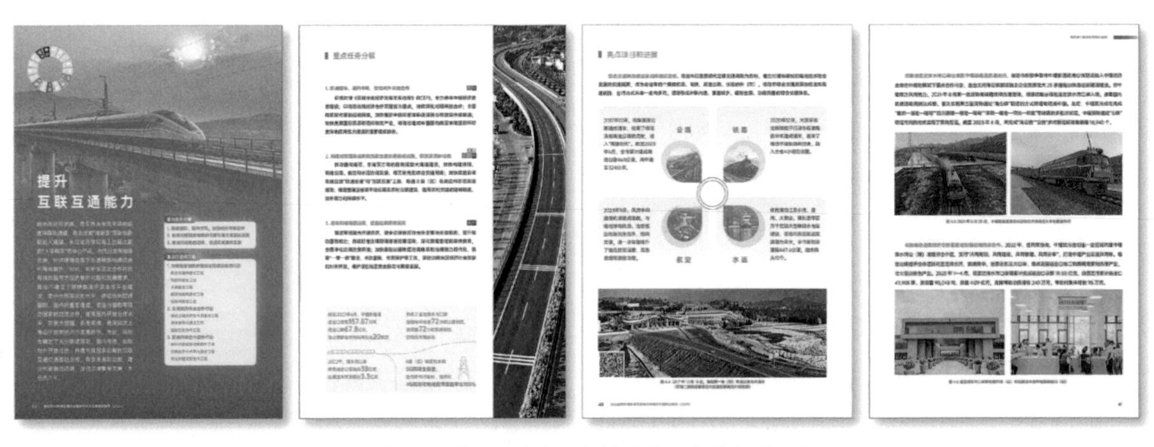

图3.47　以提升互联互通能力为例的重点任务执行进展页面示意

图3.48　以SDG11为例的可持续发展目标评估页面示意

在此基础上采取积极的措施应对发展挑战，通过实际行动进一步推进、完善相应政策举措、建设方案和伙伴关系，从而推动临沧市加快实现可持续发展目标（表3.4、图3.49）。

纳入《报告》的56个可持续发展案例 **表3.4**

分类	序号	案例名称
提升互联互通能力	1	综合交通网络建设实现跨越式发展
	2	经临沧孟定清水河口岸出境的中缅新通道贯通运行
	3	依托临沧边境经济合作区建设加强边境经济合作
发展环境友好产业	4	打造清洁可再生能源基地
	5	打造健康生活目的地
	6	推进高原特色优质农产品基地建设
开发民族特色资源	7	推进民族文化保护与传承
	8	民族特色资源助推文化旅游产业发展
	9	推进民族团结进步示范区建设
增强创新支撑水平	10	通过科技攻关推动产业绿色升级
	11	提升公民科技素质
	12	打造创新平台，培育创新发展新动能
SDG1无贫穷	13	通过动态监测和精准帮扶防止已脱贫群众返贫
	14	易地扶贫搬迁为居住地生存条件恶劣的居民提供稳定脱贫的基本条件
	15	借助电子商务低成本信息资源优势拓宽贫困地区群众收入渠道
	16	保障农村妇女享受技能培训和金融服务权利，提升参与经济发展的能力
	17	沧源佤族自治县引领农户参与生态茶园建设经营实现增收
SDG2零饥饿	18	科技特派员下沉至农业生产实践一线提供面对面技术服务
	19	凤庆县依托优质种质资源，拓展核桃种植业与加工业协同发展
SDG3良好健康与福祉	20	云县紧密型县域医疗卫生共同体高效整合全县医疗资源
	21	临翔区玉龙社区构建满足多重需求的居家养老服务体系
	22	“一户一方案”为困难重度残疾人家庭提供无障碍改造
SDG4优质教育	23	永德县对教育资源进行整合共享，实施小学教育教学一体化管理
	24	沧源佤族自治县特色文体素质教育提升义务教育优质均衡发展水平
	25	“银龄讲学计划”助力偏远地区小学教学水平提升
SDG5性别平等	26	临沧市保障妇女儿童健康、教育、福利和参政议政权益
	27	各类基层妇联组织积极助力基层社会治理
SDG6清洁饮水和卫生设施	28	公共场所洗手设施全覆盖，引导卫生生活习惯
	29	因地制宜对农村厕所进行改造，提升农村地区环境和个人卫生条件
SDG7经济适用的清洁能源	30	云县推动光伏产业发展，同步带动农户增收
	31	小湾水电站为区域电力供给提供基础支撑
SDG8体面工作和经济增长	32	传承利用传统节庆活动，为地方文化旅游产业发展增加亮点
	33	凤庆县二道河村村民共商共建共享多样化乡村旅游产业发展

续表

分类	序号	案例名称
SDG9产业、创新和基础设施	34	“大理—临沧”铁路建成通车，临沧市接入全国铁路、高速公路运输网络
	35	工业园区建设升级促进临沧市转变发展方式、推动可持续生产
SDG10减少不平等	36	保障各族人民平等决策、发展和享受公共服务的权利
	37	保障残疾人享受基本公共服务，促进他们融入社会
SDG11可持续城市和社区	38	“边境小康村建设”促进沿边群众生产生活条件改善
	39	“万名干部规划家乡”提升乡村规划认可度和可操作性
	40	开展城乡绿化美化工作，向所有人提供生态友好的公共空间
	41	临翔区玉龙社区通过智慧化手段支持社区治理、服务水平提升
	42	镇康县保护、传承、活化“阿数瑟”艺术文化
SDG12负责任消费和生产	43	耿马傣族佤族自治县甘蔗产业发展实现优势农产品利用“从摇篮到摇篮”
	44	引入绿色新型环保材料产业，提升建筑垃圾资源化利用能力
SDG13气候行动	45	以创建“国家生态文明建设示范区”为契机，推动生态环境保护工作、积极应对气候变化
	46	多品类绿色能源协同发展，产能结构进一步优化
SDG15陆地生物	47	双江拉祜族佤族布朗族傣族自治县履约《联合国森林文书》，促进森林生态保护和经济社会协调发展
	48	建设南滚河国家级自然保护区，改善亚洲象栖息地环境
	49	对澜沧江流域生态系统及其服务功能进行系统保护、恢复和可持续利用
	50	严格执行生物多样性监测、保护制度，特有原始生态系统得到保护
SDG16和平、正义与强大机构	51	“无讼临沧”数字化平台助力司法资源合理、高效分配
	52	多种形式向公众提供法治宣传服务
SDG17促进目标实现的伙伴关系	53	中缅边境经济贸易交易会成为两国重要经贸合作平台
	54	边境经济合作区促进临沧发展进出口加工和跨境商贸物流产业
	55	援助缅甸实施滚弄大桥项目，助力中缅经济走廊建设
	56	“东西部劳务协作”支持本地劳动力就业增收

注：部分实践案例支持了多个SDGs，此处仅选择最为显著的一项SDG进行分类。

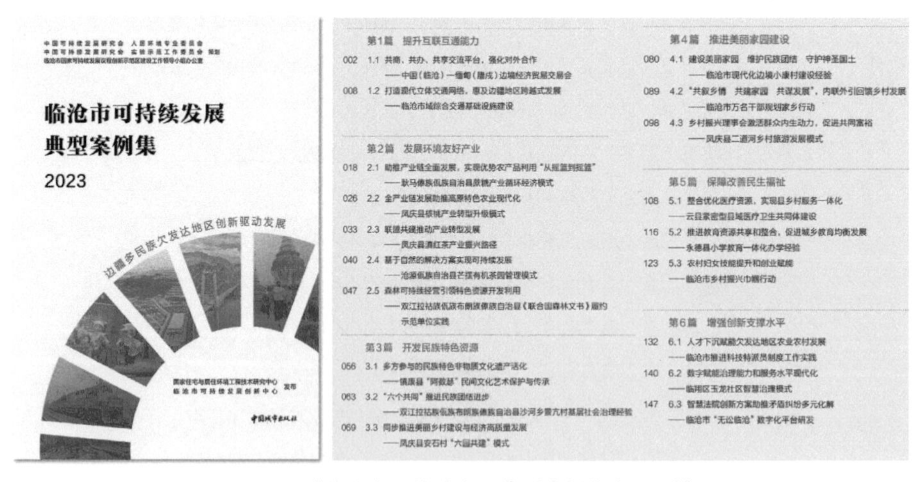

第1篇 提升互联互通能力

002 1.1 共商、共办、共享交流平台，强化对外合作
——中国（临沧）—缅甸（腊戍）边境经济贸易交易会

008 1.2 打造现代立体交通网络，惠及边疆地区跨越式发展
——临沧市城综合交通基础设施建设

第2篇 发展环境友好产业

018 2.1 助推产业链全面发展，实现优势农产品利用“从摇篮到摇篮”
——耿马傣族佤族自治县蔗糖产业循环经济模式

026 2.2 全产业链发展助推高原特色农业现代化
——凤庆县核桃产业转型升级模式

033 2.3 联盟共建推动产业转型发展
——凤庆县滇红茶产业振兴路径

040 2.4 基于自然的解决方案实现可持续发展
——沧源佤族自治县芒摆有机茶园管理模式

047 2.5 森林可持续经营引领特色资源开发利用
——双江拉祜族佤族布朗族傣族自治县《联合国森林文书》履约示范单位实践

第3篇 开发民族特色资源

056 3.1 多方参与的民族特色非物质文化遗产活化
——镇康县“阿数瑟”民间文化艺术保护与传承

063 3.2 “六个共同”推进民族团结进步
——双江拉祜族佤族布朗族傣族自治县沙河乡景亢村基层社会治理经验

069 3.3 同步推进美丽乡村建设与经济高质量发展
——凤庆县安石村“六圆共建”模式

第4篇 推进美丽家园建设

080 4.1 建设美丽家园 维护民族团结 守护神圣国土
——临沧市现代化边境小康村建设经验

089 4.2 “共叙乡情 共建家园 共谋发展”，内联外引回馈乡村发展
——临沧市万名干部规划家乡行动

098 4.3 乡村振兴理事会激活群众内生动力，促进共同富裕
——凤庆县二道河乡村旅游发展模式

第5篇 保障改善民生福祉

108 5.1 整合优化医疗资源，实现县乡村服务一体化
——云县紧密型县域医疗卫生共同体建设

116 5.2 推进教育资源共享和整合，促进城乡教育均衡发展
——永德县小学教育一体化办学经验

123 5.3 农村妇女技能提升和创业赋能
——临沧市乡村振兴巾帼行动

第6篇 增强创新支撑水平

132 6.1 人才下沉赋能欠发达地区农业农村发展
——临沧市推进科技特派员制度工作实践

140 6.2 数字赋能治理能力和服务水平现代化
——临翔区玉龙社区智慧治理模式

147 6.3 智慧法院创新方案助推矛盾纠纷多元化解
——临沧市“无讼临沧”数字化平台研发

图3.49 《临沧市可持续发展典型案例集（2023）》

临沧市积极开展落实2030年议程地方自愿陈述工作，成为第一个发布VLR的创新示范区城市，分享了中国边疆多民族欠发达地区创新驱动可持续发展的经验，为可持续发展目标在地方层面的推进提供了实践参考。

在开展VLR的实践中，临沧市展现了对落实可持续发展目标的政治意愿和自主意识。开展VLR不仅是支持国家创新示范区建设的一项重要举措，更是体现了临沧市对可持续发展事业的关切和支持。工作开展中跨部门、跨层级的统筹协调和合作需要强有力的沟通组织以及相关部门的参与和知识共享，有关部门的参与也增强了各部门对自己所作贡献的责任感和认知。此外，报告编制的过程强调"不让任何一个人掉队"，当地居民和利益相关者的直接参与在提供本地知识和素材的同时，也有助于公众可持续意识的形成与传播。

积累了多方沟通和资源协调的经验。通过广泛的数据收集和深入各政府部门、城乡社区和企业开展实地访谈相结合的方式，梳理、分析、评估了临沧市各政府机构和社会公众响应可持续发展政策的整体情况；通过数据分析和案例描述相结合的方式介绍和展示了临沧市所涉及的16项可持续发展目标方面的进展。

探索形成了编制策划、目标筛选、资料收集、实地调研、报告编写、意见征求、报告提交的基本工作流程。掌握了通过持续监测和评估，客观了解各项可持续发展目标的实施状况，并将其应用于未来城市发展战略的方法。为监测和评估临沧市落实可持续发展目标进程提供了更具针对性的技术手段，具有很强的科学价值和实践意义，为制定下一阶段临沧创新示范区建设方案提供实证支撑和科学依据。报告成果展现了临沧市为落实《2030年议程》做出的努力和建立的良好治理体系，强调了临沧市作为边疆多民族欠发达地区探索适用技术路线和系统解决方案的实践经验，为分享可持续发展的实践经验、讲述"中国故事"提供了重要素材。

3.6 乡村振兴背景下的农村人居环境提升和产业带动
——以山东省枣庄市为例

随着世界城市化进程的加快，各国在发展进程中普遍经历了乡村人口外流、农业效益低下、劳动力缺失、农村经济凋敝、公共服务短缺等乡村衰退问题，严重影响到乡村经济社会发展的可持续性。1980—2016年间，世界乡村人口占比持续减少，自2008年以来，世界上大部分人口居住在城市，截至2016年，除南亚和撒哈拉以南非洲地区外，其他地区的乡村人口占比均低于50%[1]。乡村地区人口持续、快速减少，加剧了乡村发展的不稳定性和脆弱性[2]。全球城市化进程中亟须高度重视乡村衰退问题，农村地区发展事关农村经济繁荣、粮食安全、居民生活福祉、生态环境。

当前中国社会城乡发展不平衡、农村发展不充分的问题依然突出，"三农"问题仍然是实现现代化的短板。改革开放以来，中国经济增长与社会发展取得了巨大的成就，伴随着工业化、城镇化的快速发展，城乡地域结构、产业结构、就业结构、社会结构等发生了显著的变化[3]。城乡二元体制下城市偏向的发展战略、市民偏向的分配制度、重工业偏向的产业结构[4]，进一步加深了中国城乡分割、土地分治、人地分离的"三分"矛盾，制约了当代中国经济发展方式转变、城乡发展转型、体制机制转换的"三转"进程，并成为当前中国"城进村衰"、农村空心化和日趋严峻的"乡村病"问题的根源所在[5]。

实施乡村振兴战略，是继中国新农村建设战略后着眼于农业农村优先发展和着力解决中国"三农"问题的又一重大战略，是践行经济社会环境协调、可持续发展的关键抓手，为全球乡村可持续发展探索有益经验。

党的十九大报告首次明确提出"实施乡村振兴战略"，它是破解"三农"问题、决胜全面建成小康社会的必然要求[6]，也是我国解决新时代社会主要矛盾的重大举措，更是对我国城乡关系深刻变化和农业农村发展现代化建设的深刻认识和重大部署。乡村振兴战略提出的产业兴旺、生态宜居、乡风文明、治理有效、生活富裕总要求，符合多项联合国可持续发展目标（SDG），例如，SDG1（消除贫困）、SDG2（消除饥饿）、

[1] 数据来源：UN Population Division. WDI http：//datatopics.worldbank.org/sdgatlas/SDG-11-sustainable-cities-and-communities.html.

[2] 李玉恒，阎佳玉，武文豪，等. 世界乡村转型历程与可持续发展展望[J]. 地理科学进展，2018，37（5）：627-635.

[3] 刘彦随，严镔，王艳飞. 新时期中国城乡发展的主要问题与转型对策. 经济地理，2016，36（7）：1-8.

[4] 赵海林. 统筹城乡发展必须转变城市偏向发展战略. 中国乡村发现，2010（2）：24-27.

[5] 刘彦随，周扬，刘继来. 中国农村贫困化地域分异特征及其精准扶贫策略. 中国科学院院刊，2016，31（3）：269-278.

[6] 叶兴庆. 新时代中国乡村振兴战略论纲[J]. 改革，2018（1）：65-73.

SDG3（健康和福祉）、SDG8（体面工作和经济增长）、SDG9（产业、创新和基础设施）、SDG11（可持续城市和社区）、SDG12（可持续的消费和生产）、SDG15（陆地生态）。在城乡社区发展方面，乡村振兴战略的内涵之一“缩小城乡差距，促进城乡间要素自由流动，构建共同繁荣的城乡关系”也是国际社会对于城乡融合发展的目标，例如，SDG11.a提出“通过加强国家和区域发展规划，支持在城市、近郊和农村地区之间建立积极的经济、社会和环境联系”。此外乡村振兴战略特别提到对生态振兴，指出了乡村发展的生产生活生态“三生兼顾”，其“改善农村生态，推行乡村绿色发展方式，加强农村人居环境整治”的内涵也和SDG11.6[1]改善住区环境的要求相一致，为乡村生产生活环境可持续发展提出了明确的要求和具体路径。

改善农村人居环境是实施乡村振兴战略的一大重要内容，中国政府将人居环境整治工作和乡村振兴战略结合推进。

农村人居环境治理是乡村振兴的基础性工作，两者相辅相成。党的十九大报告强调，要加强农业生产方面污染防治，加强土地污染的监管和已污染土壤的修复，开展农村人居环境综合治理行动[2]，全面部署乡村振兴战略。在此背景下，2018年2月，中共中央办公厅、国务院办公厅印发了《农村人居环境整治三年行动方案》，对农村人居环境持续改善，美丽宜居乡村建设和城乡基本公共服务均等化等进行了顶层设计。2018年4月，习近平总书记作出重要指示强调，要结合实施农村人居环境整治三年行动计划和乡村振兴战略，进一步推广浙江好的经验做法，建设好生态宜居的美丽乡村。农村人居环境治理工作是实现乡村振兴的第一场硬仗。2018年9月，中共中央、国务院印发《乡村振兴战略规划（2018—2022年）》，对农村人居环境整治工作做了详细的安排，具体包括六个方面：农村的垃圾治理、农村生活污水治理、厕所革命、乡村绿化行动、乡村水环境治理、宜居宜业美丽乡村建设。2019年，中央一号文件再次提出要抓好农村人居环境整治三年行动，要“深入学习推广浙江‘千村示范、万村整治’工程经验，全面推开以农村垃圾污水治理、厕所革命和村容村貌提升为重点的农村人居环境整治，确保到2020年实现农村人居环境阶段性明显改善，村庄环境基本干净整洁有序，村民环境与健康意识普遍增强。”

同时乡村振兴对农村人居环境治理提出了更高的标准。在整治农村人居环境的同时，通过绿色发展引领农村产业，以发展的视角解决农村脏乱差问题，确保治理成果长效化。充分发挥并利用农村地区的资源禀赋优势，延伸农业产业链，拓展农业多功能，促进农民收入增长，实现产业兴旺、生态宜居、生活富裕，为农村人居环境整治提供经济支撑[3]。

枣庄市立足农业农村基础条件和政策优势，以美丽乡村建设为突破口，打造生态宜居宜业家园，探索实现乡村振兴的有效路径。

枣庄市位于山东省南部，地处鲁中南低山丘陵南部地区，总面积4564km^2，下辖5个区、

[1] 到2030年，减少城市的人均负面环境影响，包括特别关注空气质量，以及城市废物管理等。

[2] 习近平.加快生态文明体制改革，建设美丽中国[R/OL]. [2020-09-25]. http：//www.12371.cn/2017/10/18/ARTI1508297949793855.shtml.

[3] 谭明交.乡村振兴与中国农村三产融合发展[EB/OL].https：//mp.weixin.qq.com/s/XejCzpt4DcRRaYixFourDw.

代管1个县级市[1]。枣庄市2023年常住人口总数为380.98万人，其中城镇人口235.19万人，城镇化率61.73%。区位上，枣庄市地处苏鲁豫皖四省交会处，是北京上海两大中心城市的中间节点，南方北方的过渡带，沟通南北经济与文化。京沪高速铁路、京沪铁路、京福高速公路和京杭大运河穿境而过。枣临铁路和枣临高速公路向东连接日照港，成为重要的出海通道。

枣庄市作为国家农村改革试验区、现代农业示范区和国家农业可持续发展试验示范区，是山东作为农业大省的缩影，在推进乡村可持续发展方面拥有良好的基础条件和政策优势。打造乡村振兴的齐鲁样板，是习近平总书记对山东省“三农”工作做出的重要指示，为枣庄推动乡村振兴健康有序进行，打造生产美产业强、生态美环境优、生活美家园好的“三生三美”乡村指明了方向。山东省委、省政府积极探索乡村振兴的有效路径，枣庄市围绕落实2030年可持续发展议程，以破解制约枣庄可持续发展的主要矛盾为切入点，积极探索创新引领乡村可持续发展的路径和模式，建设国家可持续发展议程创新示范区，为全球乡村可持续发展提供“枣庄方案”。

枣庄市委、市政府印发《枣庄市乡村振兴战略规划（2018—2022年）》和5个工作方案[2]、《枣庄市“十四五”新型城镇化和城乡融合发展规划》《关于促进创新引领乡村振兴的实施意见》等多项发展规划和文件，对枣庄市乡村振兴战略推进总体设计和谋划。枣庄市农业农村发展的内生动力不断增强，三大建设——国家农村改革试验区建设、国家现代农业示范区建设和第一批国家农业可持续发展试验示范区建设稳步提升。农村改革试验区建设持续深化。近年来，枣庄市先后开展了农村土地承包经营权确权登记颁证、农村集体产权制度改革、农村土地承包经营权和农民住房财产权抵押贷款试点、农村合作金融改革创新、农村产权交易市场建设等农村重点改革，为枣庄市进一步实施乡村振兴战略扫除了制度性障碍。现代农业示范区建设大幅提升。枣庄市通过调整产业结构，着力壮大现代农业特色产业；立足降成本，着力优化现代农业经营体系；补齐农业基础设施和农业科技短板，实施一大批粮食高产创建、现代农业示范园区、高标准农田建设、农业机械化推广、千亿斤粮食产能工程等项目。国家农业可持续发展试验示范区建设稳步增强。强力推进“政策支持＋重点工程＋试验示范模式＋技术集成＋重大项目”五位一体的创建体系建设，整建制成功创建为第一批国家农业可持续发展试验示范区暨农业绿色发展试点先行区。积极发展休闲农业和乡村旅游业，一批休闲农业示范点、示范园区获省级认证。截至2024年7月底，枣庄创建全国乡村旅游重点村2个，山东省乡村旅游重点村14个，山东省景区化村庄46个，山东省文旅名镇4个，山东省旅游民宿集聚区2个。

在国家实施乡村振兴战略、进行全国性农村人居环境整治三年行动的背景下，枣庄市在乡村环境治理方面，从基础设施建设入手，通过“乡村连片治理”项目建设美丽乡村。道路硬化、完善排水系统、绿化工程、亮化工程、村居美化工程取得了一定的成绩。2018年初，枣庄在全市范围内启动了274个村的美丽乡村创建工作，并选择了68个自然村作为省市级美丽乡村示

[1] 下辖5个区为市中区、薛城区、驿城区、台儿庄区、山亭区，代管县级市为滕州市。

[2]《枣庄市推动乡村产业振兴工作方案》《枣庄市推动乡村人才振兴工作方案》《枣庄市推动乡村文化振兴工作方案》《枣庄市推动乡村生态振兴工作方案》《枣庄市推动乡村组织振兴工作方案》。

范村，实行“1+2”建设模式（即一个美丽乡村示范村带动两个美丽乡村），以镇为单元进行连片建设。2018年7月，枣庄市委、市政府出台《枣庄市农村人居环境整治三年行动实施方案》，提出了清洁村庄、清洁田园、清洁庭院、清洁水源和推动村庄“五化”提升（硬化、亮化、绿化、净化、美化）五项重点工作任务。坚持把农民群众生活宜居作为首要任务，按照梳理问题短板、清理三堆五垛、整理房前屋后、修理残垣断壁、打理厕所厨房的思路，突出旱厕改造、垃圾处理、污水治理、村容村貌提升四个重点，坚持路域、镇域、村庄、庭院环境一起整治。同时，与美丽乡村建设工作相结合，坚持连片治理、集中开发，重点在沿路、沿河、沿湖、沿城区、沿景区附近，选择具有串点成线、连线成片条件的村庄，集中打造美丽乡村示范片区。

枣庄市山亭区围绕“全域建成美丽乡村”的目标要求，立足生态优势，整合资源要素，集中连片推进美丽乡村建设，重点从环境治理、村居改造、设施配套、文化建设、服务提升等方面总体改善乡村人居环境，打造生态宜居和乡村振兴的典范。

山亭区是枣庄市下辖县级区，位于枣庄市东北部。2023年全区总人口51.85万人，其中农村人口35.06万人。山亭区地形复杂多样，属于典型的低山丘陵地貌：有大小山头5400多座，山峰多以“崮”为主，山地丘陵占全区总面积的87%，有“八山一水一分田”之称；境内地貌类型多，植物资源丰富，盛产优质果品，被誉为山东“林海果园”第一县。山亭区按照实施乡村振兴战略的总要求，立足生态优势，以产业兴旺为重点、生态宜居为关键、治理有效为基础，加快推进农业农村现代化进程坚持走生态绿色发展之路，打造乡村振兴齐鲁样板的“山亭实践”。

山亭区对镇村加强整体规划，优化区域布局。按照城乡融合发展要求，编制完成10个镇街总体规划和189个美丽乡村规划。按照“鲁南山村、山村民居”总体定位，结合各镇街特色，着力规划建设诗画山水型、古风民俗型、农事风情型、运动休闲型、生态养生型等特色村居，做到“一镇一韵、一村一色”。围绕“三湖三带一湿地”，实行整体规划、连片打造，重点围绕环岩马湖、翼云湖、灵芝湖，规划建设湖光山色示范区；覆盖石头部落· 兴隆庄、红色崮乡· 抱犊崮、乡风乡韵· 岩马湖，规划建设国家传统村落集中连片保护利用示范区、田园风光示范带、湿地韵味示范片等。

立足传统村落资源禀赋，山亭区形成了以传统村落保护利用推进宜居宜业和美乡村建设的新路径。山亭区现有国家传统村落11个、省级传统村落24个，是山东省内主要的传统村落集聚区之一，通过充分挖掘利用古村、旧宅资源，因地制宜，因势利导，对传统村落进行微改造、精修复，打造出具有古村气息、自然生态、文脉传承、多元融合的和美乡村。在风貌提升方面，山亭区坚持“保护为先、利用为基、传承为本”，制定了《山亭区传统村落集中连片保护利用规划》，规划建设石头部落·兴隆庄、红色崮乡·抱犊崮、乡风乡韵·岩马湖三大片区，编制完成28个传统村落保护发展规划。在活化利用方面，将传统村落与非遗文化、非遗体验、非遗产业深度融合，建成冯卯乡村振兴讲习所、张锦湖纪念馆、承古非遗博物馆等乡村记忆馆、非遗展馆27个，增强非遗传承传播活力；放大生态优势，集中打造伏里·土陶村、李庄·民俗村、洪门·葡萄村等景区化村庄。在村企共建方面，建立“村集体＋社会资本”共同开发机制，通过招商、租赁、托管等方式，盘活传统村落闲置资产，让农民入股参与经营分成；采取“传统村落+”模式，植入研学培训、精品民宿、非遗工坊、农家乐等业态，先后建成翼云石头部落、徐庄葫芦套等乡村旅游景点10余处，建设民宿及农家乐280余家，推动“乡村变景点、农民变股东”。2023年，枣庄市山亭区成功创建国家传统村落集中连片保护利用示范区（图3.50、图3.51）。

图3.50　中国传统村落——山城街道兴隆庄村（翼云石头部落）

图3.51　国家传统村落集中连片保护利用示范区兴隆庄片区（石嘴子）

在村镇环境建设过程中，山亭区统筹考虑基础设施、公共服务、生态保护等因素，全面推进美丽乡村，营造便民、舒适、共享的空间环境。山亭区扎实推进农村人居环境和镇域路域环境整治，累计投资12.5亿元，大力实施城乡环境提升工程和“四好农村路”建设，实现城乡环卫一体化、村村通硬化路、行政村通公交、农村无害化卫生厕所“四个全覆盖”。山亭区坚持建管并举，把建立美丽乡村建设长效机制作为重要的工作内容，从开展清洁行动、健全乡村治理机制、加强监督考核等方面开展实施。在清洁行动中，大力实施乡村清洁行动四季会战，实行区镇村三级干部帮包、群众积极参与机制，定期到村开展清洁活动，彻底消除农村“三堆五垛”，营造了干净整洁有序的乡村环境。为健全乡村治理机制，山亭区在建成村和创建村推行村“两委”抓总、街长负责、住户门前三包、党员集中监督、年底考核评价的“五位一体”农村基础设施长效管护模式，确保美丽乡村持久美丽。开发城乡公益岗位3400个，为美丽乡村建设提供了新动力。完善村规民约，健全红白理事会、道德评议会等各种群众组织，教育广大群众逐渐养成科学、文明、健康的生活方式。2023年，山亭区新建省市级和美乡村示范村14个，建成美丽庭院1.3万户。完成86个行政村生活污水治理，实现全覆盖，实施“四好农村路”46km、“户户通”103km。

山亭区冯卯镇高度重视镇域路域环境综合整治工作，通过加大镇域路域环境整治力度，精细化组织管理，加强推广落实，不断完善基础公共服务设施，着力建设美丽宜居生态小镇，助力乡村振兴。为保障镇域路域环境综合整治工作顺利推进，山亭区冯卯镇明确责任，严格落实考核。书记镇长亲自抓工作落实，将该工作作为项重点工作进行调度，每周科级干部都要对具体承担的工作任务进行承诺践诺，组织开展专题会议、现场办公会、镇域观摩考评、外出学习考察等工作。实施单元格管理，根据镇域路域情况，划分单元格。环卫工人负责清扫转运；村干部负责监管农户和环卫工人；镇环卫所负责检查考核。实行负面清单扣分制，环卫所人员每天明察暗访，发现问题扣分，扣分与村干部、环卫工人工资挂钩。

为巩固和加强整治成果，山亭区冯卯镇建立长远有效的管理机制。在镇级机制建设上，形成了家庭包门前、街长（党员）包街巷、干部包片区、环卫工人包转运的管护机制和村民（代表）评议、支部负责、镇级考核的考评机制；在市场化运作机制上，积极推行园林绿化、环卫保洁市场化运作，与山东岩马湖投资置业有限公司签订物业管理委托协议，加强园林绿化、卫生保洁日常考核，推进城乡环卫一体化建设常态化、长效化发展；在农村公路养护机制上，加强公路边沟管理，清理疏通公路边沟和平交道涵，制作提示牌，有效制止利用公路边沟、桥梁涵洞进行倾倒垃圾的行为，对道路进行绿化补植，实施道路亮化工程。此外，山亭区冯卯镇还动员组织全镇社会力量开展志愿服务活动，整合资源，共享整治成果。每年举办一次美丽家庭评选；发动社会各界捐助建立环卫基金，给环卫工人购买商业保险，发放劳保用品，每年度进行“最美环卫工人”评选。

2023年以来，冯卯镇先后共拆除公路沿线两侧违法建筑118处，整治砂石堆放场35个，整治废品收购站11个，处理违法案件16宗，清理生活垃圾3500余车、建筑垃圾9000余吨，拆除广告牌190块，清除户外乱挂横幅80多条，“牛皮癣”600多处，修剪公路两侧占用公路空间或遮挡视线树枝1500多株。积极做好交通安全隐患排查整改工作，新增交通安全标志标识68个，专门设立校车站点50个，整改道路塌陷损毁路段20余处，硬化道交路口15处，同时对马路市场及重要交通路段通过区交警大队实施“严管路段”管理（图3.52~图3.54）。

在提升城乡人居环境的同时，枣庄市山亭区将乡村旅游发展和美丽乡村建设相结合，带动乡村经济社会发展。

山亭区围绕“林海果园”的独特优势，坚持“生态立区、绿色发展”原则，统筹结合旅游重大项目和美丽乡村建设，不仅改善了乡村居民生活环境，让游客感受到乡村魅力，更能带动乡村经济的发展，使居民有所获益。山亭区委、区政府坚持以市场为导向、政府为依托，将“生态旅游培育成为全区战略性支柱产业”写入政府工作报告，促进旅游投资主体向多元化发展。整合各类资金政策，集中向旅游产业倾斜，区财政设立800万元旅游发展专项基金，重点完善乡村游基础设施、公益设施，对乡村旅游基础设施提升、广告宣传予以1/3资金奖补；印发《山亭区创建

图3.52　冯卯镇持续开展镇域路域环境整治工作

图3.53　山亭区冯卯镇庙岭村人居环境

图3.54　山亭区冯卯镇朱山村镇域路域环境综合整治成效

国家全域旅游示范区实施方案》《山亭区旅游基金使用管理办法》等文件，引导社会投资办旅游，推进重大项目建设。山亭区政府在乡村居民发展民宿、农家乐、乡村采摘等方面给予了较大的财政、政策等扶持。鼓励、引导农户成立农家乐、农业生产等各类专业合作社，提高农户组织化程度，搭建农民专业合作社。采取“公司+农户”“合作社+农户”模式，规模化发展农家乐，引导农民脱贫致富。

围绕乡村旅游长远发展顶层设计，山亭区先后制定出台了《关于加快发展乡村旅游业的意见》《山亭区关于加快乡村旅游改革试点工作的实施意见》《山亭区乡村旅游发展总体规划》《翼云石头部落控制性详细性规划》等12个总体规划和单体项目专项规划，形成了区域旅游规划、旅游区规划、专项旅游规划三个层次的规划体系，进一步明确了全区乡村游的发展方向，构建出“全景山亭、全域旅游”的发展格局。同时，策划推出东线生态康养、南线红色文化、西线产业研学、北线乡村休闲4大类、12条精品线路，推动全域旅游和全品研学深度融合；在重点村镇实行“改厨、改厕、改客房、整理院落”和垃圾污水无害化、生态化处理，集中打造了一批乡村旅游示范点和美丽乡村旅游带，以点带面，串珠成链，打造随处可游的美丽乡村。

全区按照“特色发展、差异定位、集中推进”的思路，探索实施了生态度假型、休闲观光型、民俗体验型等美丽乡村建设模式。为提升乡村旅游质量，山亭区围绕“一村一品”，不断加强乡旅、农旅、文旅融合，并借助互联网的优势，进一步丰富乡村游的内涵和外延。乡旅融合：发展田园乡村游，培植乡村旅游精品。2023年，西城头村喜获中国美丽休闲乡村，葫芦套村晋升国家美丽宜居村庄，新增省级乡村旅游重点村、景区化村庄3个。“百味山亭· 采摘之旅”入选全国乡村旅游精品线路，“乡里乡亲”省级旅游民宿集聚区建成开放，城头镇入选省乡村振兴示范镇、特色专业镇试点，冯卯镇、徐庄镇创成省精品文旅名镇、首批绿色能源发展标杆镇。农旅融合：依托特色林果资源，推进观光休闲农业、生态农业、精品采摘园、家庭农场等特色产业项目，将农耕文明与乡村旅游结合起来，推出赏花采摘、农事体验、自然课堂系列节事节会活动，丰富旅游文化内涵，提高旅游产品吸引力。每年通过举办火樱桃、桃花、洪门葡萄等90余个文化旅游节会活动，有效提升山亭旅游品牌的知名度和影响力。文旅融合：挖掘历史文化、红色文化、湿地文化和乡村生态等资源，建成了小邾国故城、八路军抱犊崮抗日纪念园、月亮湾湿地、翼云石头部落、青龙山古陶博物馆景区、愚公渠、“铁姑娘”事迹展馆和王家湾峄县抗日民主政权旧址、洪门葡萄村、湖沟乡村公园等乡村旅游项目，豆制品文化展览馆、湿地生态博物馆等建成开放。

同时，为打造特色乡村游品牌，山亭区大力发展“山亭人家”农家乐。为此，制定了《山亭区“山亭人家”星级农家乐经营管理和评定标准》。通过典型带动、政策扶持等措施全区发展“山亭人家”农家乐500家，其中成功创建山东省“好客人家”星级农家乐113家。此外，乡村旅游已成为山亭区广大贫困户的扶贫和富民工程，在工作中探索实施了整村搬迁、公司带动、合作社引领等旅游扶贫模式。湖沟旅游合作社入选国家“合作社+农户”旅游扶贫示范项目；兴隆庄乡村旅游扶贫示范带被推荐为全国乡村旅游发展典型，并被国务院扶贫办推荐到世界旅游联盟。

山亭区被纳入山东省四个“山东省乡村旅游综合改革试点区”之一，先后荣获“山东省乡村旅游示范区”“山东省长寿之乡”“好客山东最美风景区”等乡村旅游金字招牌。山亭区共培育全国乡村旅游重点村2个、中国美丽休闲乡村4个、省级乡村旅游重点村4个、省级旅游特色村36个，培育休闲农业与乡村旅游示范点43个、精品旅游线路12条，“百味山亭· 采摘之旅”入选全国乡村旅游精品线路，乡村民宿51家，“山亭人家”农家乐500余家、旅游专业合作社15家（图3.55）。

枣庄市台儿庄区以古城为核心，推动城市转型发展，整合周边乡村旅游资源，以点带面发展全域旅游，探索文旅融合高质量发展的路径。

针对发展过程中存在的城乡要素流动、公共服务均等化、基础设施互联互通等发展不平衡不充分问题，近年来，枣庄市台儿庄区围绕“中华运河文化传承核心区、国际知名旅游目的地、世界文化遗产”三大定位，充分发挥台儿庄古城溢出效应，以点带面，深入实施文旅融合发展战略，走出了一条“政府提供保障、创新催生产业、市场培育业态、融合激发活力”的文旅融合发展新路径。

图3.55　山亭区冯卯镇岩马湖湖畔李庄村——盘活利用农村闲置小院，帮助农民创收

2008年，枣庄市委、市政府面对煤炭资源逐渐枯竭、水泥建材产业结构相对单一的实际，启动台儿庄古城重建，改变“一黑一灰”产业格局，弘文兴旅，以文塑旅，让古城在原有面貌、形态、规制等历史基调上复活起来。台儿庄古城区景区以“运河文化”“大战文化”和“鲁南民俗文化”为核心，在引入特色产业、推广特色工艺品和开展沉浸式旅游体验项目上下功夫，成功打造了一个文创产品集群，吸引近百家具有特色的手工艺店铺入驻，如丝绒小鸟非遗传习所和胡家大院扎染体验馆等。鲁班锁和鲁南玻璃等具有枣庄特色工艺品已经成为市场上的热销商品，这些工艺品的销售为当地手工艺人带来了可观的经济收益，其中手工艺品自营店的日均营业额甚至超过1万元。通过开发包括水乡建筑和闽南建筑在内的八种风格的沉浸式换装体验项目，如换装、妆造、旅拍等，台儿庄古城不仅创造了独特的“国风”主题消费场景，也为当地经济带来了新的增长点和就业岗位。

此外，台儿庄区聚焦大运河特色资源，以大运河国家文化公园建设为着力点，编制《台儿庄大运河国家文化公园策划及概念规划》，以打造“枣庄市沿运文旅发展新轴线、大运河城市文旅会客厅”为总体目标，突出“两核一带”（即大运河文旅小镇、台儿庄古城，大运河文化带）建设。按照“百馆、百庙、百业、百艺”的古城文化空间规划，建设中国运河招幌博物馆等特色展馆，培育文化创意等业态，打造非遗一条街，引入运河大鼓等30余项非物质文化遗产常态化演出。同时，以开放合作、融合发展的姿态积极融入淮海经济区一体化建设提升区域旅游品牌影响力，推进运河印象文旅小镇、台儿庄梦幻冰雪世界、国家安全教育基地等项目建设，实施台儿庄大战纪念馆馆藏文物数字化保护、台儿庄大战旧址修缮保护工程，积极筹建八路军115师运河支队纪念馆。树立品牌引领发展理念，挖掘台儿庄文化内涵，在央视多个频道黄金时段及全国百家地方电视台进行文化旅游形象广告投放，同时探索建立台儿庄古城自媒体矩阵平台，#寻梦台儿庄#微博和抖音话题，阅读量和播放量分别达到1.2亿次和2.2亿次，成功打响了台儿庄文旅品牌。联合功夫动漫股份有限公司以台儿庄大运河文化为核心打造大运河超级IP，并以超级IP开发为突破口，以文旅高质量发展促经济繁荣。重建后的台儿庄古城，荣膺“齐鲁文化新地标”榜首，成为全国首家海峡两岸交流基地、首个国家文化遗产公园、国家5A级旅游景区、山东省历史文化街区。2017年，台儿庄区成功创建省级全域旅游示范区；2021年，台儿庄古城被评为国家级文化和旅游消费集聚区；2022年9月，台儿庄区文旅融合高质量发展实践入选全国宣传干部学院出版的宣传思想文化工作案例选编（图3.56）。

台儿庄区以古城为龙头，精准策划“旅游+”

图3.56　大运河畔台儿庄古城旅游环境

项目，挖掘生态文化价值，整合运河、湿地、南部山区等资源，将双龙湖湿地、运河湿地、黄邱山森林公园等乡村旅游景区纳入全域旅游大格局。发挥台儿庄古城的辐射带动作用，以旅游带动村庄，实施农旅融合发展策略，深入挖掘民俗文化，布局六大产品业态，加入地方名小吃、农副产品和创意农场采摘园等多元主题业态，打造“旅游+文化资源”新乡情。此外，基于京台高速台儿庄大运河服务区交旅融合特色和运河沿岸“农旅”资源基础，深入发掘运河沿线村落的民俗文化，规划建设运河年画村、生态田园村、红色文化村等沿运特色文化村落，带动沿运村庄风貌提升，打造融度假、休闲和观光于一体的运河乡村综合性旅居目的地。整合周边乡村旅游资源，推动民宿客栈、餐饮美食、休闲娱乐等业态发展，持续吸纳本地人回乡就业创业。2023年，台儿庄景区及周边乡村区域吸纳农转旅从业人员累计达1.3万余人，带动增收1000余万元。同时，依托古城旅游消费需求，拉动周边村镇发展“按揭农业”[1]，形成了以马兰屯镇设施蔬菜为基地核心，邳庄镇设施蔬菜、泥沟镇蘑菇为试点，发展按揭蔬菜大棚1000亩，按揭肉牛1000头，带动360余户农民增收，使周边30多个村近千名群众在家门口就可以上班（图3.57）。

图3.57　台儿庄区邳庄镇千亩精品水稻示范园

台儿庄区依托古城的旅游消费溢出效应，通过农业产业招商、示范带动等措施，开发穆柯寨甜桃、磨石楼土蜂蜜、黄邱地瓜、涛沟桥大米、生态咸鸭蛋等乡村旅游自主品牌产品10余个，成功创建和培育特色农产品标准园13个，创建省级景区化村庄5个，创建沿大运河文化体验廊道建设重点村2个；古城黄花牛肉面美食文化体验活动、“桃醉山乡”甜桃大会连续三年获评省级乡村好时节活动优秀案例；运河街道入选省级民宿集聚区培育名单。台儿庄乡村已成为枣庄市一张靓丽旅游名片。

通过美丽乡村建设，枣庄市综合提升了乡村人居环境和旅游环境，为农村多元新业态发展提供了基础；同时，乡村产业发展带动了乡村环境综合整治从被动化为主动，推动农村人居环境和经济发展相互促进。

枣庄市和山亭区、台儿庄区的案例表明，以美丽乡村建设作为突破口全面实施乡村振兴战略，能够把生态效益转化为经济效益、社会效益，走出一条生态美、产业兴、百姓富的可持续

[1]“按揭农业”是指农业经营主体购买或租用项目投资主体建设的农业项目基础设施，并负责后续经营，就自有资金不足部分向农商银行申请贷款，省农担公司提供担保，借款人在约定还款周期内以按揭形式偿还贷款的农业经营模式。来源于：《关于印发“按揭农业贷”管理办法的通知》（鲁农计财字〔2022〕11号）

发展之路。在总体谋划上，全市依托资源禀赋，推动各村差异化建设，通过连点成片全域打造美丽乡村推动全域旅游；以美丽宜居乡村各级示范村为引领，形成示范带动效应。进行路域综合整治，加强乡村环境整治中需要迫切提升的一项内容，打好全域旅游发展基础。在工作推进中，实行精细化管理，建立层层细化的责任考核管护机制；加强推广落实推广，鼓励社会力量开展志愿服务活动，共享整治成果。

在乡村振兴的背景下，枣庄市在整治农村人居环境的同时，通过以“富”带“美”，推动农村人居环境和经济发展相互促进，确保治理成果常态化、长效化。通过单位乡村旅游产业带动，探索“旅游+”模式与绿色农产品、特色民宿、农事体验、乡村旅游等新兴业态融合发展，逐渐形成多元新业态、一二三产融合发展的产业模式，为农村人居环境整治积累经济资本，实现产业发展和环境整治相辅相成，美丽经济支撑美丽乡村。

农村人居环境改善的不仅在于提升环境品质本身，也是建设生态宜居美丽乡村的重要内容，更在于其重要的时代价值，突出表现在：农村人居环境整治是实施乡村振兴战略的重要组成部分。通过农村人居环境提升拓展涉农产业发展，探索环境、经济和社会协调发展、相互促进的机制，也是对联合国可持续发展目标的呼应。打造宜居家园，探索完善村集体经济发展、乡村社会治理、农民持续增收、农村生态文明发展的新机制新途径，是推进乡村振兴、城乡统筹发展的有效实践，为枣庄市国家可持续发展议程创新示范区建设提供基础，为全球乡村可持续发展提供可复制、可推广的模式。

总结与展望

城市和人类住区作为经济社会可持续的主要载体，在促进经济发展、社会进步、环境改善、文化繁荣等方面发挥着重要的作用。推进城市可持续和高质量发展，是增进民生福祉、提高人民生活品质的必然要求。面对国际国内形势和诸多风险挑战，加快建设包容、安全、有抵御灾害能力的城市和人类住区是满足人民美好生活向往的重要任务。

本报告通过对政府制定的城乡建设领域相关政策的导向分析；对参评城市2023年度在住房保障、公共交通、规划管理、遗产保护、防灾减灾、环境改善、公共空间等方面的建设成效进行综合评估；总体来看，基于近8年中国城市落实SDG11得分趋势模拟2030年SDG11得分情况，中国城市距离实现SDG11还存在明显差距，地区发展不均衡等原因导致中国城市在2030年整体实现SDG11还颇具挑战；对地方在落实SDG11过程中政策制定、技术应用、工程实践和能力建设等方面的案例梳理综合分析发现，2023年中国城市在环境改善、防灾减灾方面呈现相对明显的改善趋势，表现良好；遗产保护方面有所倒退且评估得分最低，仍是制约中国城市实现SDG11的关键因素。

我们认为，中国城市应从自身实际情况出发，立足资源环境承载能力，发挥地区比较优势，依托国家战略及地方政策，选择适宜的可持续发展路径及技术手段，逐步推动可持续发展目标的本地化落实工作。鉴于此，我们提出为实现城市的包容、安全与可持续发展，各城市应重点推进以下工作：

1.更好满足居民对于“好房子”的向往，让老百姓住上更安全、更宜居的房子。建立实施房地产长效机制，扩大保障性住房供给，推进长租房市场建设，切实促进房地产市场健康发展；优化住房结构，满足居民刚性和改善性住房需求；明确改造统计调查制度，加强配套设施建设，全面推进城镇老旧小区改造；研究开展长效“住宅体检”工作，支持全面消除各类住房安全隐患，保障居民生命财产安全和社会稳定；继续实施农村危房改造，持续提升农房质量，规范农房补助资金支持。

2.提升城乡居民生活品质，深入推进以人为核心的新型城镇化。全面开展城市体检工作，从生态宜居、健康舒适、安全韧性、交通便捷、风貌特色、整洁有序、多元包容、创新活力等方面着手，建立与实施城市更新行动相适应的城市规划建设管理体制机制和政策体系；加速推进儿童、老年人、残障人士友好的城市公共空间建设和改造，构建包容的城市公共设施和空间环境体系；改善步行交通系统环境，推进城市绿色出行，不断增强人民群众在城市交通出行中的获得感、幸福感和安全感。

3. 因地制宜探索和培育新质生产力，促进城乡建设高质量发展。以科技创新引领城乡建设绿色低碳发展、人居环境品质提升、城市基础设施数字化网络化智能化发展、城乡历史文化保护传承利用、城市防灾减灾能力提升、住宅品质提升、建筑业数字化转型、智能建造与新型建筑工业化发展、县城和乡村现代化建设；运用大数据、云计算、区块链、人工智能等前沿技术推动城市管理手段、管理模式、管理理念创新，提升城市治理科学化、精细化、智能化水平；深度融合新兴产业技术，推动建筑业工业化、数字化、绿色化转型。

主编简介

张晓彤，男，博士，研究员，国家住宅与居住环境工程技术研究中心可持续发展研究所所长，国家注册城乡规划师。长期担任国家可持续发展议程创新示范区工作专家组专家，中国可持续发展研究会理事、人居环境专业委员会秘书长、实验示范工作委员会副主任委员，国家乡村环境治理科技创新战略联盟理事，联合国工业发展组织（United Nations Industrial Development Organization，简称UNIDO）城市可持续发展规划项目国家顾问。主要从事城市可持续发展评估及人居环境优化提升研究与技术推广工作。先后主持国家重点研发计划项目“城镇可持续发展评估与决策支持关键技术”，国家重点研发计划课题“城镇可持续发展监测—评估—决策一体化平台研发与示范”，国家科技支撑计划课题“城市可持续发展能力评估体系及信息系统研发”，科技部改革发展专项“国家可持续发展实验区创新监测与评估指标体系”，云南省科技计划项目“联合国可持续发展目标临沧市自愿陈述报告编制研究”，以及地方委托课题“湖州市可持续发展路径与典型模式研究”“枣庄市可持续发展路径与典型模式研究”等相关研究、咨询项目十余项；主编出版《中国落实2030年可持续发展议程目标11评估报告：中国城市人居蓝皮书》系列报告，《基于景观媒介的交互式乡村规划方法及其实证研究》《中国农村生活能源发展报告（2000—2009）》《乡村生态景观建设理论和方法》等专著；发表“构建国家可持续发展实验区评估工具的研究”等学术论文50余篇。

邵超峰，男，博士，南开大学环境科学与工程学院教授、南开大学环境规划与评价所常务副所长。国家可持续发展议程创新示范区工作专家组专家、农业农村部农产品产地划分专家、生态环境部环境影响评价专家、全国专业标准化技术委员会委员、ISO/IEC工作组专家，中国可持续发展研究会理事，天津市可持续发展研究会秘书长，联合国开发计划署（The United Nations Development Programme，简称UNDP）可持续发展伞形项目专家，联合国工业发展组织（UNIDO）城市可持续发展规划项目国家顾问。主要从事可持续发展目标（SDGs）中国本土化、环境政策设计、可持续发展理论及实践相关研究工作。先后主持国家重点研发计划专项课题“城镇可持续发展问题诊断与提升路径研究”“漓江流域喀斯特景观资源可持续利用模式研发与可持续发展进展效果评估”、国家自然科学基金“SDGs本土化评估技术方法与应用”、天津市科技发展战略研究计划“科技支撑天津市环境综合治理战略规划研究”、天津市哲学社会科学规划基金重大委托项目“创新型城市绿色发展模式研究”、天津市科技支撑重点项目“天津市可持续发展实验区支撑体系建设”等国家级和省部级科研课题20余项，完成广西、天津、新疆、河南、河北、山西等省份地方咨询项目或委托课题40余项；主编出版《全球可持续发展目标本地化实践及进展评估》《中国可持续发展目标指标体系研究》《大柳树生态经济区农牧业路径及生态效益》等专著10余部；以第一作者或通讯作者发表科研论文100余篇。

高秀秀，女，高级工程师，英国约克大学环境经济学与环境管理方向博士，现任中国建筑设计研究院有限公司国家住宅与居住环境工程技术研究中心可持续发展研究所副所长，主要从事城乡建设可持续性评估与参与式规划技术方向的科学研究及科研成果的示范推广和国际交流工作，为中国落实2030年可持续发展议程创新示范区建设提供技术支持。曾参与多项欧盟框架项目和国际合作项目研究；主持、参与“十三五”和“十四五”国家重点研发计划项目课题和专题研究、省部、地市级地方科技计划项目、企业委托研究项目专题和课题研究11项；参与研制城市和社区可持续发展领域国家标准2项，主编景观资源利用方向团体标准1项；在《Journal of Integrative Environmental Sciences》《中国人口·资源与环境》《农业资源与环境学报》等期刊发表学术论文12篇；参编《中国落实2030年可持续发展议程目标11评估报告：中国城市人居蓝皮书》系列著作、国际公告文献12部。

附录

2023年地方政府发布可持续发展目标11相关政策摘要

附录1　2023年地方政府发布住房保障方向政策摘要

发布时间	发布政策	发布机构
2023年1月	《北京市住房和城乡建设委员会 北京市发展和改革委员会 北京市规划和自然资源委员会关于发布2022年全市第三批保障性住房建设筹集计划的通知》	北京市住房和城乡建设委员会、北京市发展和改革委员会、北京市规划和自然资源委员会
2023年1月	《山西省“十四五”城镇住房发展规划》	山西省住房和城乡建设厅
2023年2月	《广州市住房和建设局 广州市规划和自然局关于印发广州市老旧小区既有建筑活化利用实施办法的通知》	广州市住房和城乡建设局、广州市规划和自然资源局
2023年3月	《湖南省住房和城乡建设厅 湖南省发展和改革委员会 湖南省财政厅关于公布2023年城镇老旧小区改造计划的通知》	湖南省住房和城乡建设厅、湖南省发展和改革委员会、湖南省财政厅
2023年4月	《北京市住房和城乡建设委员会 北京市规划和自然资源委员会关于进一步做好危旧楼房改建有关工作的通知》	北京市住房和城乡建设委员会、北京市规划和自然资源委员会
2023年4月	《河北省住房公积金2022年年度报告》	河北省住房和城乡建设厅、河北省财政厅、中国人民银行石家庄中心支行
2023年6月	《深圳市保障性住房规划建设管理办法》	深圳市人民政府
2023年6月	《深圳市共有产权住房管理办法》	深圳市人民政府
2023年6月	《深圳市保障性租赁住房管理办法》	深圳市人民政府
2023年6月	《陕西省住房和城乡建设厅 陕西省财政厅 陕西省民政厅 陕西省乡村振兴局陕西省农村低收入群体等重点对象住房安全保障工作指南》	陕西省住房和城乡建设厅、陕西省财政厅、陕西省民政厅、陕西省乡村振兴局
2023年7月	《关于进一步加强农村宅基地和农民住宅建设管理的通知》	陕西省农业农村厅、陕西省自然资源厅、陕西省住房和城乡建设厅
2023年8月	《河南省农村低收入群体等重点对象住房安全保障工作实施方案》	河南省住房和城乡建设厅、河南省财政厅、河南省民政厅、河南省乡村振兴局、河南省地震局
2023年8月	《北京市住房和城乡建设委员会关于统筹利用产业园区工业项目配套用地建设筹集保障性租赁住房的通知》	北京市住房和城乡建设委员会
2023年8月	《关于加强住宅专项维修资金管理工作的指导意见（试行）》	海南省住房和城乡建设厅
2023年11月	《关于加快住房公积金数字化发展的实施意见》	黑龙江省住房和城乡建设厅
2023年12月	《山西省农村住房建筑设计优秀案例图集》	山西省住房和城乡建设厅

附录2　2023年地方政府发布公共交通发展政策摘要

发布时间	发布政策	发布机构
2023年1月	《河南省人民政府办公厅关于深入贯彻城市公共交通优先发展战略推动城市公共交通高质量发展的实施意见》	河南省人民政府办公厅
2023年3月	《山西省高速公路隧道工程消防设计指南》	山西省住房和城乡建设厅
2023年3月	《山西省特殊建设工程消防设计审查要点及规则（高速公路隧道）》	山西省住房和城乡建设厅
2023年3月	《关于下达2023年本市村内道路建设管护任务的函》	上海市住房和城乡建设管理委员会
2023年3月	《甘肃省普通国道勘察设计和建设管理工作实施细则（试行）》	甘肃省交通运输厅
2023年4月	《内蒙古自治区交通运输厅关于公布第一批城乡交通运输一体化示范创建县的通知》	内蒙古自治区交通运输厅
2023年6月	《重庆市高速公路网规划（2023—2035年）》	重庆市交通局
2023年6月	《关于加强汽车加氢站建设运营的实施意见》	浙江省住房和城乡建设厅、浙江省发展和改革委员会、浙江省自然资源厅、浙江省应急管理厅、浙江省市场监督管理局
2023年6月	《黑龙江省人民政府办公厅关于印发黑龙江省贯彻落实〈交通强国建设纲要〉和〈国家综合立体交通网规划纲要〉实施方案的通知》	黑龙江省人民政府办公厅
2023年8月	《江西省省级农村公路养护工程管理办法（试行）》	江西省交通运输厅
2023年9月	《西藏自治区交通运输综合行政执法监督办法（试行）》	西藏自治区交通运输厅
2023年9月	《自治区交通运输厅 公安厅 机关事务管理局 总工会 共青团委员会关于组织开展2023年绿色出行宣传月和公交出行宣传周活动的通知》	宁夏回族自治区交通运输厅、宁夏回族自治区公安厅、宁夏回族自治区机关事务管理局、宁夏回族自治区总工会、宁夏回族自治区共青团委员会
2023年11月	《海南省交通运输厅 海南省公安厅关于进一步加强小微型客车租赁管理的通知》	海南省交通运输厅、海南省公安厅
2023年12月	《广西壮族自治区交通运输厅等13部门关于印发自治区治理车辆超限超载三年行动方案（2023—2025年）的通知》	广西壮族自治区交通运输厅、广西壮族自治区发展和改革委员会、广西壮族自治区工业和信息化厅、广西壮族自治区公安厅、广西壮族自治区财政厅、广西壮族自治区自然资源厅、广西壮族自治区住房和城乡建设厅、广西壮族自治区水利厅、广西壮族自治区农业农村厅、广西壮族自治区商务厅、广西壮族自治区应急管理厅、广西壮族自治区市场监督管理局
2023年12月	《宁夏数字交通发展三年行动计划（2023—2025年）》	宁夏回族自治区交通运输厅
2023年12月	《宁夏回族自治区航运发展规划（2023—2035年）》	宁夏回族自治区交通运输厅
2023年12月	《省交通运输厅关于2023年度贵州省“四好农村路”示范县创建结果公示》	贵州省交通运输厅
2023年12月	《海南省人民政府关于印发海南省旅游公路管理暂行办法的通知》	海南省人民政府

附录3　2023年地方政府发布规划管理方向政策摘要

发布时间	发布政策	发布机构
2023年1月	《关于印发深入推进城市更新工程项目谋划实施工作方案的通知》	辽宁省住房和城乡建设厅
2023年1月	《省政府办公厅转发省发展改革委等部门关于加快推进城镇环境基础设施建设实施意见的通知》	江苏省人民政府办公厅
2023年1月	《河北省人民政府办公厅关于印发河北省城市燃气等老旧管网更新改造实施方案（2023—2025年）的通知》	河北省人民政府办公厅
2023年2月	《关于做好2023年全面推进乡村振兴重点工作的实施意见》	中共福建省委、福建省人民政府
2023年2月	《中共湖南省委、湖南省人民政府关于锚定建设农业强省目标扎实做好2023年全面推进乡村振兴重点工作的意见》	中共湖南省委、湖南省人民政府
2023年2月	《2023年民心工程居民小区公共充电桩建设实施方案》	天津市发展和改革委员会
2023年4月	《河南省人民政府办公厅关于实施开发区土地利用综合评价促进节约集约高效用地的意见》	河南省人民政府办公厅
2023年6月	《城乡规划建设管理体制机制改革方案》	浙江省自然资源厅、浙江省住房和城乡建设厅、浙江省农业农村厅
2023年7月	《海南省乡村振兴责任制实施细则》	中共海南省委办公厅、海南省人民政府办公厅
2023年7月	《吉林省美丽乡村建设实施方案》	中共吉林省委办公厅、吉林省人民政府办公厅
2023年7月	《福建省人民政府办公厅关于印发福建省新型基础设施建设三年行动计划（2023—2025年）的通知》	福建省人民政府办公厅
2023年8月	《河南省人民政府办公厅河南省城市基础设施生命线安全工程建设三年行动方案（2023—2025年）》	河南省人民政府办公厅
2023年9月	《关于推进以县城为重要载体的城镇化建设的若干措施》	中共广东省委办公厅、广东省人民政府办公厅
2023年9月	《河北省人民政府办公厅关于实施城市更新行动的指导意见》	河北省人民政府办公厅
2023年9月	《上海市推进儿童友好城市建设三年行动方案（2023—2025年）》	上海市发展和改革委员会
2023年10月	《山东省人民政府办公厅关于印发山东省城市更新行动实施方案的通知》	山东省人民政府办公厅
2023年11月	《海南省深入学习浙江“千万工程”经验高质量推进宜居宜业和美乡村建设实施方案(2023—2027年)》	中共海南省委办公厅、海南省人民政府办公厅
2023年11月	《关于印发加快金融下乡支持全面推进乡村振兴实施方案的通知》	安徽省地方金融监督管理局、中国人民银行安徽省分行、国家金融监督管理总局安徽监管局、中国证券监督管理委员会安徽监管局、安徽省财政厅、安徽省农业农村厅
2023年12月	《浙江省建筑工业化示范城市、企业、基地和项目认定办法》	浙江省住房和城乡建设厅

附录4　2023年地方政府发布遗产保护方向政策摘要

发布时间	发布政策	发布机构
2023年4月	《四川省人民政府关于公布首批四川传统村落名录的通知》	四川省人民政府
2023年5月	《内蒙古自治区级非物质文化遗产旅游体验基地认定与管理办法》	内蒙古自治区文化和旅游厅
2023年7月	《关于蓬莱历史文化名城保护规划的批复》	山东省人民政府
2023年8月	《山西省传统村落保护性修复技术指南（试行）》	山西省住房和城乡建设厅
2023年8月	《河南省人民政府办公厅关于进一步推动文物事业高质量发展的实施意见》	河南省人民政府办公厅
2023年8月	《湖南省文物局关于全国重点省级文物保护单位保护范围与建设控制地带内建设项目文物影响评估工作有关事项的通知》	湖南省文物局
2023年8月	《海南省省级文化生态保护区管理办法》	海南省旅游和文化广电体育厅办公室
2023年9月	《山西省人民政府关于公布第六批山西省历史文化名镇名村的通知》	山西省人民政府
2023年9月	《辽宁省人民政府办公厅关于印发辽宁省支持文旅产业高质量发展若干政策措施的通知》	辽宁省人民政府办公厅
2023年9月	《陕西省历史文化名城名镇名村保护条例》	陕西省人民代表大会常务委员会
2023年9月	《广西壮族自治区人民政府办公厅关于公布第四批广西历史文化名镇名村的通知》	广西壮族自治区人民政府办公厅
2023年10月	《广西壮族自治区人民政府关于公布第九批自治区级非物质文化遗产代表性项目名录的通知》	广西壮族自治区人民政府
2023年10月	《青海省人民政府关于公布第一批省级历史文化名镇名村的通知》	青海省人民政府
2023年12月	《历史文化街区与历史建筑评定标准》	河北省住房和城乡建设厅
2023年12月	《北京市民间文化艺术之乡命名和管理办法（试行）》	北京市文化和旅游局
2023年12月	《省政府关于公布第九批江苏省历史文化名镇名村的通知》	江苏省人民政府
2023年12月	《省人民政府关于命名湖北旅游名镇、旅游名村和旅游名街的通报》	湖北省人民政府

附录5　2023年地方政府发布防灾减灾方向政策摘要

发布时间	发布政策	发布机构
2023年1月	《重庆市人民政府关于印发2023年全市安全生产与自然灾害防治工作要点的通知》	重庆市人民政府
2023年1月	《云南省人民政府办公厅关于印发云南省气象灾害应急预案的通知》	云南省人民政府办公厅
2023年4月	《关于做好2023年城市排水防涝工作的通知》	河北省住房和城乡建设厅 河北省发展和改革委员会
2023年6月	《上海市地质灾害危险性评估管理规定》	上海市规划和自然资源局
2023年7月	《黑龙江省农业防灾减灾和水利救灾资金管理暂行办法》	黑龙江省财政厅、黑龙江省农业农村厅、黑龙江省水利厅
2023年8月	《天津市加强森林防火网格化管理的实施方案》	天津市规划和自然资源局
2023年8月	《云南省人民政府办公厅关于印发云南省突发地质灾害应急预案的通知》	云南省人民政府办公厅
2023年8月	《陕西省人民政府办公厅关于印发地震应急预案的通知》	陕西省人民政府办公厅
2023年9月	《内蒙古自治区人民政府办公厅关于印发自治区生物灾害应急预案的通知》	内蒙古自治区人民政府办公厅
2023年10月	《福建省气象灾害防御办法》	福建省人民政府
2023年10月	《青海省人民政府办公厅关于建立青海省加强荒漠化综合防治和推进“三北”等重点生态工程建设工作协调机制的通知》	青海省人民政府办公厅
2023年11月	《关于加快推动北京市应急广播建设的实施意见（2023年—2025年）》	北京市广播电视局、北京市公安局、北京市财政局、北京市农业农村局、北京市应急管理局
2023年12月	《河南省人民政府办公厅关于印发河南省自然灾害救助应急预案的通知》	河南省人民政府办公厅
2023年12月	《青海省气象灾害应急预案》	青海省人民政府办公厅
2023年12月	《城市排水防涝应急预案》	山西省住房和城乡建设厅

附录6　2023年地方政府发布环境改善方向政策摘要

发布时间	发布政策	发布机构
2023年1月	《甘肃省人民政府办公厅关于印发新污染物治理工作方案的通知》	甘肃省人民政府办公厅
2023年2月	《山东省人民政府办公厅关于印发山东省新污染物治理工作方案的通知》	山东省人民政府办公厅
2023年4月	《重庆市人民政府办公厅关于印发重庆市新污染物治理工作方案的通知》	重庆市人民政府办公厅
2023年5月	《重庆市人民政府 国家林业和草原局关于印发重庆市科学绿化试点示范市建设实施方案的通知》	重庆市人民政府、国家林业和草原局
2023年7月	《关于促进洞庭湖区芦苇生态保护和科学利用的指导意见》	湖南省发展和改革委员会、湖南省科学技术厅、湖南省工业和信息化厅、湖南省财政厅、湖南省生态环境厅、湖南省林业局
2023年8月	《省住房城乡建设厅 省生态环境厅关于城市黑臭水体治理情况的通告》	贵州省住房和城乡建设厅、贵州省生态环境厅
2023年8月	《吉林省农村生活垃圾收运处置体系建设管理办法（试行）》	吉林省住房和城乡建设厅、吉林省农业农村厅、吉林省发展改革委、吉林省生态环境厅、吉林省供销合作社
2023年8月	《河南省生态环境厅办公室关于进一步做好2023年重污染天气应急减排清单修订工作的通知》	河南省生态环境厅办公室
2023年8月	《河北省发展和改革委员会 河北省财政厅关于放开建筑垃圾处理收费标准等事项的通知》	河北省发展和改革委员会、河北省财政厅
2023年8月	《山西省农村生活垃圾分类收运处置指南（试行）》	山西省住房和城乡建设厅
2023年9月	《关于严格执行建筑类涂料与胶粘剂挥发性有机化合物含量限值管理的通告》	北京市市场监督管理局、北京市生态环境局、北京市应急管理局、北京市经济和信息化局
2023年11月	《天津市湿地保护规划（2022—2030年）》	天津市规划和自然资源局
2023年11月	《北京市排污许可裁量权基准》	北京市生态环境局
2023年12月	《河南省生态环境厅办公室关于做好短链氯化石蜡等重点管控化学物质淘汰和处置工作的通知》	河南省生态环境厅办公室
2023年12月	《上海市生态环境局关于发布本市第二批生态环境损害赔偿典型案例的通知》	上海市生态环境局

附录7　2023年地方政府发布公共空间方向政策摘要

发布时间	发布政策	发布机构
2023年1月	《上海市推进体育公园建设实施方案》	上海市发展和改革委员会、上海市体育局、上海市绿化和市容管理局、上海市规划和自然资源局
2023年2月	《省人民政府办公厅关于印发〈湖北省全民健身条例〉贯彻实施工作方案的通知》	湖北省人民政府办公厅
2023年2月	《美丽河北建设行动方案（2023—2027年）》	河北省人民政府办公厅
2023年6月	《山东省科学绿化试点示范省建设实施方案》	山东省人民政府、国家林业和草原局
2023年6月	《山西省住房和城乡建设厅 山西省自然资源厅 山西省水利厅 山西省林业和草原局关于开展“城镇绿荫行动”的通知》	山西省住房和城乡建设厅、山西省自然资源厅、山西省水利厅、山西省林业和草原局
2023年7月	《长株潭城市群生态绿心地区建设项目准入管理办法》	湖南省发展和改革委员会
2023年10月	《山东省沿黄生态廊道保护建设规划（2023—2030年）》	山东省人民政府
2023年10月	《山西省城市绿化办法》	山西省人民政府
2023年11月	《浙江省住房和城乡建设厅关于深入推进城乡风貌整治提升 加快推动和美城乡建设的指导意见》	浙江省住房和城乡建设厅
2023年11月	《内蒙古自治区人民政府办公厅关于加强生态保护红线管理的实施意见（试行）》	内蒙古自治区人民政府办公厅
2023年11月	《安徽省和美乡村（农村人居环境）建设资金管理办法》	安徽省财政厅、安徽省农业农村厅
2023年12月	《北京市山区生态公益林生态效益促进发展机制森林健康经营（森林防火部分）项目管理办法》	北京市园林绿化局
2023年12月	《关于进一步深化长三角生态绿色一体化发展示范区环评制度改革的指导意见》	浙江省生态环境厅、上海市生态环境局、江苏省生态环境厅、长三角生态绿色一体化发展示范区执行委员会
2023年12月	《浙江省林业局关于加强海洋特别保护区（海洋公园）工作的通知》	浙江省林业局

附录8　2023年地方政府发布城乡融合方向政策摘要

发布时间	发布政策	发布机构
2023年2月	《安徽省“十四五”新型城镇化实施方案》	安徽省发展改革委
2023年3月	《北京市与长治市对口合作实施方案（2022—2026年）》	北京市人民政府、山西省人民政府
2023年6月	《支持赣州革命老区高质量发展示范区建设的若干政策措施》	江西省发展和改革委员会
2023年6月	《长三角生态绿色一体化发展示范区 综合交通专项规划（2021—2035年）》	上海市交通委员会、江苏省交通运输厅、浙江省交通运输厅
2023年7月	《重庆市推进以区县城为重要载体的城镇化建设实施方案》	中共重庆市委办公厅、重庆市人民政府办公厅
2023年7月	《2023年浙江省新型城镇化和城乡融合发展工作要点》	浙江省发展和改革委员会
2023年7月	《青岛市人民政府办公厅关于开展小城镇创新提升行动的实施意见》	青岛市人民政府办公厅
2023年9月	《黑龙江省革命老区振兴发展促进条例》	黑龙江省人民代表大会常务委员会
2023年10月	《山东省人民政府关于印发青岛都市圈发展规划的通知》	山东省人民政府
2023年10月	《广东省人民政府关于印发〈广州都市圈发展规划〉〈深圳都市圈发展规划〉〈珠江口西岸都市圈发展规划〉〈汕潮揭都市圈发展规划〉〈湛茂都市圈发展规划〉的通知》	广东省人民政府
2023年11月	《浙江省住房和城乡建设厅关于深入推进城乡风貌整治提升 加快推动和美城乡建设的指导意见》	浙江省住房和城乡建设厅
2023年11月	《成渝地区双城经济圈“六江”生态廊道建设规划（2022—2035年）》	重庆市人民政府办公厅、四川省人民政府办公厅
2023年11月	《广东省人民政府办公厅关于金融支持“百县千镇万村高质量发展工程”促进城乡区域协调发展实施方案》	广东省人民政府办公厅
2023年12月	《宁波市城乡网格化服务管理条例》	宁波市人民代表大会常务委员会

附录9　2023年地方政府发布低碳韧性方向政策摘要

发布时间	发布政策	发布机构
2023年1月	《重庆市创建国家节水型城市工作方案》	重庆市人民政府办公厅
2023年2月	《河南省城乡建设领域碳达峰行动方案》	河南省住房和城乡建设厅、河南省发展和改革委员会、河南省科学技术厅、河南省财政厅、河南省自然资源厅、河南省生态环境厅、河南省农业农村厅、河南省机关事务管理局
2023年4月	《山西省海绵城市建设设计文件编制规定及技术审查要点（试行）》	山西省住房和城乡建设厅
2023年4月	《北京市发展和改革委员会 北京住房和城乡建设委员会关于印发建立健全北京市公共建筑能效评估方法和制度的工作方案的通知》	北京市发展和改革委员会、北京市住房和城乡建设委员会
2023年4月	《吉林省绿色建筑标识管理办法（试行）》	吉林省住房和城乡建设厅
2023年5月	《浙江省装配式建筑评价认定管理办法》	浙江省住房和城乡建设厅
2023年7月	《重庆市人民政府办公厅关于印发重庆市智能建造试点城市建设实施方案的通知》	重庆市人民政府办公厅
2023年8月	《湖北省城乡建设领域碳达峰实施方案》	湖北省住房和城乡建设厅、湖北省发展和改革委员会
2023年8月	《推广可再生能源建筑应用典型案例（2023年第一批）》	河北省住房和城乡建设厅
2023年10月	《内蒙古自治区人民政府办公厅关于印发内蒙古自治区光伏治沙行动实施方案的通知》	内蒙古自治区人民政府办公厅
2023年10月	《关于促进分布式光伏发电健康可持续发展的通知》	河南省发展和改革委员会
2023年11月	《湖南省人民政府办公厅关于加快竹产业高质量发展的意见》	湖南省人民政府办公厅
2023年11月	《关于促进新建居住建筑光伏高质量发展的若干意见》	上海市发展和改革委员会、上海市财政局、上海市住房和城乡建设管理委员会、上海市房屋管理局
2023年12月	《关于发布河北省建筑垃圾再生利用典型案例（第二批）的通知》	河北省住房和城乡建设厅
2023年12月	《海南省装配式建筑实施主要环节管理规定》	海南省住房和城乡建设厅、海南省发展和改革委员会、海南省自然资源和规划厅、海南省工业和信息化厅、海南省市场监督管理局

附表

参评城市落实SDG11评估具体得分及排名

一、副省级及省会城市情况

附表1.1　2023年副省级及省会城市各专题得分及排名

城市	住房保障		公共交通		规划管理		遗产保护		防灾减灾		环境改善		公共空间	
	得分	排名	得分	排名	得分	排名	得分	排名	得分	排名	得分	排名	得分	排名
长春	57.97	7	53.42	26	63.26	16	40.57	21	68.44	23	77.70	22	59.80	14
长沙	72.79	2	66.98	13	64.85	10	31.83	26	76.38	15	88.25	6	60.92	9
成都	49.86	14	71.73	8	62.66	17	24.61	31	82.68	6	74.76	24	48.79	29
大连	49.80	15	38.68	30	64.20	11	50.37	12	72.00	19	86.15	9	66.87	5
福州	27.34	28	65.00	16	64.09	12	50.14	13	81.68	9	94.97	1	59.80	13
广州	22.46	30	79.10	2	58.73	24	25.93	30	82.31	7	79.30	18	73.89	1
贵阳	65.47	4	56.67	23	56.19	28	29.45	27	74.34	17	93.23	3	68.06	4
哈尔滨	54.02	9	73.51	6	53.94	29	44.94	17	79.90	11	74.54	25	30.96	32
海口	30.14	27	76.16	4	58.73	23	44.04	19	76.25	16	94.48	2	55.01	21
杭州	32.92	23	67.72	12	66.93	7	51.47	11	80.32	10	82.51	12	50.84	26
合肥	31.90	25	77.39	3	63.97	13	33.64	24	82.09	8	82.04	13	60.41	10
呼和浩特	47.34	17	73.66	5	63.43	14	65.79	4	62.87	26	78.14	20	66.04	7
济南	36.94	21	58.98	21	69.87	5	33.92	23	64.34	25	73.62	27	50.99	25
昆明	51.01	13	52.40	27	64.90	9	44.95	16	72.05	18	89.16	5	55.76	20
拉萨	66.11	3	59.43	18	42.18	32	82.32	1	53.01	31	90.35	4	66.12	6
兰州	59.62	6	55.21	25	56.54	27	37.60	22	56.97	29	76.16	23	35.12	30
南昌	53.36	10	70.99	10	58.02	25	58.52	7	82.95	5	81.45	14	56.93	17
南京	26.65	29	65.81	15	62.54	19	57.05	8	86.89	2	79.66	17	63.86	8
南宁	37.29	20	56.57	24	51.93	31	49.59	14	66.37	24	86.31	8	34.47	31
宁波	34.50	22	59.87	17	59.24	21	52.11	10	83.07	4	84.73	10	59.74	15
青岛	32.46	24	69.73	11	67.68	6	63.71	5	78.67	13	80.20	15	68.65	3
深圳	16.97	31	80.24	1	72.53	2	43.97	20	77.46	14	80.16	16	51.49	24
沈阳	52.25	11	59.01	20	57.44	26	62.01	6	53.35	30	74.19	26	58.73	16
石家庄	31.03	26	37.37	32	66.88	8	33.15	25	58.74	28	72.20	28	54.72	22
太原	51.55	12	38.08	31	62.04	20	28.08	29	68.48	22	70.83	30	55.79	19
乌鲁木齐	73.46	1	71.29	9	62.56	18	29.23	28	70.90	21	67.54	31	49.70	27
武汉	49.62	16	59.07	19	70.77	4	44.88	18	85.68	3	78.78	19	60.38	11
西安	39.22	19	66.47	14	63.28	15	48.93	15	79.22	12	70.85	29	53.26	23
西宁	62.93	5	56.94	22	58.95	22	66.80	3	62.71	27	86.71	7	56.60	18
厦门	4.98	32	73.24	7	73.92	1	52.43	9	94.11	1	82.90	11	59.84	12
银川	55.86	8	51.38	28	53.52	30	67.13	2	34.39	32	78.06	21	69.21	2
郑州	44.26	18	42.06	29	72.24	3	24.22	32	70.91	20	66.32	32	48.89	28

附表 1.2 副省级及省会城市 2016—2023 年落实 SDG11 总体得分及排名

城市	2016		2017		2018		2019		2020		2021		2022		2023	
	得分	排名	得分	排名	得分	排名	得分	排名	得分	排名	得分	排名	得分	排名	得分	排名
长春	56.84	17	51.94	30	53.10	29	57.25	18	59.00	19	59.10	18	60.19	21	60.17	22
长沙	60.53	7	59.86	9	59.72	12	59.75	6	62.17	4	64.50	4	66.17	3	66.00	2
成都	57.07	16	57.80	13	56.64	18	56.73	20	59.14	18	63.16	8	61.88	20	59.30	24
大连	66.56	1	63.07	1	62.68	3	62.63	2	61.02	8	66.57	1	63.83	11	61.15	17
福州	59.28	11	61.65	5	60.51	8	60.91	4	63.86	3	64.93	3	65.41	6	63.29	9
广州	54.67	19	55.93	20	55.19	21	55.20	25	56.03	28	60.52	15	57.68	28	60.25	20
贵阳	57.76	14	59.14	10	59.93	10	59.03	11	59.20	17	62.15	10	62.96	16	63.34	8
哈尔滨	49.15	32	52.34	29	54.32	25	56.11	22	55.48	30	55.59	27	59.24	24	58.83	25
海口	59.25	12	58.67	11	58.18	13	61.63	3	58.95	20	65.10	2	64.25	9	62.12	12
杭州	61.64	2	62.02	3	59.86	11	59.34	9	61.72	5	63.68	6	63.52	12	61.81	14
合肥	54.08	21	54.10	24	54.13	26	54.42	27	57.56	26	58.62	21	57.88	27	61.64	15
呼和浩特	58.64	13	60.04	8	61.18	6	59.40	8	58.28	23	63.10	9	65.57	5	65.32	5
济南	50.21	29	53.44	26	52.07	30	47.34	32	52.16	32	58.72	20	59.84	23	55.52	27
昆明	60.45	8	61.27	7	61.36	5	58.82	13	59.82	12	63.29	11	63.00	15	61.46	16
拉萨	50.95	28	52.87	28	55.13	22	54.44	26	58.20	24	64.84	5	63.14	14	65.64	4
兰州	51.33	27	55.96	19	57.49	15	56.88	19	58.44	22	56.25	28	59.22	26	53.89	29
南昌	60.62	4	61.79	4	63.19	2	59.03	12	61.51	6	62.84	13	65.85	4	66.03	1
南京	54.54	20	55.49	21	56.53	19	56.13	21	59.84	11	59.13	23	64.93	8	63.21	10
南宁	59.68	9	57.61	14	59.96	9	57.58	15	59.63	13	60.84	17	62.10	19	54.65	28
宁波	61.09	3	62.75	2	62.35	4	59.57	7	60.27	10	63.32	14	62.31	18	61.89	13
青岛	53.55	23	57.07	17	55.88	20	55.25	24	55.66	29	58.83	22	64.10	10	65.87	3
深圳	60.57	5	58.39	12	57.40	16	57.49	17	56.29	27	58.67	25	62.43	17	60.40	19
沈阳	54.94	18	51.84	31	53.80	27	52.64	28	53.33	31	54.22	30	60.00	22	59.57	23
石家庄	50.19	30	49.82	32	51.34	32	51.60	31	58.56	21	52.31	32	52.83	32	50.58	32
太原	52.90	26	53.85	25	54.86	24	52.37	29	59.46	15	52.75	29	54.11	31	53.55	30
乌鲁木齐	53.37	24	54.47	23	54.88	23	57.50	16	59.50	14	56.26	26	56.71	29	60.67	18
武汉	52.94	25	54.47	22	53.23	28	55.94	23	58.14	25	63.53	7	66.30	2	64.17	7
西安	59.51	10	57.48	15	60.71	7	58.24	14	61.08	7	61.82	12	63.29	13	60.18	21
西宁	57.19	15	57.38	16	57.72	14	60.31	5	65.00	2	59.06	19	68.40	1	64.52	6
厦门	60.54	6	61.62	6	63.86	1	65.31	1	65.34	1	62.03	16	65.23	7	63.06	11
银川	53.84	22	56.94	18	56.81	17	59.25	10	61.02	9	52.25	31	55.24	30	58.51	26
郑州	49.87	31	53.22	27	51.98	31	51.93	30	59.35	16	57.16	24	59.23	25	52.70	31

附表1.3 副省级及省会城市2016—2023年住房保障专题得分及排名

城市	2016		2017		2018		2019		2020		2021		2022		2023	
	得分	排名	得分	排名	得分	排名	得分	排名	得分	排名	得分	排名	得分	排名	得分	排名
长春	53.38	15	54.65	15	54.07	11	49.43	10	48.99	7	48.71	9	56.86	4	57.97	7
长沙	69.09	1	70.30	1	64.99	1	59.76	3	61.59	2	60.89	1	55.79	6	72.79	2
成都	54.41	14	58.55	10	46.24	18	41.49	16	45.61	12	43.68	13	37.59	19	49.86	14
大连	48.85	20	50.02	21	49.62	16	39.28	19	40.69	17	34.42	22	43.46	16	49.80	15
福州	32.66	27	33.70	26	14.90	29	15.65	28	29.00	27	30.10	26	27.13	24	27.34	28
广州	27.21	28	32.55	27	16.72	28	15.70	27	16.19	30	13.08	30	11.29	30	22.46	30
贵阳	62.69	2	64.44	3	59.85	4	54.91	7	54.13	6	55.44	3	56.60	5	65.47	4
哈尔滨	61.35	4	67.39	2	64.95	2	63.20	1	58.10	3	40.71	16	47.25	11	54.02	9
海口	41.37	21	42.18	22	38.55	22	39.98	18	29.98	26	33.11	23	24.04	26	30.14	27
杭州	40.62	23	38.15	25	26.33	24	25.38	25	34.08	25	25.15	27	28.61	23	32.92	23
合肥	37.75	25	31.16	28	25.92	25	35.43	20	34.55	24	31.48	24	17.27	29	31.90	25
呼和浩特	59.43	5	59.03	9	57.78	6	52.87	9	45.62	11	41.11	15	42.90	18	47.34	17
济南	53.21	16	58.53	11	40.97	20	40.16	17	38.03	21	47.04	11	32.86	22	36.94	21
昆明	61.78	3	64.38	4	59.64	5	57.89	5	62.92	1	49.56	7	46.49	12	51.01	13
拉萨	55.48	12	52.28	18	52.84	12	45.85	11	48.49	8	47.78	10	60.05	2	66.11	3
兰州	57.33	7	59.04	8	56.46	8	53.34	8	36.18	23	49.23	8	53.29	8	59.62	6
南昌	49.59	19	52.19	19	46.01	19	31.65	24	42.80	16	45.39	12	44.25	15	53.36	10
南京	26.42	29	23.38	30	21.48	27	20.56	26	22.35	28	21.11	28	24.88	25	26.65	29
南宁	56.41	8	59.33	7	52.12	15	43.20	15	44.54	13	54.17	4	47.86	10	37.29	20
宁波	52.62	18	53.96	16	46.89	17	44.53	13	36.79	22	36.8	20	23.43	27	34.50	22
青岛	35.43	26	40.03	24	25.17	26	14.66	29	17.78	29	19.09	29	18.74	28	32.46	24
深圳	1.86	32	4.46	32	0.00	32	3.72	32	1.83	32	0.00	32	5.38	32	16.97	31
沈阳	55.76	10	57.38	13	55.59	10	45.58	12	45.98	10	42.99	14	45.34	14	52.25	11
石家庄	16.12	30	30.08	29	13.33	30	13.47	30	39.97	20	30.50	25	33.28	21	31.03	26
太原	52.83	17	52.98	17	52.41	14	43.26	14	44.37	14	39.69	17	46.28	13	51.55	12
乌鲁木齐	55.44	13	58.12	12	56.96	7	56.74	6	57.94	4	56.22	2	64.85	1	73.46	1
武汉	38.55	24	40.18	23	31.48	23	34.39	22	40.57	19	37.49	19	58.17	3	49.62	16
西安	55.95	9	56.99	14	52.8	13	33.38	23	40.59	18	36.51	21	34.42	20	39.22	19
西宁	55.66	11	60.00	6	56.28	9	58.35	4	48.47	9	53.13	5	54.82	7	62.93	5
厦门	5.45	31	5.45	31	5.45	31	5.45	31	3.95	31	5.49	31	8.50	31	4.98	32
银川	57.62	6	61.26	5	60.11	3	61.38	2	57.65	5	50.72	6	52.25	9	55.86	8
郑州	41.29	22	50.32	20	39.37	21	34.49	21	43.24	15	37.94	18	43.13	17	44.26	18

附表 1.4 副省级及省会城市 2016—2023 年公共交通专题得分及排名

城市	2016		2017		2018		2019		2020		2021		2022		2023	
	得分	排名	得分	排名	得分	排名	得分	排名	得分	排名	得分	排名	得分	排名	得分	排名
长春	57.23	24	47.54	31	40.85	32	68.89	9	54.40	29	55.78	31	55.73	26	53.42	26
长沙	63.88	14	65.12	16	64.83	16	65.01	13	75.74	6	77.00	6	79.05	6	66.98	13
成都	67.12	9	66.76	11	68.57	8	69.77	5	70.18	9	83.18	2	82.01	2	71.73	8
大连	66.07	11	66.35	12	66.40	10	66.62	12	66.82	15	73.72	12	44.09	32	38.68	30
福州	57.15	25	57.39	23	58.23	25	57.70	25	58.16	28	65.65	24	67.71	18	65.00	16
广州	72.93	4	73.47	4	74.60	4	81.59	3	80.69	3	74.90	9	81.67	4	79.10	2
贵阳	68.90	6	68.94	6	70.12	5	68.52	10	68.82	13	68.15	20	65.78	21	56.67	23
哈尔滨	52.96	30	54.50	29	54.67	27	54.14	31	43.97	32	59.92	26	71.23	13	73.51	6
海口	63.32	16	63.29	17	64.94	15	64.36	15	62.49	24	78.20	4	79.64	5	76.16	4
杭州	58.37	23	58.50	22	59.59	22	60.03	23	60.65	26	68.41	19	71.01	14	67.72	12
合肥	60.75	19	61.08	20	61.86	19	61.98	21	62.72	23	77.67	5	75.38	9	77.39	3
呼和浩特	54.79	29	55.78	27	58.63	24	57.14	26	59.06	27	69.32	15	68.37	17	73.66	5
济南	59.44	20	59.85	21	61.60	20	61.69	22	64.05	21	74.21	11	81.77	3	58.98	21
昆明	68.15	8	68.47	7	68.29	9	55.41	28	51.32	30	69.81	14	55.67	27	52.40	27
拉萨	56.85	26	57.07	24	45.99	30	55.32	29	45.13	31	48.67	32	46.73	31	59.43	18
兰州	64.84	13	65.20	14	65.68	14	63.33	18	61.77	25	55.97	29	56.13	24	55.21	25
南昌	66.03	12	66.07	13	68.86	7	69.22	7	69.27	11	68.54	18	70.20	15	70.99	10
南京	74.82	3	75.81	3	75.72	3	79.96	4	81.35	2	74.94	8	75.12	11	65.81	15
南宁	63.54	15	65.16	15	65.76	13	64.90	14	66.41	16	55.82	30	67.11	19	56.57	24
宁波	66.53	10	67.23	10	63.91	17	62.15	20	63.31	22	64.08	25	56.13	25	59.87	17
青岛	69.66	5	70.04	5	66.20	11	67.74	11	68.41	14	68.60	17	69.14	16	69.73	11
深圳	97.23	1	97.23	1	94.90	1	94.90	1	95.24	1	93.75	1	93.53	1	80.24	1
沈阳	68.44	7	67.83	9	68.94	6	69.47	6	69.49	10	59.31	27	60.08	23	59.01	20
石家庄	51.97	31	52.50	30	53.32	28	53.49	32	65.71	17	68.98	16	48.64	30	37.37	32
太原	59.36	21	62.11	19	63.72	18	63.48	17	73.16	8	65.74	23	52.85	28	38.08	31
乌鲁木齐	62.04	17	62.19	18	61.47	21	63.96	16	64.40	20	74.56	10	75.26	10	71.29	9
武汉	61.36	18	68.03	8	66.12	12	69.03	8	65.31	19	67.87	21	63.19	22	59.07	19
西安	58.44	22	55.83	26	58.87	23	63.03	19	68.90	12	73.27	13	76.85	8	66.47	14
西宁	55.07	28	54.72	28	53.05	29	55.08	30	73.36	7	66.80	22	74.98	12	56.94	22
厦门	79.02	2	79.12	2	82.13	2	87.69	2	79.63	4	80.81	3	66.28	20	73.24	7
银川	40.46	32	42.47	32	45.74	31	58.73	24	65.34	18	57.31	28	50.45	29	51.38	28
郑州	56.07	27	56.19	25	56.34	26	56.55	27	78.74	5	75.64	7	77.30	7	42.06	29

附表1.5　副省级及省会城市2016—2023年规划管理专题得分及排名

城市	2016		2017		2018		2019		2020		2021		2022		2023	
	得分	排名	得分	排名	得分	排名	得分	排名	得分	排名	得分	排名	得分	排名	得分	排名
长春	66.72	17	54.23	27	58.98	24	70.97	9	72.77	6	81.19	1	70.13	18	63.26	16
长沙	60.97	25	49.28	30	58.45	25	65.25	18	65.59	23	75.43	5	70.71	16	64.85	10
成都	63.04	21	63.80	17	65.10	18	68.68	12	63.80	26	67.51	15	70.17	17	62.66	17
大连	72.23	4	71.79	3	70.99	5	75.14	1	74.20	3	75.38	6	75.33	8	64.20	11
福州	67.84	12	63.61	18	67.24	9	68.04	14	71.35	11	72.81	8	75.22	9	64.09	12
广州	62.90	22	63.36	19	67.22	10	62.41	23	66.43	19	68.19	14	69.23	20	58.73	24
贵阳	66.08	18	60.34	22	64.89	19	58.02	27	65.92	22	66.40	20	66.26	28	56.19	28
哈尔滨	62.18	23	65.55	13	65.39	16	67.17	15	69.18	14	64.18	24	67.63	24	53.94	29
海口	58.67	26	55.28	26	54.10	29	68.04	13	64.24	24	65.71	21	66.81	27	58.73	23
杭州	75.63	2	76.77	2	75.29	2	69.06	11	76.52	1	75.00	7	76.63	7	66.93	7
合肥	65.10	20	65.79	12	65.71	14	55.85	29	70.85	12	68.91	13	72.20	12	63.97	13
呼和浩特	66.95	14	65.52	14	62.86	21	72.93	5	67.10	16	71.38	10	74.66	11	63.43	14
济南	78.17	1	77.91	1	77.48	1	71.25	7	71.54	9	77.69	4	79.48	2	69.87	5
昆明	68.69	11	65.22	15	67.00	11	62.04	24	70.76	13	65.59	22	75.20	10	64.90	9
拉萨	23.83	32	29.27	32	39.45	32	49.99	32	46.67	32	39.11	32	52.93	32	42.18	32
兰州	51.51	30	58.51	24	58.08	26	52.06	31	66.57	18	61.90	25	68.81	23	56.54	27
南昌	67.65	13	66.82	11	66.57	13	56.83	28	66.00	21	61.38	26	67.62	25	58.02	25
南京	55.80	29	59.92	23	59.85	23	65.05	20	67.66	15	59.11	28	68.88	22	62.54	19
南宁	51.32	31	48.85	31	54.69	28	59.62	26	59.75	30	56.87	30	63.80	30	51.93	31
宁波	58.42	27	63.98	16	65.22	17	60.62	25	58.26	31	55.72	31	72.09	13	59.24	21
青岛	70.63	6	70.40	5	74.91	3	74.71	3	72.75	7	66.88	17	78.25	4	67.68	6
深圳	70.28	7	67.27	9	68.40	8	71.02	8	73.61	4	66.76	19	82.16	1	72.53	2
沈阳	66.82	16	67.41	8	69.45	7	67.08	16	73.12	5	59.55	27	68.89	21	57.44	26
石家庄	69.40	9	68.63	7	70.65	6	75.06	2	71.45	10	67.47	16	79.26	3	66.88	8
太原	66.90	15	67.02	10	65.42	15	64.35	22	66.89	17	72.50	9	67.01	26	62.04	20
乌鲁木齐	71.60	5	57.73	25	57.78	27	66.47	17	63.98	25	71.07	11	65.08	29	62.56	18
武汉	69.23	10	62.92	20	63.01	20	73.00	4	63.45	27	77.89	3	71.65	14	70.77	4
西安	65.84	19	62.26	21	62.63	22	65.10	19	66.03	20	69.10	12	71.32	15	63.28	15
西宁	61.71	24	52.15	28	47.71	31	64.70	21	61.99	29	66.77	18	69.77	19	58.95	22
厦门	73.93	3	71.63	4	71.80	4	72.45	6	76.24	2	65.46	23	77.76	5	73.92	1
银川	57.79	28	51.82	29	51.11	30	55.58	30	62.59	28	57.91	29	60.23	31	53.52	30
郑州	70.08	8	70.25	6	66.83	12	69.14	10	72.68	8	78.62	2	76.81	6	72.24	3

附表1.6　副省级及省会城市2016—2023年遗产保护专题得分及排名

城市	2016		2017		2018		2019		2020		2021		2022		2023	
	得分	排名	得分	排名	得分	排名	得分	排名	得分	排名	得分	排名	得分	排名	得分	排名
长春	46.66	12	24.81	26	41.91	15	29.79	20	36.63	17	36.83	17	37.58	20	40.57	21
长沙	35.49	20	38.98	14	39.07	18	26.30	22	26.76	22	30.72	22	31.60	24	31.83	26
成都	25.14	24	20.12	29	19.95	29	19.56	28	19.23	29	18.80	28	21.27	28	24.61	31
大连	63.21	5	60.79	4	60.78	4	60.73	4	60.72	4	60.86	5	61.43	6	50.37	12
福州	40.21	16	50.14	11	49.93	11	49.72	8	49.57	9	45.40	11	49.93	14	50.14	13
广州	18.68	28	15.20	31	15.11	31	15.81	31	17.05	30	18.80	28	21.82	27	25.93	30
贵阳	21.44	27	13.76	32	13.87	32	14.95	32	16.40	32	13.16	31	12.55	31	29.45	27
哈尔滨	17.56	29	25.52	25	41.21	16	41.35	13	41.47	15	40.93	15	40.58	19	44.94	17
海口	50.54	11	44.27	12	44.11	13	43.93	12	43.78	13	44.37	13	44.81	18	44.04	19
杭州	51.27	9	51.01	10	50.39	10	49.69	9	48.65	10	47.23	10	53.40	8	51.47	11
合肥	15.28	30	17.62	30	17.38	30	17.09	29	16.85	31	13.16	31	15.45	30	33.64	24
呼和浩特	64.51	2	58.28	5	58.14	5	58.09	5	58.03	5	65.60	4	66.12	4	65.79	4
济南	14.60	31	26.37	24	26.20	26	25.94	23	23.70	23	29.06	24	30.04	26	33.92	23
昆明	33.96	21	34.07	17	33.91	21	33.71	18	33.45	19	29.73	23	34.96	22	44.95	16
拉萨	78.06	1	91.30	1	90.73	1	72.42	1	94.76	1	91.44	1	89.68	1	82.32	1
兰州	50.72	10	54.26	8	49.12	12	49.10	10	48.61	11	48.74	9	46.04	16	37.60	22
南昌	38.71	17	43.85	13	43.65	14	35.91	16	43.45	14	40.37	16	51.26	12	58.52	7
南京	22.55	26	22.45	28	22.26	28	21.71	26	22.04	27	18.91	27	51.38	11	57.05	8
南宁	45.99	13	28.95	21	40.72	17	39.45	14	45.48	12	43.51	14	48.54	15	49.59	14
宁波	56.39	7	54.71	7	54.58	7	49.09	11	54.05	8	50.78	7	53.14	9	52.11	10
青岛	23.10	25	35.24	16	35.17	20	35.19	17	35.11	18	33.45	19	63.52	5	63.71	5
深圳	42.00	15	23.83	27	23.48	27	24.96	24	23.34	25	21.36	25	36.15	21	43.97	20
沈阳	31.61	22	32.54	19	32.53	22	33.15	19	32.46	21	32.28	20	59.13	7	62.01	6
石家庄	51.83	8	33.91	18	51.13	9	39.39	15	37.47	16	33.56	18	34.23	23	33.15	25
太原	36.99	18	36.70	15	36.72	19	26.64	21	33.18	20	31.13	21	30.11	25	28.08	29
乌鲁木齐	14.50	32	26.92	22	26.92	24	17.09	30	22.04	28	17.84	30	11.30	32	29.23	28
武汉	36.52	19	26.81	23	26.84	25	23.82	25	23.68	24	44.63	12	45.11	17	44.88	18
西安	58.78	6	56.27	6	56.34	6	52.21	7	54.12	7	50.15	8	50.48	13	48.93	15
西宁	64.40	3	64.90	3	64.93	3	61.47	3	62.05	3	66.11	3	66.97	3	66.80	3
厦门	45.87	14	52.62	9	52.89	8	55.25	6	54.65	6	52.62	6	52.14	10	52.43	9
银川	63.86	4	69.28	2	65.75	2	65.62	2	66.83	2	68.74	2	69.97	2	67.13	2
郑州	31.53	23	31.76	20	31.98	23	21.28	27	22.72	26	19.07	26	19.33	29	24.22	32

附表1.7　副省级及省会城市2016—2023年防灾减灾专题得分及排名

城市	2016		2017		2018		2019		2020		2021		2022		2023	
	得分	排名	得分	排名	得分	排名	得分	排名	得分	排名	得分	排名	得分	排名	得分	排名
长春	70.57	19	72.18	19	72.59	20	72.57	23	74.11	21	75.13	20	73.19	20	68.44	23
长沙	78.09	6	79.61	3	78.88	7	80.43	8	75.36	18	81.50	8	80.89	8	76.38	15
成都	76.08	11	79.02	7	79.52	5	80.23	9	81.53	7	85.23	2	86.02	2	82.68	6
大连	82.18	2	61.91	26	61.02	28	61.11	28	57.17	28	69.61	22	70.07	21	72.00	19
福州	78.31	4	79.18	5	85.76	3	85.81	4	89.35	2	77.81	14	79.03	13	81.68	9
广州	71.16	18	71.27	20	72.95	19	73.73	21	62.00	27	80.23	12	55.40	31	82.31	7
贵阳	58.00	28	68.74	23	69.11	23	77.86	13	74.63	19	81.90	7	79.90	10	74.34	17
哈尔滨	64.12	26	66.60	24	68.56	24	70.35	24	72.24	24	71.97	21	74.34	19	79.90	11
海口	70.17	20	80.19	2	78.40	11	76.96	15	77.02	15	84.36	4	82.24	7	76.25	16
杭州	77.18	7	79.32	4	78.27	13	78.22	12	77.74	14	79.05	13	79.22	11	80.32	10
合肥	76.32	9	77.17	10	78.59	9	80.68	6	82.07	5	81.03	9	84.89	4	82.09	8
呼和浩特	51.35	30	59.41	27	65.66	26	52.82	29	50.29	30	59.86	27	57.66	27	62.87	26
济南	60.90	27	58.74	28	61.56	27	61.72	27	63.61	26	61.89	26	64.19	24	64.34	25
昆明	74.28	15	74.41	16	73.86	17	74.56	19	74.10	22	81.98	6	80.54	9	72.05	18
拉萨	—	—	—	—	—	—	—	—	—	—	89.78	1	67.05	23	53.01	31
兰州	73.44	16	73.82	17	74.46	16	75.14	17	75.48	17	56.67	29	57.52	28	56.97	29
南昌	76.83	8	76.93	11	78.34	12	79.26	11	80.19	11	83.64	5	83.78	5	82.95	5
南京	79.05	3	79.09	6	84.54	4	86.42	3	86.46	4	80.43	11	82.36	6	86.89	2
南宁	75.54	13	75.76	14	75.27	15	74.57	18	74.61	20	76.49	18	75.44	18	66.37	24
宁波	78.23	5	78.34	9	79.30	6	80.51	7	80.40	10	77.29	16	79.15	12	83.07	4
青岛	65.48	25	65.14	25	71.75	22	73.94	20	75.69	16	77.04	17	77.30	16	78.67	13
深圳	69.74	21	72.30	18	72.56	21	76.34	16	81.75	6	77.60	15	78.08	15	77.46	14
沈阳	65.78	24	51.73	30	52.02	30	52.14	30	51.71	29	56.33	30	55.99	30	53.35	30
石家庄	55.13	29	55.66	29	56.16	29	68.65	26	66.16	25	54.08	31	56.33	29	58.74	28
太原	67.65	22	70.52	21	67.51	25	69.37	25	80.71	9	58.37	28	58.24	26	68.48	22
乌鲁木齐	73.38	17	76.04	12	78.53	10	83.73	5	78.92	12	61.90	25	63.62	25	70.90	21
武汉	75.99	12	75.81	13	78.68	8	79.44	10	88.48	3	84.52	3	84.96	3	85.68	3
西安	76.22	10	78.35	8	91.72	1	92.76	1	81.18	8	80.77	10	78.99	14	79.22	12
西宁	66.22	23	70.24	22	73.83	18	73.21	22	73.04	23	64.47	24	67.08	22	62.71	27
厦门	91.48	1	91.63	1	91.70	2	91.83	2	92.57	1	64.61	23	98.01	1	94.11	1
银川	39.35	31	42.53	31	39.86	31	38.30	31	32.55	31	7.30	32	7.65	32	34.39	32
郑州	75.37	14	74.90	15	76.91	14	77.06	14	77.88	13	75.86	19	75.51	17	70.91	20

附表1.8　副省级及省会城市2016—2023年环境改善专题得分及排名

城市	2016		2017		2018		2019		2020		2021		2022		2023	
	得分	排名	得分	排名	得分	排名	得分	排名	得分	排名	得分	排名	得分	排名	得分	排名
长春	55.77	21	57.12	21	58.54	23	64.06	21	76.15	18	69.75	25	77.08	20	77.70	22
长沙	77.07	5	74.55	10	75.64	11	78.04	8	76.92	17	85.18	9	88.19	4	88.25	6
成都	63.35	15	64.89	18	66.04	20	68.55	18	78.39	12	77.92	19	74.49	24	74.76	24
大连	73.01	10	74.43	11	69.01	16	73.15	11	78.77	10	84.37	10	83.87	8	86.15	9
福州	83.03	1	88.11	1	85.47	1	85.91	2	85.61	2	91.25	3	93.06	1	94.97	1
广州	64.89	14	68.93	14	70.46	14	74.43	9	75.14	21	81.66	14	79.25	18	79.30	18
贵阳	74.39	7	77.00	7	79.30	8	78.36	7	81.15	7	81.34	15	87.91	5	93.23	3
哈尔滨	50.61	23	55.76	22	54.50	24	62.74	23	71.77	22	72.10	24	76.50	22	74.54	25
海口	78.57	4	79.35	4	79.54	7	90.10	1	93.78	1	93.06	1	92.81	2	94.48	2
杭州	74.38	8	77.21	6	78.67	9	81.31	4	83.45	5	89.40	4	83.48	10	82.51	12
合肥	69.90	13	71.90	13	72.07	12	71.94	14	78.49	11	78.52	17	80.31	15	82.04	13
呼和浩特	61.17	17	62.88	19	63.26	21	63.95	22	66.28	26	69.58	26	74.18	25	78.14	20
济南	43.67	29	48.49	27	51.66	27	23.18	32	54.12	31	64.75	27	71.45	27	73.62	27
昆明	70.58	12	73.00	12	77.16	10	78.48	6	77.27	14	83.99	11	83.53	9	89.16	5
拉萨	59.54	18	55.72	23	72.00	13	72.56	12	79.31	9	85.89	7	76.67	21	90.35	4
兰州	44.30	28	49.33	26	67.22	19	70.64	17	82.32	6	78.39	18	75.47	23	76.16	23
南昌	73.79	9	75.31	8	79.79	6	81.20	5	77.39	13	79.56	16	81.16	13	81.45	14
南京	62.29	16	66.26	16	69.54	15	57.04	27	76.07	19	83.51	13	79.71	16	79.66	17
南宁	75.24	6	78.17	5	83.94	2	74.13	10	84.39	3	88.28	6	86.85	6	86.31	8
宁波	72.54	11	74.85	9	80.06	5	70.81	16	75.71	20	88.98	5	85.74	7	84.73	10
青岛	57.51	20	60.01	20	60.43	22	65.55	20	63.82	27	73.09	23	69.83	28	80.20	15
深圳	80.88	2	82.52	2	82.34	4	72.37	13	66.69	25	83.92	12	80.56	14	80.16	16
沈阳	43.24	30	49.56	25	50.08	30	52.72	29	54.70	30	62.78	28	71.77	26	74.19	26
石家庄	45.46	27	45.87	30	50.15	29	52.22	30	58.12	28	58.34	31	66.13	32	72.20	28
太原	42.17	31	42.52	32	47.73	31	45.47	31	49.96	32	40.23	32	69.31	29	70.83	30
乌鲁木齐	50.34	24	52.01	24	50.83	28	62.63	24	69.39	23	61.52	30	67.39	31	67.54	31
武汉	47.90	26	67.94	15	67.76	18	71.35	15	77.10	15	77.28	20	78.17	19	78.78	19
西安	58.99	19	48.13	28	53.98	26	59.63	25	66.83	24	76.12	21	79.58	17	70.85	29
西宁	47.93	25	46.62	29	54.24	25	54.90	28	79.48	8	85.69	8	88.78	3	86.71	7
厦门	80.42	3	79.52	3	82.97	3	83.24	3	83.89	4	92.55	2	82.95	11	82.90	11
银川	51.67	22	65.13	17	68.93	17	68.43	19	76.95	16	74.04	22	81.47	12	78.06	21
郑州	38.99	32	44.81	31	45.52	32	57.38	26	56.74	29	62.50	29	68.59	30	66.32	32

附表1.9　副省级及省会城市2016—2023年公共空间专题得分及排名

城市	2016		2017		2018		2019		2020		2021		2022		2023	
	得分	排名	得分	排名	得分	排名	得分	排名	得分	排名	得分	排名	得分	排名	得分	排名
长春	47.54	20	53.02	14	44.76	27	45.04	26	49.93	22	46.32	26	50.77	28	59.80	14
长沙	39.11	28	41.20	27	36.18	29	43.46	27	53.27	17	40.78	29	56.95	21	60.92	9
成都	50.31	16	51.48	15	51.08	16	48.82	20	55.23	14	65.81	5	61.65	14	48.79	29
大连	60.36	6	56.17	10	60.96	8	62.35	4	48.78	25	67.61	4	68.58	7	66.87	5
福州	55.81	7	59.41	7	62.07	6	63.52	2	63.97	6	71.51	2	65.81	9	59.80	13
广州	64.92	2	66.71	1	69.22	1	62.73	3	74.73	1	86.75	1	85.09	1	73.89	1
贵阳	52.82	12	60.74	6	62.38	4	60.58	7	53.34	16	68.67	3	71.71	5	68.06	4
哈尔滨	35.25	30	31.06	32	30.95	31	33.81	31	31.66	32	39.32	30	37.17	32	30.96	32
海口	52.12	14	46.14	22	47.65	22	48.05	22	41.35	29	56.88	13	59.42	17	55.01	21
杭州	54.06	8	53.18	12	50.45	18	51.68	17	50.96	20	61.55	11	52.28	25	50.84	26
合肥	53.42	9	54.01	11	57.36	13	57.96	12	57.38	11	59.56	12	59.69	16	60.41	10
呼和浩特	52.31	13	59.40	8	61.96	7	58.03	11	61.56	9	64.86	6	75.09	2	66.04	7
济南	41.47	26	44.21	26	45.03	26	47.45	24	50.09	21	56.43	14	59.11	18	50.99	25
昆明	45.75	22	49.33	18	49.64	19	49.66	18	48.94	24	52.31	20	64.64	11	55.76	20
拉萨	31.93	31	31.58	31	29.81	32	30.53	32	34.85	31	46.96	24	48.88	30	66.12	6
兰州	17.20	32	31.59	30	31.38	30	34.57	30	38.11	30	36.26	31	57.29	20	35.12	30
南昌	51.73	15	51.35	17	59.11	11	59.12	9	51.45	19	53.42	19	62.65	13	56.93	17
南京	60.85	5	61.54	4	62.30	5	62.19	5	62.92	8	63.07	7	72.20	3	63.86	8
南宁	49.71	17	47.09	20	47.21	23	47.20	25	42.22	28	44.91	28	45.09	31	34.47	31
宁波	42.92	24	46.17	21	46.47	25	49.28	19	53.36	15	55.79	15	66.47	8	59.74	15
青岛	53.04	10	58.61	9	57.51	12	54.97	13	56.07	13	62.94	8	71.92	4	68.65	3
深圳	61.98	3	61.09	5	60.15	9	59.15	8	51.60	18	54.67	18	61.15	15	51.49	24
沈阳	52.96	11	36.44	29	48.01	21	48.37	21	45.85	27	55.62	16	58.78	19	58.73	16
石家庄	61.41	4	62.13	3	64.66	3	58.89	10	71.03	2	45.80	27	51.94	26	54.72	22
太原	44.40	23	45.07	23	50.50	17	54.03	15	67.94	3	61.60	10	55.00	23	55.79	19
乌鲁木齐	46.28	21	48.28	19	51.68	15	51.88	16	59.83	10	50.71	21	49.46	29	49.70	27
武汉	41.01	27	39.62	28	38.75	28	40.53	29	48.43	26	55.02	17	62.81	12	60.38	11
西安	42.36	25	44.53	24	48.61	20	41.57	28	49.91	23	46.85	25	51.36	27	53.26	23
西宁	49.33	18	53.02	13	53.99	14	54.45	14	56.64	12	10.46	32	56.40	22	56.60	18
厦门	47.60	19	51.37	16	60.09	10	61.26	6	66.44	4	61.77	9	70.98	6	59.84	12
银川	66.11	1	66.07	2	66.19	2	66.70	1	65.22	5	49.69	23	64.70	10	69.21	2
郑州	35.78	29	44.34	25	46.93	24	47.61	23	63.45	7	50.46	22	53.94	24	48.89	28

二、地级市情况

附表2.1　一类地级市分专题得分及排名

参评城市	住房保障		公共交通		规划管理		遗产保护		防灾减灾		环境改善		公共空间	
	得分	排名	得分	排名	得分	排名	得分	排名	得分	排名	得分	排名	得分	排名
巴音郭楞蒙古自治州	95.98	1	—	—	61.79	89	67.72	2	89.29	24	29.57	107	—	—
包头	62.76	50	63.80	25	65.79	68	43.48	49	84.35	42	80.75	51	61.37	58
宝鸡	72.45	17	51.83	69	59.10	93	40.68	61	96.77	10	82.54	42	61.40	57
本溪	72.74	16	60.65	37	63.75	81	62.70	7	58.54	99	91.88	11	67.15	33
昌吉回族自治州	61.26	54	—	—	73.78	28	0.00	107	93.68	18	36.77	106	—	—
长治	46.19	88	56.13	57	75.69	14	33.68	81	84.48	41	75.32	80	62.89	50
常州	45.07	90	56.74	52	75.84	12	49.76	30	99.16	4	76.30	77	62.70	51
大庆	90.22	3	62.25	31	70.97	45	30.72	86	94.51	16	77.28	72	63.05	49
德阳	65.39	45	40.02	96	74.88	18	18.58	102	80.59	58	81.90	45	54.93	88
东莞	19.44	107	59.92	39	80.31	3	20.04	101	67.49	89	76.45	75	66.58	36
东营	47.11	86	65.67	18	63.43	84	55.45	17	87.84	27	64.16	100	82.51	5
鄂尔多斯	79.82	9	41.08	93	63.42	85	63.16	6	81.40	53	77.53	70	84.72	3
佛山	41.55	96	77.67	2	76.65	10	20.56	99	81.30	55	90.14	19	76.52	11
海西蒙古族藏族自治州	94.64	2	93.19	1	50.01	105	48.40	32	—	—	78.51	60	—	—
鹤壁	60.35	58	56.70	53	76.99	8	37.43	69	89.27	25	61.77	103	79.29	9
湖州	52.04	74	56.50	55	73.92	26	41.98	53	82.81	45	85.65	30	67.73	30
黄山	46.58	87	63.29	26	64.65	78	66.75	4	87.28	30	92.50	6	60.05	63
嘉兴	31.25	105	65.30	21	73.20	32	27.54	93	79.58	63	83.17	39	56.94	81
江门	59.52	62	61.31	34	68.24	54	29.99	89	82.04	51	83.06	41	73.10	17
金华	42.19	94	61.22	36	64.37	79	52.18	25	85.99	34	85.06	32	56.31	83
晋城	49.42	82	50.60	73	76.92	9	22.19	96	74.84	75	77.78	64	74.89	14
荆门	68.78	35	51.66	70	67.25	62	35.10	77	82.21	49	73.43	83	58.89	70
酒泉	88.29	5	52.54	68	56.38	97	61.92	8	75.74	74	77.59	68	55.07	87
克拉玛依	72.91	15	65.08	23	65.65	69	32.55	82	12.48	104	78.92	57	58.99	69
乐山	69.14	32	58.43	46	78.93	4	38.29	67	82.20	50	83.38	38	68.38	29
丽水	30.13	106	61.33	33	66.00	66	52.33	24	89.66	22	94.37	2	57.17	78
连云港	48.67	84	66.97	16	66.45	63	38.32	66	97.85	8	77.73	65	58.60	74
林芝	74.58	14	31.12	102	40.68	107	72.39	1	—	—	94.70	1	89.39	1
龙岩	51.54	75	51.55	71	67.35	61	60.73	9	94.86	15	89.97	20	64.63	40
洛阳	49.71	81	57.84	49	73.65	29	50.81	28	86.32	32	70.23	91	60.90	60

续表

参评城市	住房保障		公共交通		规划管理		遗产保护		防灾减灾		环境改善		公共空间	
	得分	排名	得分	排名	得分	排名	得分	排名	得分	排名	得分	排名	得分	排名
南平	54.11	72	48.80	79	61.08	91	59.42	10	86.35	31	94.34	3	61.03	59
南通	38.25	100	67.82	13	74.63	19	41.74	54	69.52	88	78.44	61	68.71	27
泉州	34.36	103	44.50	89	74.21	24	45.98	40	73.69	78	84.33	34	61.80	56
日照	40.40	98	67.58	14	68.87	51	30.14	88	76.12	72	78.53	59	69.04	25
三明	70.80	25	45.85	84	61.94	87	64.34	5	94.01	17	86.42	27	62.57	53
绍兴	36.65	101	53.63	63	75.80	13	37.36	70	85.94	35	87.00	25	59.01	68
朔州	65.44	44	45.15	88	71.76	42	20.15	100	67.21	90	73.22	84	59.69	64
苏州	44.66	92	72.97	4	74.45	21	46.42	36	70.95	86	77.59	69	58.32	75
宿迁	47.14	85	56.77	51	74.52	20	39.91	62	79.94	62	77.68	66	64.51	41
台州	46.10	89	47.71	81	80.84	2	37.01	71	80.59	59	92.20	9	58.64	73
唐山	44.70	91	57.81	50	71.90	40	31.88	83	100.00	1	68.95	93	64.00	45
铜陵	63.70	48	70.54	7	65.44	71	43.55	48	76.88	70	79.83	55	64.46	42
潍坊	43.81	93	45.35	86	77.09	6	23.96	95	78.71	65	72.97	86	67.38	31
无锡	40.27	99	56.12	58	77.47	5	44.00	45	77.32	69	79.82	56	62.18	55
湘潭	68.96	34	56.23	56	64.89	77	33.85	80	95.87	13	80.01	53	56.83	82
襄阳	55.67	68	58.56	45	68.00	57	41.41	56	86.01	33	75.57	79	62.65	52
徐州	51.22	76	68.21	11	72.18	38	54.92	18	100.00	1	70.05	92	68.67	28
许昌	56.22	66	50.34	76	76.30	11	14.32	105	77.93	67	76.51	74	57.06	79
烟台	50.82	79	69.64	9	80.85	1	38.66	65	85.59	37	82.40	43	67.04	35
盐城	52.91	73	55.41	59	72.33	36	35.78	73	99.74	3	81.16	49	63.70	46
阳泉	70.02	28	62.59	28	74.97	17	39.29	63	70.76	87	72.44	88	57.88	77
宜昌	60.37	57	52.96	65	55.51	99	54.54	19	77.75	68	86.22	28	64.31	43
鹰潭	62.70	51	65.49	19	67.61	59	41.31	57	71.50	84	92.35	7	74.05	15
榆林	51.08	78	39.23	98	71.81	41	27.65	92	81.92	52	78.27	62	51.62	94
岳阳	80.36	8	54.73	60	67.64	58	44.47	43	98.65	5	83.15	40	59.22	67
漳州	49.32	83	62.49	29	70.31	48	46.08	38	89.52	23	85.06	31	70.08	19
株洲	63.47	49	59.46	43	63.95	80	45.32	41	97.15	9	79.93	54	59.30	66
淄博	54.24	71	66.05	17	70.53	46	29.42	91	82.74	46	71.89	89	69.18	23

附表 2.2　二类地级市分专题得分及排名

参评城市	住房保障		公共交通		规划管理		遗产保护		防灾减灾		环境改善		公共空间	
	得分	排名	得分	排名	得分	排名	得分	排名	得分	排名	得分	排名	得分	排名
安阳	60.45	56	45.72	85	72.19	37	24.69	94	74.71	76	57.60	105	51.54	95
白山	71.42	22	65.15	22	68.61	52	67.56	3	65.79	93	88.46	22	48.71	99
郴州	71.75	21	64.12	24	65.59	70	43.60	47	87.53	28	86.94	26	63.33	48

续表

参评城市	住房保障		公共交通		规划管理		遗产保护		防灾减灾		环境改善		公共空间	
	得分	排名	得分	排名	得分	排名	得分	排名	得分	排名	得分	排名	得分	排名
承德	51.16	77	48.86	78	63.15	86	56.50	12	80.26	61	83.75	37	67.05	34
赤峰	69.30	30	58.22	48	58.01	94	42.37	50	94.92	14	90.54	17	70.39	18
德州	33.51	104	67.98	12	74.17	25	43.63	46	74.00	77	62.56	102	80.11	7
抚州	57.46	64	62.48	30	63.73	82	47.75	34	80.79	57	90.71	15	81.18	6
赣州	59.56	61	50.55	74	65.16	74	30.81	85	88.68	26	92.32	8	80.05	8
广安	70.21	27	33.57	100	71.71	43	36.51	72	80.27	60	81.63	47	63.65	47
桂林	68.72	36	59.78	41	50.17	104	55.85	16	96.31	11	91.89	10	55.16	86
海南藏族自治州	72.40	18	73.68	3	57.90	95	46.12	37	16.74	103	84.88	33	—	—
邯郸	55.27	69	68.25	10	73.10	33	40.81	59	84.59	40	67.48	96	69.21	22
呼伦贝尔	88.56	4	61.28	35	53.02	102	44.15	44	62.31	96	84.24	35	53.39	90
淮北	56.11	67	65.46	20	68.19	55	16.99	104	65.29	94	65.71	98	73.90	16
淮南	67.23	41	70.82	6	67.36	60	35.09	78	75.93	73	76.56	73	77.39	10
黄冈	67.35	40	43.31	91	57.69	96	54.44	20	83.35	43	81.32	48	62.35	54
吉安	59.85	60	56.55	54	68.27	53	46.00	39	81.40	54	90.38	18	75.46	13
焦作	70.40	26	52.84	67	75.19	16	52.74	23	73.45	79	60.10	104	65.73	37
晋中	56.60	65	39.63	97	65.86	67	18.33	103	82.48	48	67.54	95	55.83	84
廊坊	36.05	102	44.22	90	74.22	23	31.20	84	98.06	7	65.51	99	68.85	26
丽江	50.80	80	47.87	80	55.09	100	49.59	31	73.29	80	90.61	16	65.09	39
辽源	78.03	10	46.22	83	73.40	30	47.81	33	71.00	85	80.17	52	58.76	72
临沧	72.27	19	23.26	103	65.42	72	47.20	35	85.86	36	87.25	24	34.44	101
临沂	41.16	97	70.12	8	70.41	47	42.05	52	71.88	83	73.12	85	69.82	20
泸州	69.10	33	52.85	66	72.13	39	41.44	55	96.08	12	77.81	63	60.45	61
眉山	62.01	52	53.63	62	73.39	31	42.14	51	72.73	81	82.03	44	57.04	80
牡丹江	87.97	6	62.67	27	64.89	76	55.91	15	84.85	39	91.40	14	35.66	100
南阳	54.85	70	54.04	61	77.02	7	41.19	58	82.56	47	72.95	87	67.36	32
平顶山	65.04	46	60.33	38	73.79	27	35.62	75	76.43	71	71.25	90	50.47	96
濮阳	59.94	59	45.22	87	69.60	49	30.65	87	79.55	64	64.07	101	59.42	65
黔南布依族苗族自治州	76.79	11	51.24	72	75.25	15	58.17	11	91.36	20	92.87	5	—	—
曲靖	68.15	37	35.54	99	72.78	34	35.31	76	98.40	6	87.87	23	57.90	76
上饶	58.50	63	71.28	5	71.23	44	38.24	68	82.82	44	89.22	21	88.10	2
韶关	66.51	43	42.35	92	55.93	98	56.00	14	91.41	19	91.42	13	69.70	21
邵阳	68.03	39	49.66	77	63.63	83	39.26	64	72.37	82	85.71	29	52.55	93
渭南	68.10	38	53.00	64	60.23	92	51.00	27	87.48	29	74.84	81	53.33	91

续表

参评城市	住房保障		公共交通		规划管理		遗产保护		防灾减灾		环境改善		公共空间	
	得分	排名	得分	排名	得分	排名	得分	排名	得分	排名	得分	排名	得分	排名
信阳	61.07	55	31.29	101	68.18	56	54.18	21	81.14	56	81.06	50	55.67	85
营口	74.82	12	67.08	15	66.01	65	40.69	60	59.62	98	76.41	76	52.84	92
云浮	86.26	7	50.40	75	68.90	50	9.72	106	66.11	92	91.44	12	65.66	38
枣庄	41.89	95	59.90	40	74.33	22	21.17	98	78.55	66	68.82	94	60.26	62
中卫	71.41	23	59.32	44	49.21	106	51.73	26	54.90	102	74.44	82	76.41	12
遵义	66.54	42	46.51	82	72.49	35	56.31	13	66.16	91	78.67	58	58.84	71

附表 2.3　三类地级市分专题得分及排名

参评城市	住房保障		公共交通		规划管理		遗产保护		防灾减灾		环境改善		公共空间	
	得分	排名	得分	排名	得分	排名	得分	排名	得分	排名	得分	排名	得分	排名
毕节	64.59	47	4.80	105	66.39	64	21.33	97	—	—	66.49	97	64.13	44
固原	74.75	13	41.04	94	53.24	101	53.77	22	56.40	100	84.17	36	82.69	4
梅州	69.38	29	61.68	32	52.07	103	35.73	74	63.20	95	93.79	4	69.12	24
四平	71.27	24	40.15	95	61.56	90	34.03	79	55.12	101	77.64	67	54.67	89
绥化	69.23	31	20.96	104	65.09	75	50.30	29	90.67	21	76.05	78	32.88	102
天水	61.34	53	58.37	47	65.33	73	29.67	90	85.02	38	81.67	46	49.87	98
铁岭	71.99	20	59.55	42	61.84	88	44.81	42	60.45	97	77.29	71	50.38	97

附表 2.4　一类地级市 2016—2023 年落实 SDG11 得分及排名

参评城市	2016		2017		2018		2019		2020		2021		2022		2023	
	得分	排名	得分	排名	得分	排名	得分	排名	得分	排名	得分	排名	得分	排名	得分	排名
巴音郭楞蒙古自治州	46.17	101	44.97	105	43.29	105	45.05	105	51.26	94	40.02	106	52.94	98	68.87	13
包头	53.76	72	55.71	64	56.66	64	56.69	65	57.65	68	52.02	95	59.92	72	66.04	37
宝鸡	59.21	35	60.81	32	62.89	14	64.37	7	62.52	23	63.02	33	63.61	39	66.40	34
本溪	60.56	22	60.72	34	63.40	10	63.77	11	63.45	17	60.30	50	60.24	66	68.20	19
昌吉回族自治州	38.28	107	39.46	107	38.20	107	38.79	107	46.97	104	27.58	107	46.46	107	53.10	106
长治	54.11	68	52.73	82	51.06	90	50.56	98	54.02	87	48.81	99	53.47	96	62.05	78
常州	61.19	18	62.33	16	61.35	30	61.65	30	61.25	33	61.60	39	63.82	37	66.51	32
大庆	65.11	3	65.05	3	64.04	9	64.85	3	65.50	7	65.56	17	64.64	33	69.86	5
德阳	46.28	100	49.65	98	50.99	91	51.00	94	54.07	86	54.39	85	60.58	62	59.47	90
东莞	55.05	59	58.26	53	55.99	70	55.47	72	59.24	52	56.71	74	49.03	106	55.75	102
东营	58.99	38	60.31	38	61.93	23	61.97	26	62.43	25	58.62	61	60.49	64	66.60	31
鄂尔多斯	61.80	13	63.87	7	64.47	8	66.34	1	67.08	3	61.46	40	64.90	32	70.16	4

续表

参评城市	2016		2017		2018		2019		2020		2021		2022		2023	
	得分	排名	得分	排名	得分	排名	得分	排名	得分	排名	得分	排名	得分	排名	得分	排名
佛山	54.19	66	57.08	62	59.36	49	60.08	39	60.52	36	56.05	77	58.80	78	66.34	36
海西蒙古族藏族自治州	58.52	44	60.86	29	62.06	22	63.03	17	60.39	40	59.29	54	72.59	2	72.95	2
鹤壁	51.11	83	53.06	81	55.18	76	54.12	80	56.66	73	62.05	37	65.96	23	65.97	38
湖州	58.92	39	59.94	42	59.80	46	63.59	15	63.68	16	60.56	48	64.92	31	65.81	40
黄山	62.86	7	63.77	9	62.98	12	63.45	16	64.11	13	68.36	5	70.71	3	68.73	14
嘉兴	54.87	60	57.41	61	55.44	74	55.35	74	55.91	77	52.34	93	59.00	77	59.57	89
江门	59.00	37	59.82	43	61.47	25	61.31	32	61.73	31	64.90	21	65.47	26	65.32	42
金华	59.28	33	61.96	21	61.69	24	62.12	25	59.62	47	60.21	51	62.72	42	63.90	57
晋城	44.87	104	51.84	89	46.20	103	47.18	102	52.05	90	46.75	103	54.04	94	60.95	85
荆门	52.18	79	53.38	78	57.88	60	56.57	67	58.30	64	57.77	69	61.90	48	62.47	74
酒泉	59.59	32	60.32	37	59.39	48	59.76	42	64.60	10	69.84	3	68.50	8	66.79	29
克拉玛依	54.60	62	54.97	69	60.79	36	58.28	54	61.76	30	64.75	23	53.17	97	55.23	104
乐山	49.20	91	54.57	71	56.39	65	54.83	78	61.02	34	60.33	49	65.60	25	68.39	16
丽水	57.99	47	60.08	40	61.45	27	60.83	34	59.16	55	58.87	60	65.15	27	64.43	48
连云港	53.86	70	55.44	65	55.66	73	56.42	68	58.71	59	57.96	68	61.08	56	64.94	46
林芝	65.17	2	65.66	2	64.58	7	64.65	5	68.03	2	66.42	12	73.48	1	67.14	26
龙岩	60.32	24	62.05	19	61.46	26	60.63	35	63.12	19	68.52	4	66.81	15	68.66	15
洛阳	58.77	40	60.44	36	60.61	38	57.70	58	57.87	65	62.06	35	63.26	40	64.21	53
南平	61.91	12	62.17	18	60.79	37	60.45	37	60.75	35	66.97	10	66.80	17	66.45	33
南通	57.74	49	59.67	44	58.84	51	59.47	46	59.19	54	58.37	64	61.31	53	62.73	68
泉州	66.10	1	66.58	1	64.99	4	64.15	9	64.75	9	62.28	34	58.73	79	59.84	87
日照	56.24	57	55.37	67	58.53	52	58.60	50	55.32	79	51.55	96	54.12	93	61.53	84
三明	60.14	26	61.99	20	63.02	11	63.02	18	62.26	27	64.76	22	64.95	30	69.42	7
绍兴	57.33	52	60.29	39	61.31	32	60.41	38	64.85	8	58.90	59	56.85	82	62.20	77
朔州	51.94	80	52.63	83	47.14	102	50.95	96	47.97	102	41.34	105	49.21	105	57.52	99
苏州	56.91	54	58.21	55	58.12	57	58.47	51	59.70	45	56.39	76	59.48	75	63.62	61
宿迁	59.04	36	60.72	35	59.04	50	58.29	53	62.83	21	63.09	31	61.82	49	62.92	66
台州	52.65	76	53.65	77	55.71	72	58.92	48	60.39	41	60.81	45	60.55	63	63.30	64
唐山	54.11	67	53.67	76	54.05	82	53.95	83	54.48	85	48.13	100	50.71	102	62.75	67
铜陵	61.55	14	62.36	15	62.32	18	63.62	14	63.02	20	63.49	27	62.68	43	66.34	35
潍坊	53.32	73	54.58	70	57.15	63	57.21	63	59.69	46	54.37	86	55.42	88	58.47	94
无锡	57.05	53	57.85	57	56.31	66	56.31	69	59.34	51	58.25	66	61.22	55	62.45	75
湘潭	57.34	51	59.20	49	61.43	28	61.15	33	60.50	37	61.34	42	63.84	36	65.23	43
襄阳	59.94	28	61.62	26	60.24	43	60.08	40	59.19	53	63.06	32	64.96	29	63.98	56

续表

参评城市	2016		2017		2018		2019		2020		2021		2022		2023	
	得分	排名	得分	排名	得分	排名	得分	排名	得分	排名	得分	排名	得分	排名	得分	排名
徐州	61.45	15	62.29	17	60.57	39	59.65	44	59.90	43	60.76	46	64.46	35	69.32	8
许昌	47.31	99	50.51	92	51.66	89	53.00	87	53.45	88	55.42	81	55.90	87	58.38	95
烟台	62.52	10	61.75	24	61.40	29	64.01	10	62.46	24	61.01	44	62.92	41	67.86	22
盐城	59.22	34	60.84	30	60.34	41	61.79	28	62.55	22	65.91	15	64.55	34	65.86	39
阳泉	49.33	90	50.17	95	50.24	95	53.27	86	46.00	106	58.03	67	56.64	83	63.99	55
宜昌	62.55	9	62.49	13	62.67	16	62.18	24	64.37	11	62.06	36	65.98	22	64.52	47
鹰潭	59.98	27	60.07	41	62.41	17	62.63	21	62.33	26	59.29	53	68.14	9	67.86	21
榆林	49.70	88	47.20	102	48.19	100	52.40	90	54.87	83	47.32	102	49.81	104	57.37	100
岳阳	59.78	31	60.74	33	60.28	42	63.02	19	63.74	15	65.65	16	69.26	7	69.74	6
漳州	60.20	25	61.50	28	58.22	55	58.23	55	60.49	38	63.89	26	65.02	28	67.55	24
株洲	63.22	5	64.28	5	65.87	2	64.26	8	64.29	12	66.39	13	66.80	16	66.94	28
淄博	54.43	65	57.47	60	58.49	53	57.75	57	57.04	71	53.14	90	54.86	90	63.43	63

附表 2.5 二类地级市 2016—2023 年落实 SDG11 得分及排名

参评城市	2016		2017		2018		2019		2020		2021		2022		2023	
	得分	排名	得分	排名	得分	排名	得分	排名	得分	排名	得分	排名	得分	排名	得分	排名
安阳	49.67	89	51.94	88	53.32	85	51.56	93	51.25	95	52.68	91	53.71	95	55.27	103
白山	59.86	30	59.52	45	57.77	61	57.63	60	59.38	50	65.3	18	66.23	20	67.96	20
郴州	63.67	4	64.46	4	65.11	3	65.55	2	66.04	6	67.33	9	70.34	4	68.98	12
承德	57.86	48	61.78	23	59.79	47	60.55	36	59.02	57	59.15	56	60.79	58	64.39	49
赤峰	54.54	63	57.64	59	55.05	78	56.13	70	60.09	42	57.75	70	59.69	74	69.11	10
德州	53.79	71	54.48	72	55.41	75	56.67	66	49.46	100	53.76	87	60.47	65	62.28	76
抚州	62.58	8	63.25	11	66.13	1	64.84	4	66.36	5	67.38	8	67.99	11	69.16	9
赣州	56.71	55	59.42	46	60.13	45	58.85	49	61.98	29	64.07	24	60.98	57	66.73	30
广安	54.45	64	52.54	84	55.99	71	59.75	43	59.48	48	58.98	57	62.47	44	62.51	71
桂林	57.47	50	58.23	54	58.04	58	57.17	64	57.74	66	63.17	30	66.97	13	68.27	18
海南藏族自治州	60.57	21	62.49	14	61.3	33	62.23	23	55	81	61.4	41	67.37	12	58.62	93
邯郸	61.22	17	58.69	52	57.36	62	54.77	79	56.1	76	55.97	78	59.95	71	65.53	41
呼伦贝尔	52.52	77	56.04	63	56.05	69	55.35	73	54.64	84	57.73	71	54.29	92	63.85	58
淮北	54.65	61	55.19	68	55.13	77	54.9	77	55.6	78	54.99	83	56.62	84	58.81	92
淮南	56.43	56	57.77	58	58.34	54	58.35	52	58.69	60	55.86	79	58.12	80	67.2	25
黄冈	59.86	29	61.59	27	62.11	20	61.75	29	56.12	75	67.56	7	62.04	47	64.26	52
吉安	60.87	20	63.21	12	64.61	6	61.37	31	63.35	18	65.06	20	66.46	19	68.27	17
焦作	52.43	78	53.71	75	57.9	59	57.28	62	58.43	63	58.37	63	62.25	45	64.35	50
晋中	43.52	106	43.77	106	42.43	106	42.51	106	46.12	105	43.13	104	51.99	101	55.18	105

续表

参评城市	2016		2017		2018		2019		2020		2021		2022		2023	
	得分	排名	得分	排名	得分	排名	得分	排名	得分	排名	得分	排名	得分	排名	得分	排名
廊坊	44.44	105	50.34	93	48.28	99	47.05	103	50.1	96	55.58	80	55.9	86	59.73	88
丽江	62.96	6	63.53	10	64.92	5	62.58	22	59.48	49	71.17	1	68.12	10	61.76	81
辽源	58.57	43	58.1	56	58.21	56	57.66	59	58.64	62	57.28	72	60.72	59	65.06	45
临沧	58.69	42	59.33	47	62.86	15	62.95	20	58.96	58	63.3	28	60.17	67	59.39	91
临沂	52.87	75	53.97	74	52.42	87	54.93	76	53.01	89	53.24	89	56.5	85	62.65	69
泸州	60.45	23	63.97	6	62.07	21	63.75	12	70.45	1	66.6	11	69.85	6	67.12	27
眉山	47.45	97	50.21	94	49.97	96	50.85	97	57.25	70	58.48	62	62.22	46	63.28	65
牡丹江	58.01	46	61.73	25	60.84	34	61.86	27	60.47	39	63.93	25	66.13	21	69.05	11
南阳	51.58	81	51.98	87	53.52	84	52.88	88	56.8	72	59.4	52	60.7	60	64.28	51
平顶山	48.43	94	50.08	96	52.74	86	53.27	85	56.23	74	56.58	75	61.38	52	61.85	79
濮阳	45.7	103	47.52	101	50.38	94	50.01	99	49.84	99	54.6	84	55.36	89	58.35	96
黔南布依族苗族自治州	58.76	41	58.97	51	62.17	19	63.66	13	62.14	28	70.68	2	70.22	5	74.28	1
曲靖	61.07	19	60.82	31	61.32	31	57.61	61	61.36	32	61.81	38	61.7	51	65.13	44
上饶	58.15	45	59.3	48	60.16	44	59.87	41	59.03	56	65.14	19	66.68	18	71.34	3
韶关	61.42	16	61.87	22	60.8	35	59.59	45	64.01	14	63.21	29	59.69	73	67.62	23
邵阳	51.32	82	53.24	80	54.6	81	54.11	81	57.51	69	53.59	88	63.71	38	61.6	83
渭南	49.1	92	49.57	100	47.75	101	51.8	92	54.9	82	52.25	94	60.16	68	64	54
信阳	53.16	74	52.25	85	54.9	79	53.78	84	51.45	93	58.97	58	60.12	69	61.8	80
营口	51.06	84	45.97	104	49.12	97	48.31	101	49.93	98	47.87	101	52.91	99	62.49	72
云浮	47.72	96	53.34	79	53.98	83	54.1	82	55.23	80	58.35	65	61.23	54	62.64	70
枣庄	53.86	69	55.43	66	56.06	68	55.1	75	50.09	97	51.24	97	50.61	103	57.85	98
中卫	47.45	98	51.43	90	50.89	93	51	95	47.77	103	55.16	82	56.88	81	62.49	73
遵义	62.23	11	63.78	8	62.96	13	64.59	6	67.07	4	66.23	14	61.78	50	63.65	60

附表 2.6 三类地级市 2016—2023 年落实 SDG11 得分及排名

参评城市	2016		2017		2018		2019		2020		2021		2022		2023	
	得分	排名	得分	排名	得分	排名	得分	排名	得分	排名	得分	排名	得分	排名	得分	排名
毕节	50.84	85	52.22	86	52.36	88	52.87	89	51.50	92	61.25	43	60.69	61	47.96	107
固原	45.98	102	54.03	73	56.11	67	55.94	71	58.66	61	67.70	6	65.81	24	63.72	59
梅州	55.87	58	59.08	50	60.41	40	58.00	56	59.85	44	59.23	55	60.03	70	63.57	62
四平	48.53	93	49.59	99	49.03	98	48.41	100	49.39	101	52.36	92	52.44	100	56.35	101
绥化	47.88	95	49.84	97	50.97	92	52.36	91	51.68	91	56.92	73	59.02	76	57.88	97
天水	49.76	87	51.38	91	54.85	80	59.21	47	57.73	67	60.75	47	66.82	14	61.61	82
铁岭	49.89	86	46.29	103	45.06	104	45.55	104	43.50	107	48.88	98	54.36	91	60.90	86

附表2.7　一类地级市2016—2023年住房保障专题得分及排名

参评城市	2016		2017		2018		2019		2020		2021		2022		2023	
	得分	排名	得分	排名	得分	排名	得分	排名	得分	排名	得分	排名	得分	排名	得分	排名
巴音郭楞蒙古自治州	89.41	1	89.95	3	88.77	2	92.12	2	90.91	2	91.52	3	95.98	2	95.98	1
包头	68.14	39	69.77	42	68.17	38	64.43	41	61.49	45	61.90	52	62.93	46	62.76	50
宝鸡	75.79	18	76.60	19	75.45	18	71.58	21	71.32	20	73.32	17	78.39	17	72.45	17
本溪	71.28	30	73.60	28	68.85	35	71.99	18	73.80	14	77.03	13	74.40	23	72.74	16
昌吉回族自治州	41.32	103	51.63	100	53.53	79	54.50	64	53.77	65	64.42	42	59.14	53	61.26	54
长治	67.36	45	63.98	65	60.35	61	57.32	59	49.74	79	44.54	86	53.85	66	46.19	88
常州	63.47	60	67.09	50	53.39	80	51.59	71	46.01	87	41.90	93	37.84	97	45.07	90
大庆	82.29	9	83.20	12	82.08	10	83.72	9	86.42	5	87.62	5	88.69	4	90.22	3
德阳	73.25	24	74.05	24	71.60	30	60.65	51	61.64	44	64.19	43	83.50	8	65.39	45
东莞	59.02	77	57.77	87	44.87	99	44.60	93	45.47	89	29.44	104	0.00	107	19.44	107
东营	51.44	93	53.76	98	56.29	72	49.09	83	42.12	98	46.98	80	51.81	70	47.11	86
鄂尔多斯	70.61	32	85.54	7	81.52	11	84.81	8	80.20	9	72.94	19	72.43	25	79.82	9
佛山	60.83	71	64.91	60	48.75	94	51.14	74	46.62	83	37.68	100	47.63	80	41.55	96
海西蒙古族藏族自治州	87.79	2	88.12	5	87.23	4	86.11	5	85.00	6	94.85	2	90.11	3	94.64	2
鹤壁	64.55	58	67.51	46	59.55	62	48.71	85	58.86	56	62.00	51	56.78	59	60.35	58
湖州	61.03	70	59.53	81	52.89	85	49.13	82	52.72	69	51.08	70	65.17	40	52.04	74
黄山	56.49	83	57.06	91	48.01	96	39.74	101	44.61	91	44.85	85	41.20	89	46.58	87
嘉兴	53.82	86	59.20	83	47.15	97	44.67	92	47.49	81	40.16	96	38.74	93	31.25	105
江门	81.65	11	84.48	10	76.78	15	70.82	29	59.08	53	59.16	58	53.91	65	59.52	62
金华	49.70	97	46.86	102	39.93	104	41.02	100	39.32	101	38.26	98	41.61	88	42.19	94
晋城	49.62	98	58.84	84	58.68	67	56.83	61	52.15	70	45.61	84	57.85	57	49.42	82
荆门	71.86	27	73.05	31	73.37	28	70.94	24	70.97	21	66.86	37	66.08	38	68.78	35
酒泉	79.95	13	81.81	13	79.25	14	81.38	10	84.60	7	85.51	7	83.35	9	88.29	5
克拉玛依	83.61	8	90.38	2	93.34	1	93.98	1	94.83	1	95.34	1	100.00	1	72.91	15
乐山	73.51	22	74.51	22	74.28	24	65.92	35	69.90	24	70.37	26	75.97	20	69.14	32
丽水	22.58	107	29.43	106	35.71	105	31.42	105	38.02	106	23.46	105	42.59	84	30.13	106
连云港	49.82	96	54.85	97	54.06	77	51.49	72	53.57	66	48.58	78	38.73	94	48.67	84
林芝	77.32	14	78.22	17	76.21	17	69.51	32	55.00	63	66.96	36	87.95	5	74.58	14
龙岩	48.76	99	57.88	86	45.99	98	37.38	102	50.34	76	51.05	71	39.73	90	51.54	75
洛阳	68.21	38	71.87	36	61.07	58	43.60	96	42.05	99	37.82	99	37.87	96	49.71	81
南平	56.42	84	60.86	76	52.00	86	48.65	86	51.53	73	54.19	66	50.54	74	54.11	72
南通	47.06	101	50.83	101	40.19	102	42.77	97	39.06	102	33.64	102	29.81	102	38.25	100

续表

参评城市	2016		2017		2018		2019		2020		2021		2022		2023	
	得分	排名	得分	排名	得分	排名	得分	排名	得分	排名	得分	排名	得分	排名	得分	排名
泉州	70.06	34	73.89	26	49.18	93	43.95	94	49.86	78	43.78	89	12.33	106	34.36	103
日照	57.22	81	57.04	92	58.68	66	49.46	80	42.40	96	43.85	88	46.42	82	40.40	98
三明	51.80	91	58.69	85	51.16	89	45.74	91	47.39	82	64.09	44	54.44	63	70.80	25
绍兴	56.02	85	56.16	94	52.98	84	53.62	68	44.03	93	49.31	75	42.38	86	36.65	101
朔州	73.37	23	73.57	29	57.56	69	70.93	26	64.47	34	73.75	15	79.31	15	65.44	44
苏州	40.28	104	42.09	103	41.96	101	43.73	95	38.62	104	35.42	101	29.05	104	44.66	92
宿迁	66.09	50	62.97	69	63.13	52	52.69	70	51.25	74	49.85	72	37.62	98	47.14	85
台州	46.52	102	37.01	105	44.84	100	46.44	89	42.29	97	46.41	81	50.73	73	46.10	89
唐山	60.17	74	59.49	82	48.20	95	41.20	99	41.39	100	22.62	106	29.18	103	44.70	91
铜陵	64.79	57	63.98	64	60.43	60	58.72	54	59.45	51	59.54	56	56.50	60	63.70	48
潍坊	53.65	87	56.41	93	51.70	88	49.78	79	53.95	64	47.95	79	51.04	71	43.81	93
无锡	57.21	82	59.81	79	49.80	91	50.10	77	50.59	75	43.47	90	38.60	95	40.27	99
湘潭	67.66	44	66.66	52	74.46	22	71.02	23	67.97	28	70.13	29	63.71	44	68.96	34
襄阳	63.19	63	66.39	54	51.74	87	49.26	81	48.91	80	49.38	74	56.29	61	55.67	68
徐州	58.13	78	60.34	78	53.53	78	47.97	87	44.48	92	43.87	87	31.40	101	51.22	76
许昌	59.48	75	68.57	43	57.15	70	53.22	69	55.44	62	48.78	77	46.55	81	56.22	66
烟台	52.78	89	54.91	96	54.98	76	54.37	65	44.81	90	48.91	76	53.18	67	50.82	79
盐城	52.05	90	57.46	89	55.82	73	56.76	62	53.51	67	53.21	68	42.15	87	52.91	73
阳泉	60.41	72	59.70	80	53.37	81	70.58	30	68.74	26	69.39	31	72.59	24	70.02	28
宜昌	66.18	49	67.28	48	64.97	47	59.56	53	60.20	48	60.85	53	59.23	52	60.37	57
鹰潭	61.08	69	61.74	72	67.54	43	65.68	36	64.78	33	65.19	39	59.12	54	62.70	51
榆林	61.75	68	64.94	59	61.04	59	61.31	50	61.80	43	63.05	46	67.44	35	51.08	78
岳阳	57.64	79	66.02	56	68.66	36	87.95	4	71.37	19	78.79	11	76.07	19	80.36	8
漳州	47.97	100	55.28	95	32.24	106	30.95	106	43.31	95	45.98	83	42.51	85	49.32	83
株洲	65.39	53	65.57	57	74.13	26	63.34	44	62.35	41	63.44	45	62.86	47	63.47	49
淄博	53.55	88	61.19	75	53.25	83	50.00	78	46.52	85	46.38	82	55.70	62	54.24	71

附表 2.8　二类地级市 2016—2023 年住房保障专题得分及排名

参评城市	2016		2017		2018		2019		2020		2021		2022		2023	
	得分	排名	得分	排名	得分	排名	得分	排名	得分	排名	得分	排名	得分	排名	得分	排名
安阳	71.73	28	72.20	34	67.90	40	56.09	63	60.43	47	57.86	60	52.21	69	60.45	56
白山	74.94	20	74.27	23	74.60	20	73.20	17	71.83	18	72.37	20	68.85	32	71.42	22
郴州	76.01	17	77.36	18	74.70	19	71.65	20	70.16	22	71.56	23	68.57	34	71.75	21
承德	51.75	92	57.41	90	40.16	103	36.03	104	45.57	88	31.58	103	39.19	91	51.16	77
赤峰	61.99	67	73.39	30	64.05	49	64.78	40	63.65	36	59.51	57	54.21	64	69.30	30

续表

参评城市	2016		2017		2018		2019		2020		2021		2022		2023	
	得分	排名	得分	排名	得分	排名	得分	排名	得分	排名	得分	排名	得分	排名	得分	排名
德州	50.14	95	53.60	99	51.07	90	42.75	98	38.61	105	41.08	94	36.62	100	33.51	104
抚州	62.24	65	64.72	62	62.17	55	61.43	49	59.55	50	55.29	65	52.65	68	57.46	64
赣州	65.48	52	67.34	47	53.36	82	50.63	76	50.25	77	56.10	63	37.60	99	59.56	61
广安	67.69	43	67.01	51	70.88	32	64.83	39	61.07	46	64.88	40	70.99	26	70.21	27
桂林	67.80	42	68.38	44	56.35	71	58.57	55	59.35	52	63.02	47	64.42	43	68.72	36
海南藏族自治州	85.90	4	88.69	4	83.11	9	85.34	7	73.73	15	70.24	27	70.24	29	72.40	18
邯郸	62.83	64	67.10	49	55.51	75	36.45	103	43.39	94	42.22	92	45.19	83	55.27	69
呼伦贝尔	76.72	16	91.33	1	87.99	3	91.33	3	89.91	4	88.03	4	86.60	6	88.56	4
淮北	64.32	59	64.35	63	67.73	42	58.36	58	51.74	72	55.88	64	51.03	72	56.11	67
淮南	72.41	26	72.53	32	65.83	45	57.00	60	58.89	55	59.61	55	61.75	49	67.23	41
黄冈	84.46	5	85.15	8	83.47	8	76.21	15	73.61	16	72.22	21	74.59	22	67.35	40
吉安	67.92	41	70.23	39	61.82	57	51.36	73	51.85	71	60.08	54	60.01	51	59.85	60
焦作	67.99	40	63.29	66	68.07	39	63.85	43	67.40	30	67.66	34	66.27	37	70.40	26
晋中	61.99	66	62.00	71	63.16	51	60.08	52	56.47	61	51.63	69	66.30	36	56.60	65
廊坊	33.10	106	20.32	107	12.50	107	6.02	107	9.54	107	17.45	107	24.41	105	36.05	102
丽江	72.88	25	79.37	15	84.69	7	70.85	28	69.51	25	67.71	33	83.98	7	50.80	80
辽源	73.77	21	72.45	33	72.71	29	71.13	22	68.22	27	73.01	18	75.42	21	78.03	10
临沧	60.39	73	62.47	70	62.09	56	64.08	42	62.57	39	62.78	48	82.82	11	72.27	19
临沂	65.10	56	66.52	53	63.80	50	58.38	57	39.01	103	40.36	95	49.40	78	41.16	97
泸州	69.12	37	70.05	40	67.77	41	66.11	34	62.01	42	69.80	30	80.00	14	69.10	33
眉山	69.42	36	71.79	37	67.41	44	50.93	75	53.29	68	62.44	49	68.81	33	62.01	52
牡丹江	83.95	7	84.36	11	81.42	12	79.59	12	76.65	12	79.71	8	79.29	16	87.97	6
南阳	65.13	55	63.07	68	59.47	63	48.82	84	46.12	86	42.72	91	38.98	92	54.85	70
平顶山	67.00	47	67.88	45	64.35	48	62.99	45	62.79	38	62.27	50	57.33	58	65.04	46
濮阳	63.23	62	66.15	55	63.08	53	53.68	67	59.08	54	49.63	73	48.95	79	59.94	59
黔南布依族苗族自治州	75.50	19	75.51	21	76.72	16	77.90	14	76.87	11	77.42	12	76.16	18	76.79	11
曲靖	84.02	6	84.66	9	86.35	6	80.65	11	73.40	17	70.18	28	81.43	13	68.15	37
上饶	63.26	61	64.72	61	62.99	54	62.51	47	58.66	57	64.53	41	50.47	76	58.50	63
韶关	71.68	29	71.92	35	69.25	34	62.02	48	59.64	49	58.34	59	63.43	45	66.51	43
邵阳	67.12	46	65.46	58	68.40	37	65.43	38	63.29	37	67.24	35	64.87	42	68.03	39
渭南	82.14	10	80.85	14	73.54	27	71.88	19	66.43	32	66.00	38	70.55	28	68.10	38
信阳	70.22	33	61.44	74	55.69	74	47.05	88	58.49	58	54.12	67	50.47	75	61.07	55
营口	80.17	12	79.36	16	74.20	25	70.34	31	69.94	23	71.39	24	61.84	48	74.82	12

续表

参评城市	2016		2017		2018		2019		2020		2021		2022		2023	
	得分	排名	得分	排名	得分	排名	得分	排名	得分	排名	得分	排名	得分	排名	得分	排名
云浮	59.37	76	63.26	67	65.49	46	65.48	37	57.88	59	74.05	14	81.46	12	86.26	7
枣庄	57.25	80	60.64	77	59.33	65	54.21	66	46.58	84	39.46	97	50.07	77	41.89	95
中卫	65.30	54	73.95	25	74.31	23	75.79	16	78.38	10	79.64	9	58.67	56	71.41	23
遵义	76.82	15	76.39	20	74.54	21	70.89	27	67.85	29	70.58	25	64.88	41	66.54	42

附表 2.9　三类地级市 2016—2023 年住房保障专题得分及排名

参评城市	2016		2017		2018		2019		2020		2021		2022		2023	
	得分	排名	得分	排名	得分	排名	得分	排名	得分	排名	得分	排名	得分	排名	得分	排名
毕节	70.62	31	70.35	38	70.57	33	68.45	33	63.88	35	73.43	16	69.40	31	64.59	47
固原	65.86	51	73.79	27	79.99	13	79.49	13	82.34	8	79.25	10	61.64	50	74.75	13
梅州	50.30	94	57.63	88	59.40	64	46.15	90	57.66	60	56.70	61	58.91	55	69.38	29
四平	69.66	35	69.97	41	71.10	31	70.94	25	67.08	31	68.83	32	70.22	30	71.27	24
绥化	86.31	3	85.75	6	86.86	5	85.74	6	89.95	3	86.05	6	82.98	10	69.23	31
天水	37.95	105	37.95	104	49.60	92	62.97	46	74.11	13	56.26	62	65.74	39	61.34	53
铁岭	66.68	48	61.70	73	57.75	68	58.56	56	62.41	40	71.70	22	70.97	27	71.99	20

附表 2.10　一类地级市 2016—2023 年公共交通专题得分及排名

参评城市	2016		2017		2018		2019		2020		2021		2022		2023	
	得分	排名	得分	排名	得分	排名	得分	排名	得分	排名	得分	排名	得分	排名	得分	排名
巴音郭楞蒙古自治州	—	—	—	—	—	—	—	—	—	—	—	—	—	—	—	—
包头	57.81	27	58.86	28	58.05	37	59.79	40	57.12	55	59.80	45	61.68	20	63.80	25
宝鸡	38.54	84	42.58	78	43.22	76	58.03	49	63.22	28	62.72	32	32.47	96	51.83	69
本溪	61.85	22	59.15	26	58.90	32	58.42	45	54.14	61	59.58	49	59.57	26	60.65	37
昌吉回族自治州	47.03	64	48.00	66	48.52	65	46.09	86	45.05	82	—	—	—	—	—	—
长治	48.84	63	40.92	83	35.64	92	35.10	99	58.61	48	50.51	69	37.08	86	56.13	57
常州	66.19	13	66.23	13	66.19	13	65.77	18	65.58	21	67.82	17	57.16	35	56.74	52
大庆	62.63	20	65.37	15	62.32	22	61.95	32	61.75	36	62.48	34	62.29	18	62.25	31
德阳	30.77	98	42.02	80	44.50	74	55.98	58	50.10	73	43.55	87	37.74	84	40.02	96
东莞	54.75	39	54.33	51	52.22	55	50.95	72	53.87	62	53.08	66	36.18	88	59.92	39
东营	50.39	58	55.41	47	51.69	57	59.32	42	67.84	13	61.87	37	48.03	64	65.67	18
鄂尔多斯	46.73	66	41.51	81	45.66	73	66.39	17	67.62	15	69.05	11	69.32	5	41.08	93
佛山	40.71	79	43.74	76	59.27	31	61.19	34	61.14	38	55.51	60	46.32	68	77.67	2

续表

参评城市	2016		2017		2018		2019		2020		2021		2022		2023	
	得分	排名	得分	排名	得分	排名	得分	排名	得分	排名	得分	排名	得分	排名	得分	排名
海西蒙古族藏族自治州	77.68	3	77.68	3	77.68	3	77.68	3	—	—	84.12	1	87.18	1	93.19	1
鹤壁	41.00	78	45.02	72	47.34	68	49.81	76	50.38	72	55.08	62	56.97	37	56.70	53
湖州	36.99	87	37.53	91	38.67	87	60.12	38	65.84	19	61.43	38	37.11	85	56.50	55
黄山	41.01	77	40.76	84	40.89	83	50.55	74	46.04	79	50.43	70	51.19	55	63.29	26
嘉兴	30.11	99	30.50	101	31.25	98	32.66	100	35.58	99	31.77	100	59.25	28	65.30	21
江门	39.06	83	41.30	82	47.41	67	52.06	68	59.39	44	62.86	31	68.99	6	61.31	34
金华	53.22	47	59.13	27	58.78	33	62.00	31	63.11	29	62.24	36	56.41	41	61.22	36
晋城	23.95	102	48.53	64	24.53	100	30.59	101	60.32	40	39.22	96	46.50	67	50.60	73
荆门	56.17	33	55.02	49	60.44	26	53.03	66	51.13	69	54.67	63	47.90	65	51.66	70
酒泉	49.69	62	49.18	63	42.92	78	42.97	91	46.70	78	48.20	78	45.12	72	52.54	68
克拉玛依	61.35	23	60.78	22	62.09	23	60.22	36	61.32	37	67.99	15	32.25	98	65.08	23
乐山	40.01	80	57.35	34	58.35	35	56.85	56	45.96	80	46.63	80	53.66	47	58.43	46
丽水	51.59	55	53.63	54	56.84	42	58.74	43	59.12	47	61.03	39	51.94	51	61.33	33
连云港	56.75	30	57.97	32	59.55	28	63.57	26	62.67	31	65.87	21	66.04	12	66.97	16
林芝	50.00	60	50.56	61	28.12	99	28.86	102	50.56	71	31.24	101	42.15	78	31.12	102
龙岩	36.07	89	40.24	85	41.93	80	45.59	87	42.31	89	47.40	79	50.06	57	51.55	71
洛阳	55.15	37	55.25	48	56.69	43	52.51	67	55.45	60	58.60	51	60.07	25	57.84	49
南平	42.06	75	42.50	79	42.87	79	43.60	89	41.75	90	46.25	81	48.38	61	48.80	79
南通	65.86	14	67.03	11	67.17	10	68.70	9	62.79	30	66.59	20	67.63	9	67.82	13
泉州	52.16	51	52.25	58	65.88	15	64.84	21	61.90	34	60.39	43	61.09	23	44.50	89
日照	53.13	49	51.86	60	56.24	48	65.03	20	65.06	22	65.36	22	48.41	60	67.58	14
三明	39.81	81	39.99	86	40.49	86	43.25	90	42.60	88	45.23	83	45.85	70	45.85	84
绍兴	45.78	70	46.46	69	46.96	70	50.05	75	50.05	74	49.53	71	33.62	93	53.63	63
朔州	50.89	57	54.15	52	54.11	50	57.34	53	55.92	58	37.50	98	34.38	91	45.15	88
苏州	71.45	6	71.76	5	71.82	5	72.40	5	72.55	5	74.56	5	73.36	2	72.97	4
宿迁	51.97	53	61.61	21	53.55	52	61.57	33	73.69	3	62.71	33	51.50	53	56.77	51
台州	41.58	76	44.85	74	49.33	64	67.74	11	70.31	6	68.39	14	45.87	69	47.71	81
唐山	66.69	10	66.48	12	66.55	12	67.17	13	65.95	18	68.94	12	57.42	34	57.81	50
铜陵	51.47	56	52.59	57	52.54	54	58.41	46	60.26	41	68.93	13	68.66	7	70.54	7
潍坊	38.50	85	39.75	87	58.32	36	59.67	41	57.29	54	59.63	48	33.99	92	45.35	86
无锡	64.86	15	64.84	17	64.81	18	65.09	19	64.89	24	64.50	25	56.44	40	56.12	58
湘潭	56.39	32	56.74	41	57.18	40	57.81	51	57.78	51	64.96	24	56.74	38	56.23	56
襄阳	62.87	19	65.85	14	65.84	16	68.79	8	69.96	7	69.38	9	56.69	39	58.56	45
徐州	66.98	9	67.09	10	67.09	11	67.63	12	67.65	14	67.98	16	67.34	11	68.21	11

续表

参评城市	2016		2017		2018		2019		2020		2021		2022		2023	
	得分	排名	得分	排名	得分	排名	得分	排名	得分	排名	得分	排名	得分	排名	得分	排名
许昌	30.83	97	31.09	99	33.37	97	47.13	83	43.71	86	41.74	90	41.80	79	50.34	76
烟台	54.71	40	55.80	45	49.80	63	66.71	15	67.93	12	67.52	18	53.37	49	69.64	9
盐城	54.98	38	56.27	43	56.41	47	60.20	37	58.44	49	63.75	29	55.74	43	55.41	59
阳泉	55.98	35	57.20	35	56.66	45	57.32	54	55.78	59	76.80	3	42.90	75	62.59	28
宜昌	61.03	24	56.91	39	55.14	49	55.53	59	57.66	52	55.82	57	53.40	48	52.96	65
鹰潭	39.73	82	48.41	65	46.80	71	53.23	64	61.76	35	48.35	77	67.41	10	65.49	19
榆林	28.16	101	34.36	96	34.89	94	63.59	25	65.61	20	54.48	64	32.85	95	39.23	98
岳阳	76.03	4	63.94	19	64.78	19	63.24	28	63.89	26	64.09	28	56.99	36	54.73	60
漳州	45.75	71	47.85	68	49.93	62	51.52	71	51.11	70	52.71	67	61.77	19	62.49	29
株洲	75.89	5	75.37	4	75.71	4	76.49	4	76.65	2	69.19	10	57.98	33	59.46	43
淄博	53.78	45	55.56	46	65.67	17	62.80	29	68.10	11	65.26	23	34.39	90	66.05	17

附表2.11　二类地级市2016—2023年公共交通专题得分及排名

参评城市	2016		2017		2018		2019		2020		2021		2022		2023	
	得分	排名	得分	排名	得分	排名	得分	排名	得分	排名	得分	排名	得分	排名	得分	排名
安阳	42.83	74	43.61	77	50.02	61	50.73	73	48.28	76	49.10	74	44.63	74	45.72	85
白山	62.12	21	63.06	20	63.18	21	62.79	30	62.37	32	62.45	35	63.66	15	65.15	22
郴州	69.82	7	69.85	6	69.23	7	69.29	6	69.60	8	69.56	8	69.63	4	64.12	24
承德	36.21	88	39.03	88	37.19	90	48.15	80	48.77	75	49.21	73	49.31	58	48.86	78
赤峰	57.59	28	56.79	40	56.59	46	58.62	44	59.78	42	60.09	44	58.91	30	58.22	48
德州	32.67	95	32.20	98	35.02	93	51.65	70	37.83	98	55.43	61	61.43	22	67.98	12
抚州	53.95	44	53.39	55	63.85	20	58.15	48	59.31	46	60.48	42	62.68	17	62.48	30
赣州	54.62	41	60.43	24	56.66	44	53.92	62	53.83	63	60.60	41	40.86	81	50.55	74
广安	33.20	93	15.57	106	23.41	101	53.36	63	44.14	84	46.07	82	39.23	83	33.57	100
桂林	55.61	36	57.04	36	57.20	39	47.80	81	46.98	77	45.05	84	58.10	32	59.78	41
海南藏族自治州	94.20	1	94.20	1	94.20	1	94.20	1	—	—	72.64	6	73.30	3	73.68	3
邯郸	69.07	8	69.53	7	69.48	6	68.87	7	69.42	9	55.77	58	68.56	8	68.25	10
呼伦贝尔	56.00	34	56.11	44	59.31	30	49.73	77	52.60	64	64.48	27	52.07	50	61.28	35
淮北	56.66	31	56.53	42	53.80	51	55.49	60	57.48	53	58.51	52	64.48	14	65.46	20
淮南	54.30	43	58.00	30	58.50	34	61.01	35	63.50	27	60.96	40	61.44	21	70.82	6
黄冈	52.01	52	52.16	59	53.14	53	54.23	61	51.53	66	79.04	2	33.27	94	43.31	91
吉安	51.64	54	53.96	53	61.56	25	53.23	65	51.30	68	58.06	53	40.93	80	56.55	54
焦作	33.19	94	35.72	93	43.15	77	41.62	93	41.45	91	41.60	91	48.95	59	52.84	67
晋中	19.04	106	19.30	105	19.46	104	23.59	103	45.87	81	23.37	102	31.72	100	39.63	97

续表

参评城市	2016		2017		2018		2019		2020		2021		2022		2023	
	得分	排名	得分	排名	得分	排名	得分	排名	得分	排名	得分	排名	得分	排名	得分	排名
廊坊	37.48	86	54.53	50	40.68	84	40.42	95	44.49	83	41.10	93	42.90	76	44.22	90
丽江	63.26	17	64.04	18	61.84	24	64.59	22	65.06	23	74.82	4	31.67	101	47.87	80
辽源	57.03	29	56.94	38	57.09	41	57.41	52	59.38	45	56.07	56	36.54	87	46.22	83
临沧	46.78	65	47.94	67	47.94	66	49.07	78	39.67	96	48.73	76	27.74	103	23.26	103
临沂	53.21	48	58.42	29	41.74	81	63.39	27	64.86	25	62.88	30	54.29	46	70.12	8
泸州	54.35	42	60.60	23	52.12	56	64.37	23	62.06	33	59.68	46	50.38	56	52.85	66
眉山	53.49	46	35.55	94	40.52	85	58.19	47	79.17	1	49.44	72	48.27	62	53.63	62
牡丹江	59.59	25	59.68	25	59.74	27	59.84	39	59.76	43	59.66	47	63.12	16	62.67	27
南阳	35.77	90	38.08	90	33.53	96	36.34	98	33.98	100	39.27	95	42.22	77	54.04	61
平顶山	31.78	96	30.60	100	37.78	89	38.67	97	40.80	94	42.07	89	64.49	13	60.33	38
濮阳	29.53	100	34.84	95	38.32	88	46.73	84	40.52	95	44.47	86	45.73	71	45.22	87
黔南布依族苗族自治州	92.16	2	92.16	2	92.16	2	92.16	2	—	—	71.68	7	51.21	54	51.24	72
曲靖	46.25	69	46.43	70	46.49	72	56.90	55	56.35	56	56.39	55	34.95	89	35.54	99
上饶	45.51	72	44.22	75	44.18	75	44.13	88	44.04	85	53.62	65	59.42	27	71.28	5
韶关	52.55	50	57.50	33	57.83	38	56.22	57	58.04	50	55.76	59	29.45	102	42.35	92
邵阳	46.27	68	45.92	71	47.16	69	42.53	92	43.53	87	12.42	105	54.85	45	49.66	77
渭南	44.61	73	38.67	89	17.24	106	47.42	82	73.13	4	51.39	68	51.76	52	53.00	64
信阳	21.74	104	20.02	103	19.44	105	19.22	106	18.93	103	23.02	103	24.93	104	31.29	101
营口	33.88	91	34.08	97	34.61	95	39.06	96	56.20	57	38.69	97	55.17	44	67.08	15
云浮	46.37	67	44.99	73	40.98	82	40.66	94	41.23	92	41.48	92	44.66	73	50.40	75
枣庄	63.71	16	65.05	16	65.89	14	66.68	16	41.08	93	66.68	19	31.96	99	59.90	40
中卫	63.07	18	57.00	37	59.49	29	57.87	50	60.43	39	39.61	94	59.15	29	59.32	44
遵义	50.09	59	58.00	31	51.40	58	64.17	24	66.04	17	64.50	26	56.38	42	46.51	82

附表 2.12　三类地级市 2016—2023 年公共交通专题得分及排名

参评城市	2016		2017		2018		2019		2020		2021		2022		2023	
	得分	排名	得分	排名	得分	排名	得分	排名	得分	排名	得分	排名	得分	排名	得分	排名
毕节	23.30	103	21.64	102	22.22	102	22.96	104	22.01	101	32.06	99	32.30	97	4.80	105
固原	57.85	26	68.88	9	68.90	8	66.81	14	66.38	16	59.51	50	60.64	24	41.04	94
梅州	66.55	11	68.97	8	68.58	9	68.56	10	68.89	10	42.38	88	47.12	66	61.68	32
四平	50.00	61	50.08	62	51.08	59	51.88	69	51.41	67	57.56	54	40.31	82	40.15	95
绥化	21.55	105	19.44	104	19.76	103	21.27	105	19.26	102	17.23	104	20.35	105	20.96	104
天水	33.76	92	36.41	92	37.08	91	46.25	85	39.09	97	44.54	85	58.37	31	58.37	47
铁岭	66.32	12	53.16	56	50.47	60	48.92	79	52.33	65	48.74	75	48.05	63	59.55	42

附表 2.13　一类地级市 2016—2023 年规划管理专题得分及排名

参评城市	2016		2017		2018		2019		2020		2021		2022		2023	
	得分	排名	得分	排名	得分	排名	得分	排名	得分	排名	得分	排名	得分	排名	得分	排名
巴音郭楞蒙古自治州	31.35	107	31.35	107	31.35	1	33.25	107	42.57	105	—	—	59.65	91	61.79	89
包头	66.84	34	67.15	43	64.93	52	66.19	48	69.32	27	63.21	62	68.13	48	65.79	68
宝鸡	61.48	68	66.71	47	68.52	74	66.72	46	41.89	106	48.53	97	56.65	99	59.10	93
本溪	57.83	83	53.76	90	61.73	34	62.42	72	63.10	58	63.93	54	64.76	73	63.75	81
昌吉回族自治州	40.86	103	37.33	105	35.48	3	34.89	106	56.62	80	45.08	102	100.00	1	73.78	28
长治	59.26	76	61.83	68	63.03	39	62.19	74	61.59	68	56.65	88	63.64	78	75.69	14
常州	71.60	14	71.58	19	71.68	90	76.08	3	77.51	1	76.11	5	75.87	10	75.84	12
大庆	67.88	32	65.45	52	61.20	32	64.21	61	54.91	87	62.73	63	67.55	55	70.97	45
德阳	65.02	44	70.62	24	72.17	96	71.21	18	71.93	15	65.23	51	72.02	26	74.88	18
东莞	66.56	37	66.20	50	64.62	48	62.17	75	70.15	23	77.38	2	77.42	2	80.31	3
东营	68.90	25	74.47	8	72.48	97	71.61	14	73.42	11	60.51	75	64.60	74	63.43	84
鄂尔多斯	62.47	61	63.27	60	63.96	46	69.21	30	69.53	26	57.05	86	62.16	85	63.42	85
佛山	61.56	67	69.65	26	71.15	87	71.70	13	62.77	60	63.82	56	60.78	88	76.65	10
海西蒙古族藏族自治州	46.12	102	45.57	103	49.14	6	55.08	96	54.04	88	33.39	106	66.67	63	50.01	105
鹤壁	64.55	50	67.67	36	68.71	77	68.89	36	69.64	25	74.36	10	77.37	3	76.99	8
湖州	70.77	16	73.52	10	71.72	91	70.48	24	62.33	64	58.75	80	65.42	71	73.92	26
黄山	58.79	80	59.96	77	59.29	28	60.57	80	66.63	40	63.94	53	62.92	82	64.65	78
嘉兴	72.30	9	75.48	5	73.38	99	71.31	17	62.72	62	66.62	42	69.37	39	73.20	32
江门	66.09	40	66.79	46	68.58	75	68.44	40	71.04	18	69.01	29	68.49	45	68.24	54
金华	67.94	30	68.94	30	72.02	94	69.99	26	55.57	84	61.29	73	63.06	81	64.37	79
晋城	64.66	49	60.20	75	64.88	50	65.39	54	63.51	56	57.15	85	60.27	90	76.92	9
荆门	64.91	46	67.18	41	64.85	49	65.13	55	71.05	17	66.95	40	72.36	25	67.25	62
酒泉	59.29	75	62.96	64	59.78	30	59.59	84	60.33	72	54.13	92	58.56	93	56.38	97
克拉玛依	51.00	93	53.26	92	70.55	86	58.65	89	65.79	45	67.13	39	57.01	97	65.65	69
乐山	61.89	65	63.02	63	63.70	44	62.61	68	64.81	50	59.43	79	66.42	65	78.93	4
丽水	64.32	51	63.08	62	63.18	40	61.35	77	51.75	96	45.81	100	64.11	76	66.00	66
连云港	64.97	45	65.43	53	65.80	59	69.10	31	70.59	20	70.04	24	65.52	70	66.45	63
林芝	62.17	62	64.50	55	40.88	5	47.22	103	44.12	104	41.01	103	49.89	105	40.68	107
龙岩	63.03	58	60.46	72	62.12	37	60.78	78	52.62	94	68.00	33	67.63	53	67.35	61
洛阳	69.12	24	68.59	32	69.76	80	72.97	7	74.75	7	75.11	7	72.98	20	73.65	29
南平	60.96	70	60.27	74	59.11	26	58.96	88	50.85	97	61.86	69	62.54	84	61.08	91
南通	73.08	6	72.94	11	71.25	88	71.00	19	71.03	19	75.00	8	75.41	11	74.63	19

续表

参评城市	2016		2017		2018		2019		2020		2021		2022		2023	
	得分	排名	得分	排名	得分	排名	得分	排名	得分	排名	得分	排名	得分	排名	得分	排名
泉州	74.47	2	70.23	25	69.77	81	69.82	27	76.13	4	71.93	20	75.90	9	74.21	24
日照	70.32	20	71.55	20	74.10	102	74.09	6	65.59	47	63.83	55	69.81	35	68.87	51
三明	49.65	95	53.02	94	59.16	27	57.75	92	53.86	89	56.94	87	63.68	77	61.94	87
绍兴	73.44	4	75.06	6	72.50	98	72.02	11	77.06	2	67.74	35	68.31	46	75.80	13
朔州	60.58	72	56.91	85	53.66	12	62.87	66	52.61	95	45.75	101	56.32	100	71.76	42
苏州	64.23	52	66.03	51	66.26	61	66.24	47	67.20	39	75.00	9	74.56	15	74.45	21
宿迁	67.71	33	69.15	29	65.37	56	62.28	73	74.36	8	73.01	17	75.37	12	74.52	20
台州	70.67	17	70.92	23	68.68	76	70.78	22	67.75	37	67.96	34	68.52	44	80.84	2
唐山	65.32	43	59.89	78	63.93	45	69.00	32	65.39	49	65.61	46	72.98	19	71.90	40
铜陵	59.05	78	59.71	79	58.96	25	63.65	63	57.84	76	63.31	60	65.20	72	65.44	71
潍坊	75.17	1	79.10	1	78.50	106	79.04	2	75.47	6	72.11	19	74.35	16	77.09	6
无锡	68.65	26	69.27	28	65.61	57	64.88	57	70.32	21	78.58	1	76.19	8	77.47	5
湘潭	66.41	38	72.59	13	68.07	68	68.93	34	70.19	22	66.24	44	68.13	49	64.89	77
襄阳	70.40	19	71.01	22	73.73	100	71.82	12	65.77	46	69.94	25	68.99	41	68.00	57
徐州	73.02	7	71.82	16	70.27	84	68.98	33	72.34	13	73.73	13	71.35	27	72.18	38
许昌	72.17	10	72.34	14	74.07	101	72.75	8	72.23	14	77.37	3	76.55	5	76.30	11
烟台	70.15	21	76.89	2	78.61	107	80.18	1	62.83	59	75.88	6	73.60	18	80.85	1
盐城	67.90	31	68.04	35	65.07	53	70.58	23	71.55	16	73.27	16	72.59	23	72.33	36
阳泉	68.18	28	67.66	37	69.02	78	70.95	20	55.93	82	60.66	74	68.69	42	74.97	17
宜昌	66.74	35	63.50	59	63.49	43	64.67	58	66.07	43	61.50	71	65.62	69	55.51	99
鹰潭	73.81	3	75.74	3	71.50	89	68.55	39	72.50	12	70.77	21	70.32	31	67.61	59
榆林	70.56	18	67.59	38	67.65	67	67.03	44	61.29	70	50.43	96	58.03	95	71.81	41
岳阳	64.83	47	67.54	39	69.14	79	70.25	25	68.12	36	65.47	47	69.20	40	67.64	58
漳州	64.07	53	62.53	65	59.97	31	59.57	85	63.35	57	72.62	18	72.52	24	70.31	48
株洲	59.19	77	56.43	86	58.18	22	57.24	94	61.58	69	62.21	66	70.21	32	63.95	80
淄博	69.46	23	75.62	4	74.52	104	74.89	5	63.60	55	62.37	65	67.53	56	70.53	46

附表2.14　二类地级市2016—2023年规划管理专题得分及排名

参评城市	2016		2017		2018		2019		2020		2021		2022		2023	
	得分	排名	得分	排名	得分	排名	得分	排名	得分	排名	得分	排名	得分	排名	得分	排名
安阳	64.05	54	64.18	56	66.06	60	65.79	51	68.36	34	68.03	31	72.59	22	72.19	37
白山	58.08	82	59.99	76	61.21	33	62.61	69	61.74	65	62.62	64	67.13	59	68.61	52
郴州	61.41	69	59.37	81	62.73	38	68.08	41	63.80	54	67.36	38	66.72	62	65.59	70
承德	61.75	66	60.41	73	59.67	29	58.53	90	60.23	73	61.47	72	62.83	83	63.15	86
赤峰	51.70	88	59.60	80	55.38	17	57.35	93	58.16	75	58.69	81	58.85	92	58.01	94

续表

参评城市	2016		2017		2018		2019		2020		2021		2022		2023	
	得分	排名	得分	排名	得分	排名	得分	排名	得分	排名	得分	排名	得分	排名	得分	排名
德州	72.13	11	75.01	7	72.03	95	72.14	10	61.66	67	73.97	11	74.64	14	74.17	25
抚州	59.60	74	64.74	54	68.22	70	65.45	53	62.62	63	64.37	52	63.07	80	63.73	82
赣州	65.58	42	66.51	48	66.71	64	62.74	67	69.07	29	68.03	32	66.17	67	65.16	74
广安	66.24	39	67.50	40	71.86	93	70.85	21	69.86	24	65.25	50	67.25	58	71.71	43
桂林	46.87	101	47.82	101	50.70	8	52.45	100	44.44	103	46.71	99	55.53	101	50.17	104
海南藏族自治州	51.21	91	51.21	99	53.71	13	57.76	91	57.66	78	38.91	104	47.97	106	57.90	95
邯郸	64.77	48	61.82	69	64.48	47	65.63	52	64.61	52	69.88	27	71.06	28	73.10	33
呼伦贝尔	49.50	97	56.19	87	55.10	15	56.59	95	57.81	77	56.21	90	56.97	98	53.02	102
淮北	68.03	29	68.04	34	68.39	73	69.38	29	60.93	71	65.27	49	70.04	33	68.19	55
淮南	63.03	59	63.95	57	64.92	51	64.58	60	58.19	74	67.74	36	66.40	66	67.36	60
黄冈	51.52	89	62.17	67	63.45	42	66.84	45	53.19	92	53.08	94	58.26	94	57.69	96
吉安	58.74	81	71.81	17	70.12	83	66.01	50	68.65	32	69.23	28	67.30	57	68.27	53
焦作	71.03	15	71.12	21	71.85	92	72.73	9	73.76	9	73.85	12	73.81	17	75.19	16
晋中	63.09	57	61.11	70	61.74	35	59.65	83	48.71	99	56.21	89	69.67	37	65.86	67
廊坊	59.83	73	67.17	42	68.38	72	66.04	49	68.45	33	73.61	14	76.22	7	74.22	23
丽江	51.49	90	53.34	91	58.21	23	53.37	99	56.24	81	59.73	76	60.28	89	55.09	100
辽源	72.09	12	72.77	12	69.78	82	68.72	38	73.62	10	63.67	58	70.96	29	73.40	30
临沧	50.85	94	57.04	84	57.10	21	60.22	82	55.74	83	53.79	93	68.02	51	65.42	72
临沂	73.20	5	74.29	9	75.50	105	75.88	4	64.65	51	65.43	48	75.15	13	70.41	47
泸州	65.88	41	69.37	27	67.59	66	68.87	37	69.27	28	66.53	43	70.91	30	72.13	39
眉山	61.96	63	66.39	49	68.08	69	68.92	35	66.42	42	61.99	68	66.61	64	73.39	31
牡丹江	52.22	87	51.29	97	51.98	10	60.67	79	53.71	90	59.57	78	61.68	87	64.89	76
南阳	66.62	36	66.92	45	68.36	71	71.37	16	75.57	5	76.35	4	76.29	6	77.02	7
平顶山	70.08	22	68.62	31	66.55	63	69.80	28	76.59	3	73.37	15	72.79	21	73.79	27
濮阳	62.96	60	59.25	82	65.28	55	65.07	56	68.68	31	69.93	26	68.06	50	69.60	49
黔南布依族苗族自治州	34.62	105	35.25	106	35.34	2	43.49	104	55.16	86	61.70	70	63.30	79	75.25	15
曲靖	63.35	56	63.56	58	65.72	58	59.55	86	47.46	102	63.44	59	67.83	52	72.78	34
上饶	63.60	55	66.96	44	65.11	54	63.18	64	65.83	44	66.88	41	69.72	36	71.23	44
韶关	48.09	100	46.29	102	50.33	7	50.30	102	53.53	91	52.15	95	52.26	104	55.93	98
邵阳	49.16	99	54.53	89	56.24	19	60.23	81	68.94	30	59.72	77	64.37	75	63.63	83
渭南	54.17	85	51.24	98	54.49	14	53.93	97	48.67	100	37.15	105	55.31	102	60.23	92
信阳	61.93	64	63.12	61	67.32	65	67.56	42	67.47	38	70.31	22	68.18	47	68.18	56
营口	72.30	8	71.62	18	70.43	85	63.99	62	66.43	41	57.22	84	67.61	54	66.01	65

续表

参评城市	2016		2017		2018		2019		2020		2021		2022		2023	
	得分	排名	得分	排名	得分	排名	得分	排名	得分	排名	得分	排名	得分	排名	得分	排名
云浮	60.83	71	60.49	71	61.92	36	62.53	70	62.76	61	62.07	67	66.97	60	68.90	50
枣庄	71.68	13	71.85	15	74.44	103	71.52	15	68.28	35	70.17	23	76.82	4	74.33	22
中卫	32.86	106	37.91	104	40.16	4	42.83	105	30.94	107	47.62	98	46.51	107	49.21	106
遵义	59.05	79	62.28	66	63.28	41	64.66	59	65.50	48	68.86	30	70.03	34	72.49	35

附表2.15　三类地级市2016—2023年规划管理专题得分及排名

参评城市	2016		2017		2018		2019		2020		2021		2022		2023	
	得分	排名	得分	排名	得分	排名	得分	排名	得分	排名	得分	排名	得分	排名	得分	排名
毕节	51.08	92	53.19	93	58.62	24	63.08	65	55.34	85	66.03	45	69.60	38	66.39	64
固原	40.67	104	48.10	100	51.17	9	53.65	98	52.98	93	58.43	82	53.54	103	53.24	101
梅州	49.28	98	51.48	95	55.69	18	52.16	101	49.35	98	54.44	91	57.94	96	52.07	103
四平	68.34	27	68.25	33	66.47	62	67.27	43	63.92	53	67.57	37	68.64	43	61.56	90
绥化	53.17	86	51.38	96	53.00	11	61.50	76	48.04	101	63.76	57	66.80	61	65.09	75
天水	49.63	96	54.95	88	55.20	16	62.43	71	57.47	79	57.42	83	65.68	68	65.33	73
铁岭	54.99	84	58.18	83	56.89	20	59.15	87	61.72	66	63.26	61	62.12	86	61.84	88

附表2.16　一类地级市2016—2023年遗产保护专题得分及排名

参评城市	2016		2017		2018		2019		2020		2021		2022		2023	
	得分	排名	得分	排名	得分	排名	得分	排名	得分	排名	得分	排名	得分	排名	得分	排名
巴音郭楞蒙古自治州	33.86	49	33.86	51	33.86	53	33.86	53	64.97	3	67.72	4	67.72	4	67.72	2
包头	15.68	98	18.63	92	23.09	79	23.09	79	26.24	77	24.94	85	43.53	48	43.48	49
宝鸡	38.15	39	38.27	40	38.26	42	38.69	41	38.68	44	39.60	46	39.64	64	40.68	61
本溪	48.40	21	48.43	20	48.50	24	48.50	22	49.38	25	63.42	8	61.82	8	62.70	7
昌吉回族自治州	0.00	106	0.00	107	0.00	107	0.00	107	35.34	51	0.00	107	0.00	107	0.00	107
长治	23.67	75	23.63	78	23.58	78	23.55	78	28.05	71	25.72	80	31.28	85	33.68	81
常州	29.43	62	29.40	66	29.37	65	29.37	65	29.32	68	27.80	76	46.56	36	49.76	30
大庆	31.99	54	32.16	57	32.16	58	32.16	58	32.32	60	32.05	69	30.60	91	30.72	86
德阳	0.00	107	2.85	106	2.83	105	2.81	106	4.00	107	12.91	102	18.60	102	18.58	102
东莞	18.55	89	19.34	89	20.08	87	20.08	88	20.51	89	18.96	94	19.99	101	20.04	101
东营	54.46	7	54.31	8	54.31	10	54.31	10	47.57	26	56.78	16	56.51	16	55.45	17
鄂尔多斯	59.89	5	61.61	5	61.78	5	61.78	5	63.42	5	59.78	11	63.33	6	63.16	6
佛山	19.65	86	20.51	85	25.73	74	25.73	74	21.64	84	22.45	90	23.15	97	20.56	99

续表

参评城市	2016		2017		2018		2019		2020		2021		2022		2023	
	得分	排名	得分	排名	得分	排名	得分	排名	得分	排名	得分	排名	得分	排名	得分	排名
海西蒙古族藏族自治州	29.95	60	33.76	52	35.64	48	35.64	48	36.32	48	26.62	77	41.68	57	48.40	32
鹤壁	35.47	43	35.43	46	35.41	49	35.41	49	35.37	50	35.42	61	35.44	78	37.43	69
湖州	29.36	63	30.67	60	30.59	60	39.25	38	39.25	42	35.84	59	53.23	24	41.98	53
黄山	64.72	3	64.65	3	64.58	3	64.58	3	64.09	4	66.87	5	66.75	5	66.75	4
嘉兴	41.53	32	42.63	32	42.47	33	42.31	31	42.31	36	37.91	51	37.64	72	27.54	93
江门	17.53	95	17.42	97	17.35	97	17.35	96	19.42	90	25.50	81	28.14	95	29.99	89
金华	54.12	8	54.73	7	54.65	9	54.59	9	54.59	12	57.62	13	58.85	13	52.18	25
晋城	18.04	93	18.02	95	17.99	94	17.97	94	13.82	100	18.61	95	20.04	100	22.19	96
荆门	6.18	103	6.16	104	6.16	103	6.16	104	6.17	106	8.20	106	30.87	88	35.10	77
酒泉	72.73	2	72.67	2	74.13	2	74.07	2	74.07	2	73.18	2	78.12	2	61.92	8
克拉玛依	47.97	22	46.93	25	49.26	23	44.80	28	43.81	34	47.22	27	31.24	86	32.55	82
乐山	20.39	82	35.09	47	21.71	84	21.72	84	35.81	49	37.28	54	38.11	69	38.29	67
丽水	58.90	6	59.80	6	59.54	6	59.69	6	59.88	7	60.89	9	61.72	9	52.33	24
连云港	16.42	97	16.70	99	16.68	98	16.68	98	16.69	97	16.71	99	38.32	68	38.32	66
林芝	77.99	1	78.48	1	78.49	1	78.49	1	78.49	1	78.49	1	78.49	1	72.39	1
龙岩	52.40	13	52.75	12	52.93	16	52.93	14	57.68	10	57.21	15	58.56	14	60.73	9
洛阳	51.83	16	51.78	16	51.76	19	51.76	17	51.68	20	40.42	42	50.81	29	50.81	28
南平	52.55	12	52.70	13	56.55	7	56.55	8	59.62	8	59.58	12	59.13	12	59.42	10
南通	24.12	74	24.11	77	24.11	77	24.11	77	24.08	80	22.66	89	38.65	67	41.74	54
泉州	47.27	25	47.65	22	47.52	26	47.52	23	49.72	24	45.54	31	46.02	39	45.98	40
日照	22.15	79	22.07	82	22.74	81	22.69	82	21.26	85	31.45	71	30.39	92	30.14	88
三明	47.30	24	47.44	23	53.28	14	56.70	7	59.48	9	59.84	10	62.91	7	64.34	5
绍兴	39.25	36	39.69	36	50.03	22	39.63	36	39.63	40	38.08	50	38.06	70	37.36	70
朔州	18.43	91	19.65	88	19.63	89	19.62	89	20.83	86	20.21	92	20.60	99	20.15	100
苏州	25.53	72	25.70	74	25.67	75	25.67	75	25.60	78	23.71	88	45.63	40	46.42	36
宿迁	37.45	40	37.42	41	37.38	43	37.38	43	37.35	47	36.88	56	40.82	61	39.91	62
台州	19.86	85	20.88	84	20.83	85	20.80	85	20.80	87	37.07	55	37.29	74	37.01	71
唐山	27.78	69	27.71	71	27.62	70	27.62	70	27.51	73	29.87	74	32.18	83	31.88	83
铜陵	49.07	20	39.93	35	39.91	37	39.91	35	39.81	39	42.03	36	43.51	50	43.55	48
潍坊	34.07	48	34.03	50	34.08	51	34.07	51	34.81	52	34.40	65	34.28	81	23.96	95
无锡	23.08	76	23.03	79	22.96	80	22.96	80	22.86	81	18.23	96	44.90	41	44.00	45
湘潭	12.57	99	12.50	100	13.19	99	13.19	99	14.54	98	13.87	101	33.84	82	33.85	80
襄阳	30.30	57	30.24	62	30.83	59	30.83	60	30.77	63	36.25	58	41.20	60	41.41	56
徐州	24.63	73	24.81	76	24.72	76	24.72	76	24.61	79	23.95	87	54.67	20	54.92	18

续表

参评城市	2016		2017		2018		2019		2020		2021		2022		2023	
	得分	排名	得分	排名	得分	排名	得分	排名	得分	排名	得分	排名	得分	排名	得分	排名
许昌	19.44	87	19.25	90	19.11	90	19.11	90	18.87	91	10.98	104	14.82	105	14.32	105
烟台	41.21	33	41.17	33	41.14	36	41.19	34	41.92	37	41.36	40	41.58	58	38.66	65
盐城	39.09	37	39.07	39	39.06	40	39.06	40	39.13	43	39.70	45	35.53	77	35.78	73
阳泉	17.40	96	17.38	98	17.36	96	17.34	97	14.47	99	37.66	52	39.27	65	39.29	63
宜昌	50.12	19	50.10	19	50.84	20	50.84	18	50.84	21	51.97	22	54.56	21	54.54	19
鹰潭	18.51	90	18.48	93	18.43	92	18.43	92	18.36	94	18.08	97	41.31	59	41.31	57
榆林	36.57	42	36.61	42	36.56	45	36.83	44	33.48	57	36.37	57	37.39	73	27.65	92
岳阳	32.98	50	32.87	53	32.77	54	32.77	54	33.83	55	34.70	63	43.52	49	44.47	43
漳州	38.89	38	39.22	38	39.14	39	39.14	39	40.72	38	39.75	44	43.92	47	46.08	38
株洲	30.20	58	30.14	63	29.11	67	29.11	67	29.08	70	31.21	73	44.71	43	45.32	41
淄博	30.47	56	30.40	61	30.37	61	30.49	61	29.40	66	31.37	72	31.70	84	29.42	91

附表 2.17　二类地级市 2016—2023 年遗产保护专题得分及排名

参评城市	2016		2017		2018		2019		2020		2021		2022		2023	
	得分	排名	得分	排名	得分	排名	得分	排名	得分	排名	得分	排名	得分	排名	得分	排名
安阳	29.56	61	29.51	65	29.53	64	29.53	64	29.35	67	25.50	83	29.11	94	24.69	94
白山	61.36	4	61.72	4	61.93	4	61.93	4	62.25	6	63.44	7	68.93	3	67.56	3
郴州	32.29	52	32.36	56	32.30	57	32.30	57	34.25	54	29.23	75	43.46	51	43.60	47
承德	53.94	9	53.94	11	53.87	13	53.87	12	53.84	15	55.53	18	56.46	17	56.50	12
赤峰	31.83	55	35.86	44	36.33	46	36.33	46	38.34	46	39.12	47	42.60	54	42.37	50
德州	26.17	71	26.10	73	26.10	73	26.10	73	26.30	76	25.33	84	42.85	53	43.63	46
抚州	45.58	27	45.56	27	45.61	28	45.61	25	45.53	28	46.73	28	47.74	32	47.75	34
赣州	27.79	68	27.72	70	27.65	69	27.65	69	27.55	72	24.01	86	30.84	90	30.81	85
广安	0.58	105	3.90	105	1.25	106	4.62	105	10.76	101	34.01	66	36.32	75	36.51	72
桂林	36.75	41	36.55	43	41.52	35	41.52	33	43.30	35	38.98	48	44.06	46	55.85	16
海南藏族自治州	30.00	59	29.95	64	29.86	62	29.86	62	33.01	58	37.53	53	46.22	37	46.12	37
邯郸	39.39	35	39.34	37	39.56	38	39.56	37	39.53	41	41.05	41	40.73	62	40.81	59
呼伦贝尔	42.02	31	42.84	31	43.66	32	43.66	30	45.08	30	44.10	33	44.55	44	44.15	44
淮北	22.82	77	22.49	81	22.27	83	22.27	83	21.82	83	15.34	100	16.93	104	16.99	104
淮南	34.86	45	34.81	48	34.76	50	34.76	50	34.75	53	35.67	60	34.89	79	35.09	78
黄冈	50.53	18	50.43	18	50.37	21	50.37	19	50.39	22	52.85	21	54.44	22	54.44	20
吉安	22.02	80	22.00	83	38.64	41	38.64	42	38.62	45	38.57	49	44.82	42	46.00	39
焦作	51.97	15	51.95	15	51.93	18	51.93	16	51.87	18	47.92	26	52.15	25	52.74	23
晋中	17.65	94	17.63	96	17.60	95	17.58	95	16.82	96	17.58	98	18.19	103	18.33	103

续表

参评城市	2016		2017		2018		2019		2020		2021		2022		2023	
	得分	排名	得分	排名	得分	排名	得分	排名	得分	排名	得分	排名	得分	排名	得分	排名
廊坊	34.51	46	34.44	49	34.00	52	34.00	52	33.62	56	33.15	67	31.08	87	31.20	84
丽江	29.13	64	29.23	67	29.19	66	29.14	66	29.14	69	70.38	3	47.38	34	49.59	31
辽源	18.22	92	18.28	94	18.37	93	18.37	93	18.45	93	20.01	93	46.84	35	47.81	33
临沧	53.82	10	54.13	10	54.11	12	48.51	21	54.38	13	63.71	6	42.98	52	47.20	35
临沂	20.38	83	20.27	86	20.53	86	20.48	86	20.79	88	44.40	32	44.41	45	42.05	52
泸州	34.36	47	46.43	26	36.79	44	36.79	45	46.43	27	48.63	25	47.62	33	41.44	55
眉山	0.80	104	9.52	101	3.02	104	7.39	102	10.33	102	41.96	38	41.79	56	42.14	51
牡丹江	52.33	14	52.59	14	52.99	15	52.99	13	51.85	19	56.37	17	57.63	15	55.91	15
南阳	45.27	29	45.23	28	45.24	29	45.24	26	45.26	29	42.02	37	46.17	38	41.19	58
平顶山	32.56	51	32.46	54	32.40	56	32.40	56	32.28	61	25.50	82	34.67	80	35.62	75
濮阳	22.79	78	22.75	80	22.72	82	22.72	81	22.79	82	25.78	79	25.40	96	30.65	87
黔南布依族苗族自治州	53.43	11	54.19	9	54.13	11	54.13	11	54.21	14	57.55	14	55.39	19	58.17	11
曲靖	28.40	65	32.09	58	56.26	8	31.97	59	31.97	62	43.27	34	29.27	93	35.31	76
上饶	32.22	53	32.46	55	32.70	55	32.70	55	32.91	59	31.46	70	37.81	71	38.24	68
韶关	50.79	17	50.65	17	51.98	17	51.98	15	53.68	16	54.86	19	56.01	18	56.00	14
邵阳	28.38	66	28.61	69	28.54	68	28.54	68	30.72	64	26.32	78	39.15	66	39.26	64
渭南	19.87	84	19.85	87	19.84	88	20.21	87	17.08	95	46.32	29	61.42	10	51.00	27
信阳	45.34	28	45.14	29	45.12	30	45.12	27	45.07	31	41.94	39	51.90	26	54.18	21
营口	6.82	102	30.80	59	6.84	102	6.86	103	6.86	105	39.96	43	39.76	63	40.69	60
云浮	8.53	100	8.44	102	8.34	100	8.34	100	8.18	103	8.80	105	11.56	106	9.72	106
枣庄	19.04	88	18.97	91	18.97	91	18.95	91	18.81	92	20.43	91	20.98	98	21.17	98
中卫	21.19	81	24.91	75	26.76	72	26.76	72	26.60	75	35.11	62	51.76	28	51.73	26
遵义	47.26	26	47.77	21	48.37	25	48.88	20	55.53	11	50.40	24	49.55	30	56.31	13

附表 2.18　三类地级市 2016—2023 年遗产保护专题得分及排名

参评城市	2016		2017		2018		2019		2020		2021		2022		2023	
	得分	排名	得分	排名	得分	排名	得分	排名	得分	排名	得分	排名	得分	排名	得分	排名
毕节	35.26	44	35.57	45	35.95	47	35.95	47	44.35	33	46.29	30	48.55	31	21.33	97
固原	47.32	23	47.22	24	47.13	27	47.13	24	53.05	17	53.62	20	53.79	23	53.77	22
梅州	28.21	67	29.14	68	29.60	63	29.60	63	30.56	65	34.62	64	35.69	76	35.73	74
四平	27.12	70	27.16	72	27.16	71	27.16	71	27.29	74	32.49	68	30.85	89	34.03	79
绥化	40.16	34	40.40	34	41.58	34	41.58	32	49.90	23	51.57	23	51.84	27	50.30	29
天水	44.50	30	44.48	30	44.44	31	44.44	29	44.38	32	42.47	35	59.95	11	29.67	90
铁岭	7.76	101	7.77	103	7.81	101	7.81	101	6.95	104	12.56	103	42.36	55	44.81	42

附表2.19　一类地级市2016—2023年防灾减灾专题得分及排名

参评城市	2016		2017		2018		2019		2020		2021		2022		2023	
	得分	排名	得分	排名	得分	排名	得分	排名	得分	排名	得分	排名	得分	排名	得分	排名
巴音郭楞蒙古自治州	26.20	102	19.65	102	13.10	103	11.74	103	11.36	103	—	—	15.57	102	89.29	24
包头	57.59	82	63.19	64	64.52	71	65.46	69	68.67	62	28.25	98	34.92	93	84.35	42
宝鸡	80.87	13	85.99	7	91.44	3	92.26	2	91.75	3	93.55	7	92.61	6	96.77	10
本溪	60.35	75	54.74	88	54.90	86	54.18	87	44.59	94	2.83	105	4.99	103	58.54	99
昌吉回族自治州	42.72	98	42.29	98	35.49	99	41.10	97	36.36	98	—	—	40.49	91	93.68	18
长治	61.41	70	61.79	70	51.38	88	52.32	88	53.03	88	39.98	93	52.10	86	84.48	41
常州	84.44	8	84.40	10	85.47	9	85.37	10	85.54	12	83.13	20	83.95	16	99.16	4
大庆	74.56	31	71.06	49	76.43	34	77.76	29	79.25	28	73.03	51	80.22	27	94.51	16
德阳	69.05	51	69.35	53	69.87	59	70.37	56	70.42	59	78.71	30	79.73	29	80.59	58
东莞	60.21	76	60.36	74	61.58	78	61.90	79	64.91	72	59.00	73	60.57	69	67.49	89
东营	61.87	69	60.98	71	62.05	76	62.75	76	63.63	76	66.07	65	69.48	58	87.84	27
鄂尔多斯	48.28	95	48.82	94	49.56	90	33.37	99	33.71	99	15.12	103	18.42	100	81.40	53
佛山	70.51	46	70.48	51	76.87	32	77.11	32	75.48	42	71.81	56	72.78	52	81.30	55
海西蒙古族藏族自治州	—	—	—	—	—	—	—	—	—	—	46.04	89	—	—	—	—
鹤壁	57.40	83	57.94	82	70.90	55	71.67	54	75.71	41	80.12	26	86.72	13	89.27	25
湖州	72.74	38	72.90	42	75.52	37	76.93	33	74.88	46	75.85	37	77.47	35	82.81	45
黄山	73.12	35	76.46	30	79.44	22	80.02	22	81.18	21	96.18	4	96.90	2	87.28	30
嘉兴	70.33	47	72.09	45	74.03	47	76.69	34	72.38	52	69.51	60	71.27	56	79.58	63
江门	60.65	73	59.66	75	61.86	77	62.20	78	66.99	68	72.77	53	73.24	51	82.04	51
金华	74.88	29	74.42	36	74.91	42	75.71	41	76.00	38	74.93	43	76.25	40	85.99	34
晋城	58.57	80	57.69	83	45.91	93	48.05	91	51.14	91	49.65	87	50.80	88	74.84	75
荆门	71.41	41	77.13	28	80.35	20	80.78	19	82.62	18	75.42	40	78.12	34	82.21	49
酒泉	62.29	67	62.62	68	59.51	81	60.15	82	59.59	81	82.81	21	74.46	47	75.74	74
克拉玛依	15.53	103	10.62	104	42.08	98	42.08	96	51.52	89	39.49	94	15.93	101	12.48	104
乐山	78.86	20	78.98	21	79.11	23	79.18	24	79.60	26	75.40	41	76.91	37	82.20	50
丽水	75.82	26	77.38	26	78.43	26	78.14	28	84.63	15	85.75	15	88.36	12	89.66	22
连云港	81.01	11	81.52	15	81.74	15	82.36	15	82.63	17	75.05	42	76.35	39	97.85	8
林芝	—	—	—	—	—	—	—	—	—	—	100.00	1	—	—	—	—
龙岩	87.05	5	87.46	5	88.44	6	88.93	5	89.46	6	87.09	12	89.13	9	94.86	15
洛阳	73.05	36	75.60	32	77.19	30	77.74	30	84.75	14	79.27	28	79.85	28	86.32	32
南平	79.72	18	82.36	13	85.89	8	86.31	8	89.30	7	88.12	11	88.88	10	86.35	31
南通	71.32	44	71.68	47	73.77	48	74.32	49	74.90	45	62.73	68	63.59	66	69.52	88

续表

参评城市	2016		2017		2018		2019		2020		2021		2022		2023	
	得分	排名	得分	排名	得分	排名	得分	排名	得分	排名	得分	排名	得分	排名	得分	排名
泉州	75.36	28	75.57	33	76.12	36	76.47	36	75.98	40	66.21	64	67.32	59	73.69	78
日照	55.69	88	55.81	86	73.34	49	74.36	48	66.44	70	44.76	90	49.03	89	76.12	72
三明	89.89	2	90.43	2	91.49	2	92.16	3	92.75	2	74.11	46	78.71	32	94.01	17
绍兴	69.48	49	77.98	25	78.52	24	79.36	23	79.52	27	74.16	45	75.27	44	85.94	35
朔州	59.89	78	59.52	76	44.28	95	45.13	94	46.28	93	37.78	95	36.36	92	67.21	90
苏州	79.92	17	79.94	18	81.10	17	81.25	17	81.50	19	53.93	82	55.58	82	70.95	86
宿迁	69.08	50	69.39	52	69.99	57	70.24	57	70.44	58	74.75	44	75.56	42	79.94	62
台州	63.90	64	67.41	55	75.15	40	75.54	42	72.82	51	73.22	50	74.86	46	80.59	59
唐山	60.60	74	62.45	69	65.76	68	66.35	68	67.64	64	19.34	101	27.95	95	100.00	1
铜陵	67.66	55	75.40	34	80.41	19	80.68	20	81.29	20	53.47	83	57.63	75	76.88	70
潍坊	63.64	65	60.62	72	62.20	75	62.61	77	57.07	84	57.13	77	58.41	72	78.71	65
无锡	66.06	58	66.20	59	66.84	66	67.02	66	67.21	66	62.70	69	64.40	63	77.32	69
湘潭	79.94	15	82.66	12	84.28	13	84.24	13	86.21	11	78.67	31	80.90	22	95.87	13
襄阳	87.92	4	88.52	4	89.28	4	89.58	4	90.25	4	82.39	23	80.68	25	86.01	33
徐州	86.38	6	86.71	6	87.81	7	87.67	7	87.95	9	81.88	24	82.95	20	100.00	1
许昌	64.15	63	62.66	67	68.55	63	69.39	59	71.83	54	70.92	58	72.59	54	77.93	67
烟台	74.30	32	74.27	37	74.64	44	75.00	45	74.77	47	76.25	36	75.44	43	85.59	37
盐城	82.92	9	82.98	11	83.94	14	83.84	14	83.89	16	91.57	9	90.74	8	99.74	3
阳泉	55.83	87	56.21	85	59.25	82	60.65	81	44.21	95	56.41	78	58.20	74	70.76	87
宜昌	78.17	23	78.67	23	76.74	33	77.19	31	76.70	36	72.73	54	72.76	53	77.75	68
鹰潭	76.47	25	76.78	29	67.66	64	67.61	65	71.90	53	73.67	47	73.59	50	71.50	84
榆林	45.88	96	48.24	95	50.71	89	51.51	90	56.02	85	29.56	96	31.17	94	81.92	52
岳阳	71.35	42	78.88	22	81.46	16	81.75	16	85.36	13	87.04	13	88.71	11	98.65	5
漳州	79.34	19	79.69	19	79.92	21	80.13	21	76.74	35	79.03	29	80.88	23	89.52	23
株洲	80.32	14	84.75	9	85.26	11	84.98	12	88.01	8	92.85	8	92.22	7	97.15	9
淄博	65.52	61	65.60	60	65.97	67	66.48	67	64.35	73	58.30	75	58.30	73	82.74	46

附表 2.20　二类地级市 2016—2023 年防灾减灾专题得分及排名

参评城市	2016		2017		2018		2019		2020		2021		2022		2023	
	得分	排名	得分	排名	得分	排名	得分	排名	得分	排名	得分	排名	得分	排名	得分	排名
安阳	55.95	85	66.65	56	70.14	56	69.15	61	59.32	82	53.96	81	56.78	79	74.71	76
白山	73.31	34	73.01	40	71.13	54	70.53	55	63.77	75	77.89	34	65.42	62	65.79	93
郴州	72.67	39	73.01	41	74.59	45	75.30	44	75.98	39	84.06	18	83.80	18	87.53	28
承德	69.02	52	73.54	38	74.75	43	74.39	47	72.93	50	60.98	71	60.71	68	80.26	61
赤峰	59.25	79	59.48	77	49.13	91	51.91	89	54.60	86	51.08	86	46.42	90	94.92	14

续表

参评城市	2016		2017		2018		2019		2020		2021		2022		2023	
	得分	排名	得分	排名	得分	排名	得分	排名	得分	排名	得分	排名	得分	排名	得分	排名
德州	79.93	16	80.29	17	80.72	18	81.07	18	78.91	29	58.78	74	56.92	78	74.00	77
抚州	66.07	57	66.55	57	72.29	52	72.43	51	75.37	43	77.39	35	77.34	36	80.79	57
赣州	71.33	43	71.93	46	74.53	46	74.99	46	75.22	44	80.59	25	80.75	24	88.68	26
广安	78.18	22	78.27	24	78.48	25	78.54	26	79.83	25	78.41	32	78.18	33	80.27	60
桂林	77.27	24	77.30	27	77.14	31	76.47	37	76.31	37	98.00	2	94.59	5	96.31	11
海南藏族自治州	49.60	92	50.04	91	43.81	96	43.10	95	42.17	96	83.75	19	83.92	17	16.74	103
邯郸	74.78	30	55.50	87	59.58	80	59.96	83	62.46	77	52.78	85	54.47	84	84.59	40
呼伦贝尔	11.23	104	11.07	103	7.89	104	7.72	104	7.64	104	12.43	104	1.20	104	62.31	96
淮北	48.67	94	49.65	92	54.83	87	59.93	84	71.74	55	47.89	88	55.89	80	65.29	94
淮南	51.17	90	54.46	89	57.71	85	64.48	72	68.63	63	42.15	92	53.39	85	75.93	73
黄冈	70.87	45	71.36	48	72.39	50	72.65	50	73.58	49	79.40	27	80.62	26	83.35	43
吉安	75.77	27	76.26	31	75.32	38	75.50	43	76.98	33	75.62	38	76.86	38	81.40	54
焦作	55.95	86	59.00	80	67.52	65	68.05	64	70.47	57	63.12	66	65.48	61	73.45	79
晋中	43.38	97	43.45	97	43.81	97	45.44	93	51.41	90	44.16	91	54.99	83	82.48	48
廊坊	62.38	66	63.04	65	64.75	70	65.26	71	65.74	71	85.01	16	83.27	19	98.06	7
丽江	71.62	40	72.49	43	72.34	51	71.94	53	76.81	34	95.89	5	99.43	1	73.29	80
辽源	80.88	12	80.58	16	78.15	27	76.54	35	66.99	69	72.18	55	60.83	67	71.00	85
临沧	88.10	3	88.88	3	88.88	5	88.82	6	90.17	5	96.75	3	95.74	3	85.86	36
临沂	58.04	81	58.26	81	58.11	84	59.09	86	54.23	87	54.63	79	55.65	81	71.88	83
泸州	96.11	1	96.06	1	96.23	1	96.14	1	96.77	1	94.76	6	95.59	4	96.08	12
眉山	69.58	48	69.28	54	69.27	61	69.05	62	69.11	61	71.55	57	72.34	55	72.73	81
牡丹江	82.05	10	81.54	14	85.47	10	85.65	9	81.09	22	82.49	22	81.57	21	84.85	39
南阳	59.99	77	56.45	84	69.51	60	69.86	58	74.60	48	75.56	39	75.96	41	82.56	47
平顶山	53.96	89	51.68	90	63.11	73	64.08	74	67.15	67	61.43	70	64.29	64	76.43	71
濮阳	61.25	71	64.64	61	69.90	58	68.50	63	61.02	79	73.39	48	75.02	45	79.55	64
黔南布依族苗族自治州	73.01	37	74.85	35	75.09	41	76.22	39	78.14	31	86.54	14	84.00	15	91.36	20
曲靖	84.92	7	85.47	8	85.24	12	85.01	11	87.37	10	78.30	33	79.49	30	98.40	6
上饶	66.05	59	66.55	58	68.96	62	69.36	60	69.83	60	73.33	49	73.84	49	82.82	44
韶关	64.30	62	62.71	66	64.02	72	64.45	73	71.14	56	53.33	84	57.00	77	91.41	19
邵阳	61.89	68	63.84	62	65.08	69	65.31	70	67.48	65	69.83	59	71.03	57	72.37	82
渭南	67.94	54	71.01	50	76.41	35	76.43	38	80.14	24	66.98	63	66.84	60	87.48	29
信阳	65.57	60	60.56	73	75.31	39	76.13	40	80.53	23	72.90	52	74.12	48	81.14	56
营口	49.44	93	45.52	96	46.89	92	47.01	92	46.48	92	15.76	102	18.89	99	59.62	98

续表

参评城市	2016		2017		2018		2019		2020		2021		2022		2023	
	得分	排名	得分	排名	得分	排名	得分	排名	得分	排名	得分	排名	得分	排名	得分	排名
云浮	61.01	72	63.61	63	62.85	74	63.03	75	64.06	74	62.89	67	63.62	65	66.11	92
枣庄	68.21	53	72.34	44	71.47	53	72.03	52	59.95	80	54.15	80	51.73	87	78.55	66
中卫	29.09	101	28.76	101	23.76	102	21.97	102	19.34	102	27.99	99	21.94	98	54.90	102
遵义	66.25	56	59.47	78	59.23	83	59.59	85	57.72	83	59.67	72	59.27	71	66.16	91

附表2.21　三类地级市2016—2023年防灾减灾专题得分及排名

参评城市	2016		2017		2018		2019		2020		2021		2022		2023	
	得分	排名	得分	排名	得分	排名	得分	排名	得分	排名	得分	排名	得分	排名	得分	排名
毕节	—	—	—	—	0.00	107	0.00	107	0.00	107	67.07	62	0.00	107	—	—
固原	36.04	100	35.78	99	32.45	100	31.30	101	29.57	100	67.25	61	60.10	70	56.40	100
梅州	56.43	84	59.07	79	61.10	79	61.03	80	61.47	78	57.31	76	57.04	76	63.20	95
四平	50.55	91	49.62	93	45.20	94	39.36	98	40.48	97	29.14	97	27.75	97	55.12	101
绥化	74.05	33	73.36	39	77.45	29	78.28	27	78.84	30	84.75	17	85.18	14	90.67	21
天水	78.85	21	79.26	20	78.12	28	78.84	25	77.16	32	90.53	10	79.00	31	85.02	38
铁岭	37.07	99	29.36	100	30.21	101	32.12	100	28.60	101	26.09	100	27.90	96	60.45	97

附表2.22　一类地级市2016—2023年环境改善专题得分及排名

参评城市	2016		2017		2018		2019		2020		2021		2022		2023	
	得分	排名	得分	排名	得分	排名	得分	排名	得分	排名	得分	排名	得分	排名	得分	排名
巴音郭楞蒙古自治州	50.05	83	50.05	88	49.37	95	54.28	88	46.50	105	0.82	107	25.80	107	29.57	107
包头	53.94	77	54.93	81	58.29	81	58.29	81	62.05	83	65.27	87	77.66	59	80.75	51
宝鸡	69.03	41	64.19	57	71.42	40	71.42	40	75.11	45	82.89	35	86.14	30	82.54	42
本溪	57.52	70	68.67	44	82.79	12	82.79	12	92.18	2	86.98	24	88.53	22	91.88	11
昌吉回族自治州	57.74	68	57.50	78	56.17	85	56.17	85	54.69	97	0.82	106	32.69	106	36.77	106
长治	59.97	59	58.40	76	63.63	69	63.63	69	65.38	75	71.15	76	72.37	77	75.32	80
常州	57.26	71	60.53	71	65.48	60	65.48	60	69.45	62	77.11	55	77.75	58	76.30	77
大庆	76.16	22	77.17	26	76.07	33	76.07	33	79.51	35	73.20	68	56.11	103	77.28	72
德阳	46.21	86	47.02	97	51.46	91	51.46	92	79.94	31	73.99	61	80.59	51	81.90	45
东莞	54.82	74	68.43	46	66.31	55	66.31	55	75.20	43	81.79	38	74.74	70	76.45	75
东营	43.66	95	47.12	96	55.91	86	55.91	86	64.84	77	59.12	97	53.74	104	64.16	100
鄂尔多斯	61.79	53	63.45	61	65.21	63	65.21	63	67.79	68	72.09	75	77.18	64	77.53	70
佛山	71.03	35	75.23	29	70.04	44	70.04	44	86.79	13	85.06	28	85.69	31	90.14	19

续表

参评城市	2016		2017		2018		2019		2020		2021		2022		2023	
	得分	排名	得分	排名	得分	排名	得分	排名	得分	排名	得分	排名	得分	排名	得分	排名
海西蒙古族藏族自治州	51.08	82	59.16	74	60.63	76	60.63	75	66.22	71	70.73	78	77.33	61	78.51	60
鹤壁	44.74	90	47.91	93	54.61	87	54.61	87	52.52	100	53.02	103	63.16	95	61.77	103
湖州	70.16	37	73.94	31	79.42	23	79.42	23	81.22	23	86.61	26	87.55	25	85.65	30
黄山	87.64	1	90.44	1	91.35	1	91.35	1	91.50	3	92.92	5	93.39	3	92.50	6
嘉兴	57.69	69	62.91	63	70.18	43	70.18	43	76.28	39	82.28	37	82.86	41	83.17	39
江门	79.37	15	79.66	18	78.28	29	78.28	29	76.03	41	83.65	31	84.18	35	83.06	41
金华	63.34	49	79.72	17	81.00	15	81.00	15	81.80	22	88.80	14	88.98	19	85.06	32
晋城	61.57	55	58.71	75	58.86	80	58.86	80	68.76	64	68.44	80	71.34	80	77.78	64
荆门	53.56	78	57.31	79	69.00	47	69.00	47	74.70	46	79.28	51	77.45	60	73.43	83
酒泉	58.24	66	60.29	72	66.88	53	66.88	53	69.52	61	74.65	58	73.25	74	77.59	68
克拉玛依	71.39	33	71.48	38	56.43	84	56.43	84	68.28	66	73.04	69	78.01	57	78.92	57
乐山	46.19	87	48.64	92	65.27	62	65.27	62	72.72	51	89.61	11	82.16	46	83.38	38
丽水	79.50	14	84.50	7	86.16	4	86.16	4	88.13	10	94.26	3	95.03	1	94.37	2
连云港	54.26	76	57.10	80	60.07	77	60.07	76	64.73	78	72.87	70	76.82	65	77.73	65
林芝	79.15	16	78.92	20	80.69	17	80.69	17	91.38	4	80.82	42	92.99	4	94.70	1
龙岩	82.50	10	83.03	11	84.60	7	84.60	7	89.86	6	92.05	6	86.94	26	89.97	20
洛阳	58.44	65	58.12	77	61.54	75	59.03	78	55.49	95	72.46	72	70.45	82	70.23	91
南平	83.84	6	82.37	14	82.14	13	82.14	13	91.08	5	93.34	4	92.57	6	94.34	3
南通	59.24	62	63.73	60	66.30	56	66.30	56	69.89	59	79.88	48	79.46	53	78.44	61
泉州	84.57	5	87.45	3	87.01	3	87.01	3	80.07	30	81.56	39	81.31	48	84.33	34
日照	55.04	73	52.72	86	44.56	106	44.56	106	65.68	74	63.95	92	68.14	87	78.53	59
三明	82.37	11	83.72	10	84.54	8	84.54	8	80.67	26	84.65	29	79.86	52	86.42	27
绍兴	66.69	45	74.89	30	79.53	22	79.53	22	80.34	28	84.56	30	86.62	27	87.00	25
朔州	51.73	81	52.66	87	48.95	96	48.95	96	60.97	87	64.91	89	58.93	100	73.22	84
苏州	60.21	58	66.68	52	67.51	51	67.51	51	73.58	48	79.85	49	76.60	66	77.59	69
宿迁	61.58	54	64.09	58	61.91	73	61.91	73	71.97	52	76.29	56	78.18	56	77.68	66
台州	73.51	26	78.61	21	76.82	31	76.82	31	79.66	34	88.30	16	88.90	20	92.20	9
唐山	40.78	103	47.74	95	49.60	93	49.60	94	54.45	98	64.45	91	65.37	91	68.95	93
铜陵	73.79	25	75.67	28	72.68	39	72.68	39	69.87	60	80.14	46	78.90	54	79.83	55
潍坊	42.88	98	46.56	98	47.15	100	47.15	100	57.27	93	66.28	84	68.60	86	72.97	86
无锡	59.96	60	62.30	64	64.62	66	64.62	66	73.17	50	79.70	50	81.02	49	79.82	56
湘潭	74.38	24	77.96	24	77.41	30	77.41	30	75.60	42	82.98	34	84.94	34	80.01	53
襄阳	62.81	51	66.90	51	67.91	50	67.91	50	66.17	72	74.28	60	78.79	55	75.57	79
徐州	58.65	63	61.92	66	59.13	78	59.13	77	61.60	86	69.00	79	71.77	79	70.05	92

续表

参评城市	2016		2017		2018		2019		2020		2021		2022		2023	
	得分	排名	得分	排名	得分	排名	得分	排名	得分	排名	得分	排名	得分	排名	得分	排名
许昌	46.09	88	52.84	85	61.88	74	61.88	74	57.84	92	72.34	73	73.53	73	76.51	74
烟台	73.25	28	73.84	32	68.45	49	68.45	49	85.39	16	75.23	57	77.21	63	82.40	43
盐城	66.14	46	69.05	40	65.93	58	65.93	58	66.69	70	78.15	54	85.46	32	81.16	49
阳泉	43.94	93	47.83	94	53.43	89	53.43	90	48.80	104	55.70	101	58.27	102	72.44	88
宜昌	63.41	48	67.74	50	73.29	38	73.29	38	79.78	33	83.39	32	86.24	29	86.22	28
鹰潭	86.83	2	87.01	4	85.57	5	85.57	5	85.74	15	81.22	41	90.65	14	92.35	7
榆林	53.34	79	46.04	100	46.47	102	46.47	102	60.93	88	64.65	90	69.58	85	78.27	62
岳阳	67.73	44	68.58	45	57.05	82	57.05	82	70.48	56	73.87	62	87.56	24	83.15	40
漳州	86.61	3	86.92	5	85.17	6	85.17	6	86.83	12	89.09	13	82.43	44	85.06	31
株洲	79.58	13	82.53	13	80.87	16	80.87	16	83.37	18	87.36	22	83.39	37	79.93	54
淄博	42.91	97	46.13	99	48.90	97	48.90	97	58.47	91	52.42	104	68.10	88	71.89	89

附表2.23　二类地级市2016—2023年环境改善专题得分及排名

参评城市	2016		2017		2018		2019		2020		2021		2022		2023	
	得分	排名	得分	排名	得分	排名	得分	排名	得分	排名	得分	排名	得分	排名	得分	排名
安阳	43.15	96	45.22	101	44.81	105	44.81	105	45.53	106	55.06	102	59.22	99	57.60	105
白山	73.36	27	68.11	47	58.92	79	58.92	79	71.94	53	88.17	18	89.11	17	88.46	22
郴州	77.55	18	81.39	16	83.10	11	83.10	11	87.64	11	88.37	15	88.41	23	86.94	26
承德	57.77	67	71.42	39	75.85	34	75.85	34	80.19	29	79.96	47	82.43	45	83.75	37
赤峰	60.42	56	63.76	59	66.88	52	66.88	52	74.48	47	73.70	63	85.22	33	90.54	17
德州	40.90	101	41.84	106	56.86	83	56.86	83	55.52	94	56.14	100	64.63	93	62.56	102
抚州	83.76	7	84.30	9	84.32	9	84.32	9	88.76	7	89.74	10	91.70	11	90.71	15
赣州	71.08	34	77.17	25	79.36	25	79.36	25	86.60	14	87.45	21	93.76	2	92.32	8
广安	77.13	19	79.38	19	79.38	24	79.38	24	79.79	32	83.10	33	83.34	38	81.63	47
桂林	71.84	31	73.39	33	76.49	32	76.49	32	83.11	20	90.24	9	92.61	5	91.89	10
海南藏族自治州	52.47	80	60.82	70	63.14	70	63.14	70	68.43	65	65.32	86	82.55	43	84.88	33
邯郸	44.23	92	48.67	91	45.89	103	45.89	103	49.58	103	56.96	99	65.21	92	67.48	96
呼伦贝尔	73.19	30	77.15	27	80.64	18	80.64	18	76.19	40	88.19	17	83.27	39	84.24	35
淮北	54.59	75	54.54	82	49.37	94	49.37	95	51.37	101	65.02	88	60.93	97	65.71	98
淮南	70.58	36	68.90	41	64.97	64	64.97	64	67.07	69	67.58	81	71.90	78	76.56	73
黄冈	68.34	43	68.88	42	71.03	41	71.03	41	67.90	67	73.69	64	70.41	83	81.32	48
吉安	83.54	8	81.73	15	78.31	28	78.31	28	88.29	8	86.04	27	91.91	8	90.38	18
焦作	44.87	89	48.83	90	53.93	88	53.93	89	50.70	102	51.65	105	59.84	98	60.10	104
晋中	48.81	84	54.23	83	47.97	98	47.97	98	59.18	89	67.05	83	67.25	89	67.54	95

续表

参评城市	2016		2017		2018		2019		2020		2021		2022		2023	
	得分	排名	得分	排名	得分	排名	得分	排名	得分	排名	得分	排名	得分	排名	得分	排名
廊坊	22.33	107	49.53	89	53.30	90	53.30	91	61.64	85	61.31	94	58.73	101	65.51	99
丽江	76.64	21	73.16	34	75.30	35	75.30	35	80.74	25	91.94	7	91.74	9	90.61	16
辽源	60.37	57	68.79	43	74.02	36	74.02	36	78.94	37	73.38	67	77.23	62	80.17	52
临沧	69.04	40	61.73	67	83.87	10	83.87	10	80.94	24	87.25	23	69.89	84	87.25	24
临沂	39.68	104	42.85	104	45.04	104	45.04	104	54.69	96	61.12	95	51.14	105	73.12	85
泸州	63.10	50	61.08	68	66.61	54	66.61	54	77.36	38	80.32	45	88.67	21	77.81	63
眉山	41.72	100	62.07	65	62.09	72	62.09	72	70.76	55	81.31	40	83.65	36	82.03	44
牡丹江	59.50	61	86.20	6	69.71	45	69.71	45	73.35	49	82.39	36	89.03	18	91.40	14
南阳	48.34	85	61.03	69	64.22	68	64.22	68	70.02	58	73.46	65	72.62	75	72.95	87
平顶山	43.90	94	59.37	73	62.14	71	62.14	71	61.65	84	72.30	74	74.95	69	71.25	90
濮阳	35.10	105	37.65	107	41.47	107	41.47	107	44.81	107	57.83	98	62.94	96	64.07	101
黔南布依族苗族自治州	71.44	32	64.70	56	64.54	67	64.54	67	62.99	81	89.24	12	91.23	12	92.87	5
曲靖	85.63	4	84.34	8	78.34	27	78.34	27	83.62	17	87.97	19	89.38	16	87.87	23
上饶	73.22	29	72.02	36	78.59	26	78.59	26	79.06	36	91.37	8	92.26	7	89.22	21
韶关	81.44	12	82.88	12	68.50	48	68.50	48	88.27	9	95.20	1	91.73	10	91.42	13
邵阳	69.00	42	72.88	35	73.35	37	73.35	37	80.67	27	87.83	20	86.44	28	85.71	29
渭南	33.13	106	44.04	102	47.71	99	47.71	99	53.14	99	60.53	96	63.30	94	74.84	81
信阳	55.04	72	63.13	62	69.09	46	69.09	46	62.67	82	79.02	52	80.66	50	81.06	50
营口	69.38	39	41.86	105	64.67	65	64.67	65	65.24	76	70.92	77	75.61	68	76.41	76
云浮	77.56	17	68.02	49	81.43	14	81.80	14	75.19	44	86.87	25	91.06	13	91.44	12
枣庄	40.84	102	42.97	103	46.78	101	46.78	101	63.88	79	63.48	93	65.58	90	68.82	94
中卫	58.65	64	65.64	54	65.35	61	65.35	61	68.94	63	78.37	53	74.23	71	74.44	82
遵义	75.39	23	77.99	23	80.46	19	80.46	19	83.24	19	73.39	66	72.58	76	78.67	58

附表 2.24　三类地级市 2016—2023 年环境改善专题得分及排名

参评城市	2016		2017		2018		2019		2020		2021		2022		2023	
	得分	排名	得分	排名	得分	排名	得分	得分	排名	排名	得分	排名	得分	排名	得分	排名
毕节	76.72	20	78.13	22	79.94	21	79.94	21	82.87	21	80.44	44	82.61	42	66.49	97
固原	61.93	52	65.63	55	66.29	57	66.29	57	70.05	57	74.56	59	83.11	40	84.17	36
梅州	83.04	9	89.41	2	90.39	2	90.39	2	93.03	1	94.56	2	89.96	15	93.79	4
四平	44.36	91	52.94	84	51.14	92	51.14	93	58.58	90	72.60	71	76.02	67	77.64	67
绥化	42.24	99	66.04	53	65.62	59	65.62	59	63.35	80	66.13	85	71.01	81	76.05	78
天水	65.78	47	68.10	48	80.45	20	80.45	20	70.83	54	80.44	43	81.63	47	81.67	46
铁岭	69.53	38	71.86	37	70.58	42	70.58	42	66.06	73	67.29	82	73.67	72	77.29	71

附表 2.25　一类地级市 2016—2023 年公共空间专题得分及排名

参评城市	2016		2017		2018		2019		2020		2021		2022		2023	
	得分	排名	得分	排名	得分	排名	得分	排名	得分	排名	得分	排名	得分	排名	得分	排名
巴音郭楞蒙古自治州	—	—	—	—	—	—	—	—	—	—	—	—	—	—	—	—
包头	56.30	45	57.44	38	59.59	37	59.59	37	58.68	48	60.76	46	70.56	34	61.37	58
宝鸡	50.61	62	51.34	64	51.89	60	51.89	60	55.67	53	40.52	89	59.35	73	61.40	57
本溪	66.69	14	66.69	17	68.11	17	68.11	17	66.93	25	68.36	24	67.64	45	67.15	33
昌吉回族自治州	—	—	—	—	—	—	—	—	—	—	—	—	—	—	—	—
长治	58.23	38	58.54	34	59.80	36	59.80	36	61.73	32	53.10	62	63.98	60	62.89	50
常州	55.95	46	57.10	40	57.87	43	57.87	43	55.32	54	57.35	55	67.60	46	62.70	51
大庆	60.28	28	60.96	26	58.06	42	58.06	42	64.35	28	67.80	28	66.98	50	63.05	49
德阳	39.63	87	41.66	83	44.51	83	44.51	83	40.49	90	42.17	82	51.90	96	54.93	88
东莞	71.44	8	81.38	2	82.28	3	82.28	3	84.56	3	77.31	7	74.31	22	66.58	36
东营	82.23	2	76.16	5	80.78	4	80.78	4	77.59	8	59.02	52	79.26	12	82.51	5
鄂尔多斯	82.85	1	82.85	1	83.60	1	83.60	1	87.30	2	84.22	1	91.45	1	84.72	3
佛山	55.05	48	55.06	48	63.68	25	63.68	25	69.21	20	—	—	75.22	16	76.52	11
海西蒙古族藏族自治州	—	—	—	—	—	—	—	—	—	—	—	—	—	—	—	—
鹤壁	50.05	63	49.91	66	49.74	67	49.74	67	54.17	59	74.32	15	85.30	6	79.29	9
湖州	71.39	9	71.51	9	69.80	12	69.80	12	69.54	19	54.34	60	68.49	41	67.73	30
黄山	58.26	37	57.07	41	57.33	46	57.33	46	54.73	55	63.31	38	82.61	9	60.05	63
嘉兴	58.29	36	59.05	31	49.60	68	49.60	68	54.58	57	38.12	92	53.88	89	56.94	81
江门	68.65	11	69.44	11	80.01	6	80.01	6	80.13	6	81.36	2	81.35	10	73.10	17
金华	51.72	56	49.95	65	50.52	65	50.52	65	46.93	78	38.34	90	53.86	90	56.31	83
晋城	37.68	90	60.87	27	52.56	56	52.56	56	54.64	56	48.56	72	71.48	30	74.89	14
荆门	41.17	81	37.80	90	50.97	64	50.97	64	51.45	69	53.03	63	60.50	70	58.89	70
酒泉	34.91	95	32.68	94	33.28	97	33.28	97	57.37	51	70.37	22	66.63	52	55.07	87
克拉玛依	51.37	59	51.37	63	51.81	61	51.81	61	46.76	79	63.06	39	57.74	76	58.99	69
乐山	23.57	97	24.42	98	32.27	98	32.27	98	58.34	49	43.56	79	65.94	54	68.38	29
丽水	53.20	50	52.75	55	50.29	66	50.29	66	32.62	96	40.91	87	52.30	93	57.17	78
连云港	53.78	49	54.51	50	51.69	63	51.69	63	60.07	39	56.57	57	65.80	55	58.60	74
林芝	44.39	73	43.27	77	83.12	2	83.12	2	88.62	1	—	—	89.39	2	89.39	1
龙岩	52.46	52	52.52	56	54.22	54	54.22	54	59.54	43	76.83	10	75.65	15	64.63	40
洛阳	35.61	92	41.85	82	46.29	78	46.29	78	40.90	88	70.76	21	70.80	32	60.90	60
南平	57.83	40	54.14	52	46.97	74	46.97	74	41.14	86	65.43	35	65.54	56	61.03	59
南通	63.53	19	67.36	16	69.08	14	69.08	14	72.55	15	68.07	26	74.63	18	68.71	27

续表

参评城市	2016		2017		2018		2019		2020		2021		2022		2023	
	得分	排名	得分	排名	得分	排名	得分	排名	得分	排名	得分	排名	得分	排名	得分	排名
泉州	58.81	34	59.05	32	59.43	39	59.43	39	59.60	41	66.55	30	67.12	48	61.80	56
日照	80.14	3	76.56	4	80.03	5	80.03	5	60.81	36	47.64	74	66.65	51	69.04	25
三明	60.19	29	60.65	28	61.00	35	61.00	35	59.08	45	68.47	23	69.22	40	62.57	53
绍兴	50.66	61	51.82	61	48.65	70	48.65	70	83.33	4	48.90	71	53.72	91	59.01	68
朔州	48.69	65	51.91	60	51.78	62	51.78	62	34.73	94	9.50	101	58.54	75	59.69	64
苏州	56.72	43	55.29	46	52.52	57	52.52	57	58.87	47	52.27	66	61.58	66	58.32	75
宿迁	59.42	31	60.41	29	61.99	31	61.99	31	60.72	37	68.16	25	73.73	23	64.51	41
台州	52.47	51	55.91	44	54.34	53	54.34	53	69.10	21	44.32	76	57.66	77	58.64	73
唐山	57.43	41	51.93	59	56.73	49	56.73	49	59.03	46	66.10	32	69.88	36	64.00	45
铜陵	65.00	18	69.24	12	71.32	10	71.32	10	72.63	14	77.03	8	68.38	42	64.46	42
潍坊	65.29	17	65.60	19	68.14	16	68.14	16	81.95	5	43.08	80	67.24	47	67.38	31
无锡	59.51	30	59.51	30	59.51	38	59.51	38	66.32	26	60.59	47	67.01	49	62.18	55
湘潭	44.01	74	45.29	73	55.43	52	55.43	52	51.20	70	52.50	65	58.65	74	56.83	82
襄阳	42.09	76	42.40	79	42.38	88	42.38	88	42.52	85	59.78	49	72.08	26	62.65	52
徐州	62.37	22	63.36	23	61.46	33	61.46	33	60.64	38	64.89	36	71.75	28	68.67	28
许昌	39.04	88	46.84	71	47.51	72	47.51	72	54.26	58	65.82	33	65.46	58	57.06	79
烟台	71.25	10	55.38	45	62.14	30	62.14	30	59.60	42	41.95	83	66.08	53	67.04	35
盐城	51.47	58	53.00	54	56.15	50	56.15	50	64.62	27	61.74	43	69.67	37	63.70	46
阳泉	43.54	75	45.19	74	42.63	87	42.63	87	34.08	95	49.58	70	56.55	82	57.88	77
宜昌	52.21	54	53.20	53	54.21	55	54.21	55	59.37	44	48.17	73	70.09	35	64.31	43
鹰潭	63.42	20	52.33	57	79.32	7	79.32	7	61.29	34	57.78	54	74.56	20	74.05	15
榆林	51.67	57	32.61	95	40.05	91	40.05	91	44.97	82	32.71	96	52.22	94	51.62	94
岳阳	47.89	67	47.36	68	48.10	71	48.10	71	53.14	62	55.56	59	62.81	61	59.22	67
漳州	58.77	35	58.98	33	61.17	34	61.17	34	61.40	33	68.04	27	71.10	31	70.08	19
株洲	52.01	55	55.15	47	57.80	44	57.80	44	48.97	74	58.46	53	56.27	83	59.30	66
淄博	65.33	16	67.77	15	70.70	11	70.70	11	68.86	22	55.90	58	68.32	43	69.18	23

附表 2.26　二类地级市 2016—2023 年公共空间专题得分及排名

参评城市	2016		2017		2018		2019		2020		2021		2022		2023	
	得分	排名	得分	排名	得分	排名	得分	排名	得分	排名	得分	排名	得分	排名	得分	排名
安阳	40.44	83	42.22	80	44.81	82	44.81	82	47.48	76	59.23	50	61.41	68	51.54	95
白山	15.85	101	16.48	100	13.42	101	13.42	101	21.76	102	30.17	97	40.48	99	48.71	99
郴州	55.91	47	57.90	35	59.11	40	59.11	40	60.87	35	61.21	44	71.78	27	63.33	48
承德	74.58	6	76.75	3	77.02	8	77.02	8	51.63	68	75.35	12	74.63	19	67.05	34
赤峰	59.03	32	54.57	49	57.00	47	57.00	47	71.64	16	62.06	42	71.62	29	70.39	18

续表

参评城市	2016		2017		2018		2019		2020		2021		2022		2023	
	得分	排名	得分	排名	得分	排名	得分	排名	得分	排名	得分	排名	得分	排名	得分	排名
德州	74.60	5	72.35	7	66.09	23	66.09	23	47.35	77	65.57	34	86.20	4	80.11	7
抚州	66.87	13	63.48	22	66.49	21	66.49	21	73.41	12	77.68	5	80.77	11	81.18	6
赣州	41.10	82	44.86	75	62.66	28	62.66	28	71.35	17	71.70	19	76.91	14	80.05	8
广安	58.14	39	56.16	43	66.66	19	66.66	19	70.92	18	41.12	86	61.94	64	63.65	47
桂林	46.17	70	47.17	70	46.89	75	46.89	75	50.72	71	60.19	48	59.51	72	55.16	86
海南藏族自治州	—	—	—	—	—	—	—	—	—	—	—	—	—	—	—	—
邯郸	73.45	7	68.85	13	67.02	18	67.02	18	63.72	30	73.15	16	74.42	21	69.21	22
呼伦贝尔	58.95	33	57.54	37	57.79	45	57.79	45	53.25	61	50.66	68	55.38	87	53.39	90
淮北	67.49	12	70.73	10	69.51	13	69.51	13	74.13	10	77.03	9	77.03	13	73.90	16
淮南	48.70	64	51.71	62	61.68	32	61.68	32	59.83	40	57.30	56	57.09	81	77.39	10
黄冈	41.29	80	40.96	86	40.95	90	40.95	90	22.65	101	62.63	41	62.68	62	62.35	54
吉安	66.44	15	66.48	18	66.50	20	66.50	20	67.79	23	67.79	29	83.43	7	75.46	13
焦作	41.98	77	46.03	72	48.82	69	48.82	69	53.34	60	62.84	40	69.28	38	65.73	37
晋中	50.71	60	48.65	67	43.24	85	43.24	85	44.35	84	41.90	84	55.80	84	55.83	84
廊坊	61.47	24	63.33	24	64.32	24	64.32	24	67.17	24	77.45	6	74.70	17	68.85	26
丽江	75.67	4	73.08	6	72.89	9	72.89	9	38.83	91	37.74	93	62.41	63	65.09	39
辽源	47.58	68	36.86	92	37.39	94	37.39	94	44.88	83	42.67	81	57.20	79	58.76	72
临沧	41.86	78	43.12	78	46.06	80	46.06	80	29.27	97	30.09	98	34.01	101	34.44	101
临沂	60.46	27	57.18	39	62.25	29	62.25	29	72.84	13	43.86	78	65.47	57	69.82	20
泸州	40.22	84	44.19	76	47.36	73	47.36	73	79.22	7	46.48	75	55.78	85	60.45	61
眉山	35.19	93	36.88	91	39.41	92	39.41	92	51.67	67	40.67	88	54.04	88	57.04	80
牡丹江	16.43	100	16.43	101	24.57	100	24.57	100	26.85	99	27.30	100	30.62	102	35.66	100
南阳	39.93	85	33.10	93	34.30	96	34.30	96	52.03	65	66.39	31	72.66	25	67.36	32
平顶山	39.72	86	39.94	87	42.83	86	42.83	86	52.37	63	59.14	51	61.12	69	50.47	96
濮阳	45.04	72	47.36	69	51.89	59	51.89	59	51.97	66	61.14	45	61.45	67	59.42	65
黔南布依族苗族自治州	11.17	103	16.14	102	37.19	95	37.19	95	45.43	81	50.60	69	—	—	—	—
曲靖	34.95	94	29.21	96	10.85	103	10.85	103	49.35	73	33.11	95	49.56	98	57.90	76
上饶	63.23	21	68.19	14	68.59	15	68.59	15	62.91	31	74.79	13	83.24	8	88.10	2
韶关	61.06	25	61.12	25	63.67	26	63.67	26	63.79	29	72.80	17	67.97	44	69.70	21
邵阳	37.44	91	41.44	84	43.41	84	43.41	84	47.92	75	51.77	67	65.23	59	52.55	93
渭南	41.85	79	41.29	85	45.01	81	45.01	81	45.66	80	37.40	94	51.98	95	53.33	91
信阳	52.31	53	52.31	58	52.31	58	52.31	58	26.97	98	71.50	20	70.58	33	55.67	85
营口	45.41	71	18.58	99	46.21	79	46.21	79	38.38	92	41.17	85	51.47	97	52.84	92

续表

参评城市	2016		2017		2018		2019		2020		2021		2022		2023	
	得分	排名	得分	排名	得分	排名	得分	排名	得分	排名	得分	排名	得分	排名	得分	排名
云浮	20.37	98	64.58	20	56.85	48	56.85	48	77.30	9	72.28	18	69.27	39	65.66	38
枣庄	56.31	44	56.22	42	55.56	51	55.56	51	52.07	64	44.28	77	57.16	80	60.26	62
中卫	62.00	23	71.87	8	66.42	22	66.42	22	49.75	72	77.79	4	85.91	5	76.41	12
遵义	60.74	26	64.58	21	63.46	27	63.46	27	73.59	11	76.18	11	59.77	71	58.84	71

附表2.27　三类地级市2016—2023年公共空间专题得分及排名

参评城市	2016		2017		2018		2019		2020		2021		2022		2023	
	得分	排名	得分	排名	得分	排名	得分	排名	得分	排名	得分	排名	得分	排名	得分	排名
毕节	48.08	66	54.43	51	46.85	77	46.85	77	40.54	89	63.46	37	61.66	65	64.13	44
固原	12.17	102	38.83	88	46.88	76	46.88	76	56.29	52	81.30	3	87.82	3	82.69	4
梅州	57.29	42	57.88	36	58.09	41	58.09	41	57.97	50	74.58	14	73.51	24	69.12	24
四平	29.64	96	29.09	97	31.10	99	31.10	99	36.98	93	38.30	91	53.27	92	54.67	89
绥化	17.70	99	12.51	103	12.51	102	12.51	102	12.46	103	28.96	99	35.00	100	32.88	102
天水	37.82	89	38.53	89	39.07	93	39.07	93	41.03	87	53.62	61	57.34	78	49.87	98
铁岭	46.90	69	42.03	81	41.71	89	41.71	89	26.43	100	52.54	64	55.48	86	50.38	97